浙江省海洋发展智库联盟
浙江省海洋发展系列丛书

2023 年度浙江省新型智库课题（省哲学社会科学规划课题）一般课题
“推进完善陆海区域协调体制机制研究”（编号 23ZK28YB）

推进完善陆海区域协调体制机制研究

马仁锋　马静武　殷为华　著

中国财经出版传媒集团
经济科学出版社
Economic Science Press
·北京·

总　　序

海洋生态文明建设是美丽中国与海洋强国建设的重要组成部分。

海洋生态文明建设是一个复杂的系统工程，涉及海域使用、资源规划、环境保护、生态补偿等多个方面。同时，由于海洋具有区域范围广、流动性强的特点，海洋生态保护面临资源产权不清晰、污染责任难界定、环境治理成本高、生态产品价值难以实现等诸多现实问题。近岸海域环境污染、部分资源过度开发、海域使用冲突等问题长期未能得到有效解决。海洋已成为美丽中国建设的最大短板，而海洋生态损害也成为制约海洋强国建设的关键因素。鉴于此，推进海洋生态文明建设是当前生态建设工作的重中之重。

习近平总书记高度重视海洋生态文明建设。早在 2003 年，时任浙江省委书记的习近平同志就提出，“治理修复海洋环境是一项造福子孙后代的大事，各级各地要高度重视这项工作”①。2023 年 4 月，习近平总书记在广东考察时进一步强调：“加强海洋生态文明建设，是生态文明建设的重要组成部分。要坚持绿色发展，一代接着一代干，久久为功，建设美丽中国，为保护好地球村作出中国贡献②。”在习近平生态文明思想指导下，党的十八大以来，党中央对海洋生态文明建设的重视程度不断加深，保护海洋生态环境在认识高度、改革力度和实践内容上发生了重大变化，提出

① 习近平．干在实处 走在前列：推进浙江新发展的思考与实践［M］．北京：中共中央党校出版社，2006：222.

② 坚持绿色发展 久久为功建设美丽中国［N］．南方日报，2023－04－15（09）.

了开发与保护并重、陆海统筹治理等海洋生态文明建设理念，推进实施了海洋生态红线制度、“湾长制”、海域排污总量控制等诸多创新举措。至此，我国海洋生态文明建设进入了创新突破的关键时期。

浙江省是习近平生态文明思想的主要发祥地，也是“绿水青山就是金山银山”理念的发源地。近些年，浙江省在推进海洋生态文明建设方面取得了一系列显著成效。立足浙江实践，认真梳理海洋生态文明建设中面临的问题，总结浙江推进海洋生态文明建设的战略举措，提炼海洋生态文明建设的“浙江样板”，既是对美丽海洋建设浙江实践的一次全面回顾，也是对以生态为根基推进海洋强国建设的一次溯源剖析。浙江省拥有得天独厚的海洋资源禀赋，海岸线总长 6600 千米，海域面积约 26 万平方千米，面积大于 500 平方米的海岛有 2878 个，是全国岛屿最多的省份。如何在生态优先的基础上将海洋生态价值更好地转化为海洋经济价值，是推进海洋生态文明建设中面临的重要课题。浙江独特的海洋区位优势和海洋资源优势为海洋生态产品价值的多样化实现奠定了基础，进而为全国提供了生动的实践案例。同时，我们也应该看到，浙江近岸海域是全国陆源污染最为严重的海域之一。改革开放以来，填海造地和流域大型水利工程等生产性活动带来了诸多生态问题，海洋生态损害现象频发。因此，以浙江为典型案例，认真诊断和识别海洋生态文明建设中的难点、着力点和突破路径，可以为全国沿海地区海洋生态文明建设提供参考示范。

鉴于海洋生态文明建设的重要性和现实紧迫性以及“浙江样板”的示范价值，作为浙江省海洋发展智库联盟的牵头单位，宁波大学东海研究院课题组立足浙江现实问题和实践经验，针对海洋生态文明建设中的若干核心主题和前沿领域专门编撰了这套系列丛书。丛书包括五本专著，分别是胡求光教授编写的《浙江近岸海域生态环境陆海统筹治理机制研究》、马仁锋教授编写的《推进完善陆海区域协调体制机制研究》、余璇博士编写的《多级海域使用权交易机制设计与浙江实践》、乔观民教授编写的《美丽海湾保护与建设行动研究》和刘桂云教授编写的《港口船舶污染事故风险评价及应急管理研究》。丛书遵循从理念到模式再到实践的基本逻辑，围绕“坚持陆海统筹理念”“创新海域利用模式”“推进重点领域突破”三个维度，系统开展了海洋生态文明建设的理论分析、机制设计和政策探讨，总结了浙江省在海洋生态文明建设关键领域中的典型模式和成功经验。

《浙江近岸海域生态环境陆海统筹治理机制研究》和《推进完善陆海区域协调体制机制研究》是丛书的“理念篇”。两本书基于“坚持陆海统筹理念”的系统论视角，系统阐释了陆海协同推进海洋生态文明建设的理论机制。《多级海域使用权交易机制设计与浙江实践》是丛书的“模式篇”，该书聚焦“创新海域利用模式”中的关键环节，探讨多层次、多主体的海域使用权交易模式和制度安排。《美丽海湾保护与建设行动研究》和《港口船舶污染事故风险评价及应急管理研究》是丛书的“实践篇”，两本书聚焦“推进重点领域突破”，选取海湾保护与建设、港口船舶污染应急两大焦点领域，深入探讨了具体的实践路径和行动方案。

陆海统筹是建设海洋强国的核心要义。党的十九大报告指出，要“坚持陆海统筹，加快建设海洋强国”，陆海统筹发展理念也是海洋生态文明建设的基本遵循。海洋中 80% 的污染物都来自陆地，目前，陆地的污染物入海总量已经超过了海洋的承载能力。而陆源污染长期未能得到有效遏制的根本原因在于陆海分割的管理体制和机制。“条块分割、以块为主、分散治理”的传统陆海生态监管机制极易形成多头管理、无人负责的监管真空。《浙江近岸海域生态环境陆海统筹治理机制研究》和《推进完善陆海区域协调体制机制研究》聚焦陆海统筹发展理念，论述了陆海协同治理海洋生态环境的机制设计和陆海区域协调体制机制的构建。胡求光教授主编的《浙江近岸海域生态环境陆海统筹治理机制研究》选取受陆源污染影响严重的浙江近岸海域为对象，深入研究了陆海统筹的浙江近岸生态环境治理体制和运行机制，着力解决因管理体制制约而长期未能有效解决的陆海关联密切的生态环境损害问题。该书基于浙江近岸海域生态环境监管面临的现实困境，重点研究了以下问题：一是浙江近岸海域现行的海洋生态环境监管绩效；二是现行的浙江近岸海域生态环境治理体制机制存在的突出问题；三是机构改革后“市场—政府—社会”三元机制互补、协同联动的海洋生态环境治理机制如何发挥作用？四是体制机制创新后浙江近岸海域的海洋生态环境治理机制运行成效评价，系统设计治理体制机制和具体实现路径。该书的学术贡献在于：一是研究问题的突破。该书针对当前海洋生态环境治理“条块分割”以及无法适应海洋生态环境一体化治理需求的现实情况，围绕“陆海统筹”这一核心概念，从部门协作、多元参与等多个维度研究构建陆海统筹的浙江近岸海域生态环境治理机制，拓展了我国在改革生态环境治理机制和陆海统筹领域的研究。二是学术观点创新。该书立足陆海统筹视角探究海洋生态治理机制的构建，有助于推动近岸海域生态环境从管理转向治理，建立起从单中心管理模式转向多中心治理模式、从单一管理模式转向多元化治理模式、从碎片化管理模式转向系统治理模式。三是研究方法和分析工具的突破。该书成功运用文献计量分析知识图谱、合成控制法、系统动力学等多种定量研究方法和分析工具，实现海洋生态治理制度研究从定性分析到定量评估的学术跨越。

马仁锋教授等撰写的《推进完陆海区域协调体制机制研究》系统诠释了“八八战略”中陆海区域协调思想的形成、发展、升华，阐释了浙江省陆海区域协调发展的历史逻辑、理论逻辑和实践逻辑，指明了新时期浙江省开展空间发展均衡调控、市场与政府协同、三生空间耦合等陆海区域协调发展政策创新的理论逻辑与可能方向。首先，从陆上浙江、海上浙江及二者发展不均衡性、不充分性、不协同性维度，刻画了浙江省陆海区域协调发展的历史基础，阐释了“八八战略”中有关陆海区域协调的学理思想。在此基础上，聚焦浙江陆海区域协调发展的关键资源配置，深入解读了土地资源、人力资源、科技资源等事关浙江陆海区域协调发展的关键要素投入及其跨地域、跨主体的协调实践成效和政策创新，阐明了浙江陆海区域协调发展体制机制演进的实践逻辑及其理论创新。最后，基于实践逻辑和理论创新脉络的引导，锚定空间均衡的政策网络、市场与政府的协同效用、“三生空间”的价值耦合展望了迈向共同富裕示范区的浙江陆海区域协调新路径。该书的学术贡献在于：系统分析了“八八战略”中有关陆海区域协调的学理，解析了浙江陆海区域协调改革发展的政策实践成效及其创新之处。一方面，点面结合分析了浙江省港口、海湾、海域等类型国土空间在区域协调发展中价值及其实现方式；另一方面，概览式解析相关类型国土空间在陆海区域协调发展过程中生态环境一体化治理之路。该书既为新时期浙江省陆海区域协调发展政策创新提供了理论逻辑，又阐明了新时期浙江海洋发展理念与实践模式。

创新海域利用模式是提升海洋资源利用效率、推进海洋开发绿色转型发展的重要抓手，推进海域利用模式向高效、集约转变，关键在于海域使用权交易机制的优化设计。合理的海域产权制度安排能够激励用海主体更加高效地利用海域资源。基于当前自然资源资产产权制度改革的背景，深入研究和科学设计海域使用权交易机制，对于优化海域产权结构，提升海域资源配置效率，促进海洋经济可持续发展具有重要意义。余璇博士主编的《多级海域使用权交易机制设计与浙江实践》一书，在构建多级海域使用权交易的理论框架基础上，分析国外海域使用制度的发展历程，研究了浙江海域有偿使用的历史沿革和海域使用效率的静态数值和动态变化情况。该书认为，在海域国家所有制和海域有偿使用制度的约束下，海域使用权交易机制是一种多层次的结构，按照交易主体和主导机制的不同对应了“一二三”级海域使用权交易市场。其中一级交易市场主要解决初始海域使用权的配置问题；二级交易市场主要解决地方政府间海域使用权的交易问题；三级交易市场主要解决企业（个人）间的海域使用权交易问题。借助系统动力学模型，通过设定不同的情景对所构建的多级海域使用权交易机制进行动态仿真模拟，该书系统考察了交易机制的运行对海洋经济发展的影响。最后，该书分析了浙江海域使用权交易的政策背景，运用合成控制法评估政策绩效，提出了政策优化的现实路径。该书的学术贡献是：一是构建了多层次、多主体的海域使用权交易机制运行框架，包括政府机制主导下的解决初始海域使用权从中央政府到地方政府再到用海企业（个人）配置的一级交易市场、准市场机制主导下的解决地方政府间海域使用权交易的二级交易市场和市场机制主导下解决用海企业（个人）间海域使用权交易的三级交易市场；二是创新性地提出了海域产权制度安排的新思路，即地方政府间的海域使用权交易；三是基于数理模型的定量计算，揭示了海域产权制度安排对海域资源高效利用的重要性。

本丛书“实践篇”的两部专著立足浙江实际，分别选取典型的生境类型和典型的污染类型，系统探讨了海洋生态文明建设在具体领域中的实践方案。海洋生态系统种类复杂多样，因此，在推进海洋生态文明建设中，需要结合具体的海洋生境特征因地制宜制定保护和开发方案。在诸多海洋生态系统类型中，海湾因其半封闭的自然特征和特殊的地理区位，在经济发展中容易受到环境污染且自净能力薄弱，进而造成不可逆的生态损害。因此，在海洋生态文明建设实践中，“美丽海湾建设”已成为沿海省市面临的重要任务。

乔观民教授编写的《美丽海湾保护与建设行动研究》聚焦于典型的生境类型——海湾，具体研究美丽湾区的生态治理、修复行动及政策设计。通过美丽海湾认知历程，国内外海岸带管理（CZM）和海洋综合管理（ICM）经验，系统阐释了“走向湾区治理”的理论内涵。在三生空间视角下，该书系统总结了浙江省美丽海湾生态质量的演变过程，从宏观层面提出了由陆海统筹走向湾区治理。在此基础上，通过总结浙江省湾区生态整治、修复行动的经验，系统梳理政策层面、行动层面和公民层面的行动范围和行动逻辑。开展浙江美丽海湾的生态环境风险识别，评估湾区陆海生态风险，揭示时空发展特征和分类治理。最后，科学构建了浙江省美丽政策设计、行动社区框架，提出了浙江省美丽海湾建设的行动方向和路径。该书的学术贡献在于：一是通过系统梳理美丽海湾建设的认知历程，梳理了由海陆分治、陆海统筹治理走向美丽海湾建设的发展脉络，二是基于尺度政治理论，剖析了湾区治理的内在行动逻辑；三是通过网络行动者和社会－生态系统（SES）治理理论，构建湾区行动治理行动框架，营造“水清、岸绿、滩净、湾美、岛丽”的实践路径，实现海洋生态文明的建设目标。

港口船舶污染是海洋生态损害中的典型类型。浙江省沿海港口众多，港口经济优势明显。然而，长期以来浙江省面临着较高的港口船舶污染风险。因此，研究港口船舶污染海洋环境的污染风险及应急问题，对于完善海上污染海洋环境事故应急体系理论、提高应急物资的管理和使用效率、提升事故应急处理能力、保护海洋生态环境具有重要意义。为此，刘桂云教授主编的《港口船舶污染事故风险评价及应急管理研究》聚焦于典型的污染类型——港口船舶污染事故，针对船舶污染海洋环境事故的特征，研究船舶污染海洋环境事故的风险识别和分级评价方法、应急能力的评价、区域应急联动机制及应急物资调度等问题。该书首先分析了港口船舶污染海洋环境事故的类别、特征及事故后果，探究了港口船舶污染海洋环境事故的风险，包括风险识别、风险源项分析及风险管理流程。然后，基于港口船舶污染海洋环境事故风险评价，建立船舶污染海洋环境事故风险的评价方法，构建评价指标体系及分级评价模型，基于改进复杂网络的风险耦合N－K模型研究了风险耦合问题。在对港口船舶污染事故应急能力内涵分析的基础上，建立了评价指标体系及静态综合评价、动态综合评价模型，进一步研究了港口船舶污染海洋环境事故应急能力的内涵，分析了应急联动体系的组成要素、结构及运行机理，并对船舶污染海洋环境事故应急联动体系的激励约束和区域应急联防成本分担机制进行了深入研究。最后，该书提出了针对需求信息变化的多陆上储备库、多港口储备库、多受灾点、多救援船舶的应急物资多阶段调度方法，研究了船舶污染事故应急物资陆路预调度系统，分别构建了靠近生态保护区时和远离生态保护区时的应急物资初始调度模型和实时调整调度模型。该书的学术贡献是：在分析港口船舶污染海洋环境事故的类别、特征和事故后果基础上，研究了港口船舶污染海洋环境事故风险评价方法，建立了评价指标体系及分级评价模型，并进一步研究了港口船舶污染海洋环境事故应急能力评价方法、应急联动体系建设方案及应急物资调度模型等。

综上，丛书聚焦于海洋生态文明建设主题，立足浙江实践，提炼浙江经验，总结浙江模式，基于理念、模式和实践三大维度对海洋生态文明建设的机制、路径和政策开展了系统梳理和研究，内容涵盖了陆海统筹治理机制安排、海域使用权交易模式创新、美丽海湾保护建设和港口船舶污染应急管控等多个前沿问题。我坚信，丛书的出版将为浙江乃至全国沿海地区推动海洋生态文明建设提供有益的借鉴，并为相关政策制定和宏观决策提供科学依据。

2023年5月

前　言

完善陆海区域协调体制机制是一项系统性工程，亟须跨学科的协同研究和跨地域尺度实践互馈推进。浙江省在2000年前后着眼于省域内部发展差距缩小，率先运用“陆海统筹”原则提出山海协作工程，探索陆海资源可持续利用与统筹的政策。

山海协作工程是一种形象化的提法，“山”主要指以浙西南山区和舟山海岛为主的欠发达地区，“海”主要指沿海发达地区和经济发达的县(市、区)。打造山海协作工程，发挥山海协作优势，推动浙江区域协调发展，解决区域发展不平衡不充分问题，是进入21世纪后浙江省委、省政府一直以来的重要工作。山海协作工程可以归根为陆海国土空间利用及其相关固定行政单元内部不同尺度行政亚单元协调发展研究。

浙江陆海国土空间利用及其内部不同尺度行政单元协调发展研究范畴在空间上界定为“浙江省滨海地区的一核两扇面”。一核是指以嘉兴—宁波—舟山—温州港口群为驱动力，以港—产—城互动为机制，形成的沿海港口城镇密集区；两扇面，一个是以航线与港口联盟构成的海向扇面，另一个是以港口群后方集疏运网络为依托的陆向扇面。港口和港口城市通过海向、陆向网络构建经济联系地域，成为全球要素汇聚、经济交汇的枢纽。以港口群为节点，以航线和集疏运为线路的港口服务体系是人类海洋活动的设施基础；建立在港口等基础设施上的人类海洋贸易、海洋物流和海域生产活动是陆海国土空间海洋扇面，港口群及其后方网络所搭建的港口城镇设施与生产网络，通过人类陆地活动商业产出的海向流通实现陆海间互动。在人类陆地和海洋的双扇面活动驱动下，陆海国土空间利用呈现典型的人－地关系和人－海关系，如何厘清、模拟与预警人－地/海关系，是确定陆海国土空间可持续利用与协调发展机制构建的核心理论，继而探索相应的规划理论－技术－方法、监测与评估理论－技术－方法、管理法律与规制体系等，构建海陆国土统筹利用，践行生态文明的浙江样本。

本书从陆上浙江、海上浙江及二者发展不均衡性、不充分性、不协同性维度，刻画了浙江省陆海区域协调发展的历史基础，阐释了“八八战略”中有关陆海区域协调的学理思想；进而扣住浙江陆海区域协调发展的关键资源配置，解读了土地资源、人力资源、科技资源等事关浙江陆海区域协调发展的关键要素投入及其跨地域、跨主体的协调实践成效、政策创新，阐明了浙江陆海区域协调发展体制机制演进的实践逻辑及其理论创新；在此实践逻辑及其理论创新脉络指引下，锚定空间均衡的政策网络、市场与政府的协同效用、“三生空间”的价值耦合，展望了迈向共同富裕示范区的浙江陆海区域协调新路径。

本书一方面结合自“八八战略”以来，浙江实施山海协作工程的实践逻辑、关键事件、政策文本的梳理及其促进区域协调发展的本质诊断；另一方面概括总结浙江省委省政府为深化“八八战略”，打造山海协作升级版的部署实践；深刻诠释了从“山海协作”到“陆海统筹”理念演进过程习近平总书记关于区域协调发展重要论述的实践逻辑；梳理浙江在陆海区域协调发展政策创新领域走在全国前列、打造重要窗口、提供示范样本的经验，为社会各界深入了解浙江解决陆海区域协调发展体制机制的理论创新。

本书作为“浙江省海洋发展系列丛书”的一册，全面地、系统地分析了“八八战略”中有关陆海区域协调的学理，解析了浙江陆海区域协调改革发展的政策实践成效及其创新之处，既点面结合分析了港口、海湾、海域等类型国土空间在浙江区域协调发展中价值及其实现方式，又概览式解析相关类型国土空间在陆海区域协调发展过程中生态环境一体化治理之路。本书既为新时期浙江省陆海区域协调发展政策创新提供了理论逻辑，又阐明了新时期浙江海洋发展理念与实践模式未来之路。

本研究得到浙江省新型重点专业智库——宁波大学东海研究院（Ningbo University Donghai Institute）资助，本书的研究工作也得到温州市自然资源和规划局整治中心（温州市国土整治中心）马静武高级工程师、华东师范大学地理科学学院殷为华副教授，以及宁波大学地理与空间信息技术系暨陆海国土空间利用与治理浙江省协同创新中心人文地理学、农村发展专业研究生的帮助，在此表示衷心感谢！书稿在写作过程中参考、引用了大量文献，但限于篇幅未能在本书中一一注出，在此表示深深的歉意，并谨向这些文献的作者表示敬意和感谢。

由于受笔者学术水平所限，加之著写时间较短，书中可能存在疏漏之处，敬请读者谅解和指正。

马仁锋

2023年8月8日

于宁波大学载物楼

绪 论

陆上与海上浙江

浙江地处中国东南沿海长江三角洲南翼，东临东海，南接福建，西与江西、安徽相连，北与上海、江苏接壤。浙江陆域面积 10.55 万平方千米，是中国面积较小的省份之一。浙江省陆域面积中，山地占 74.6%，水面占 5.1%，平坦地占 20.3%，故有“七山一水两分田”。浙江海域面积 26 万平方千米，面积大于 500 平方米的海岛有 2878 个，大于 10 平方千米的海岛有 26 个，是中国岛屿最多的省份。①

第一节 陆上浙江

本书基于浙江省第六次、第七次人口普查数据，以人口为主线解析陆上浙江的人口、劳动就业、经济指标等维度存在的区域发展不平衡问题，呈现人口视角陆域浙江发展基础与特征。

---

① 浙江省情之自然地理［EB/OL］．［2023 - 08 - 08］．https：//tjj. zj. gov. cn/col/col1525489/index. html.

一、浙江人口空间格局变动

2010年以来，浙江人口规模不断扩大，常住人口总量居中国第八位；人口质量稳步提升，人口受教育程度明显提高；年龄结构呈“两升一降”特征，“一老一小”人口比重上升，劳动年龄人口比重下降；人口流动集聚的趋势更加明显，城镇化水平持续提高。

（一）人口快速增长

第七次全国人口普查（以下简称“七普”）数据显示，2020年11月1日零时，浙江省常住人口为6456.76万人，占全国总人口的4.57%，比2010年第六次全国人口普查（以下简称“六普”）高出0.51%；增加了1014.07万人，增长18.63%。人口增量在全国仅低于广东（2170.94万人），居第二位。人口增长态势呈现“低出生、低死亡、高流入”特征，人口流动更加活跃，持续向浙江四都市区集聚。

（二）各市人口均有增长但存在市级差异

与2010年相比，2020年浙江各市人口增速居前四位的分别是：杭州、金华、宁波和嘉兴，增速分别为37.19%、31.5%、23.65%、19.98%；其次是丽水、湖州、台州，增速分别为18.44%、16.38%和10.96%；其余各市人口增长率均在10%以内，依次为绍兴7.3%、衢州7.23%、温州4.94%和舟山3.26%（见表0-1）。2020年杭州、温州、宁波、金华人口总量在浙江省排前四位，与2010年前四位的温州、杭州、宁波、台州相比，省内各市人口总量位次变化较大。

表0-1　浙江省各市2020年与2010年相比人口增速

城市	人口增速（%）	增速排名
杭州	37.19	1
金华	31.50	2

续表

城市	人口增速（%）	增速排名
宁波	23.65	3
嘉兴	19.98	4
丽水	18.44	5
湖州	16.38	6
台州	10.96	7
绍兴	7.30	8
衢州	7.23	9
温州	4.94	10
舟山	3.26	11

资料来源：浙江省统计局。

（三）人口增长呈现低自然增长和高机械增长

“七普”数据显示，2020 年，浙江常住人口出生率为 7.13‰，死亡率为 5.84‰，人口自然增长率仅为 1.29‰，远低于国际低生育水平标准。同时，从省外流入浙江的常住人口（人口的机械增长）数量达 1618.65 万人，比 10 年前增加 436.25 万人，增幅高达 36.90%，省外流入人口占全部常住人口的 25.07%[①]。

（四）城镇化与城乡人口分布差异显著

随着浙江省经济社会快速发展，人口城镇化水平稳步提升。“七普”数据显示，2020 年，浙江省居住在城镇的常住人口为 4659.85 万人，占总人口的 72.17%，比全国平均水平 63.89% 高 8.28%；居住在乡村的人口为 1796.91 万人，占总人口的 27.83%。与“六普”相比，城镇人口比重

① 浙江省第七次人口普查系列分析之一：总量与分布［EB/OL］．（2022－07－22）［2023－08－08］．http：//tjj. zj. gov. cn/art/2022/7/22/art_1229129214_4955981. html.

上升 10.55 个百分点。浙江省常住人口城镇化率低于上海（89.30%）、北京（87.55%）、天津（84.70%）、广东（74.15%）和江苏（73.44%），居全国第六位。2020 年，浙江省户籍城镇人口占户籍总人口的 53.42%。由于受各种保障条件和制度的制约，户籍人口城镇化水平还大幅低于常住人口城镇化水平。

浙江省统计局公布的各市城镇化水平统计数据表明，杭州、宁波、温州、舟山、嘉兴、绍兴的城镇化水平均超过 70%，其中仅有杭州超过 80%；金华、湖州、台州、丽水、衢州城镇化水平均在 70% 以下，相对较低。其中，衢州市仅为 57.57%，城镇化水平还有很大的上升空间。浙江城镇化水平与当地经济发展水平呈现很高的空间相关性。2020 年，浙江各市地区生产总值（GDP）排名前三位的是杭州、宁波和温州，排名后三位的是衢州、丽水和舟山。近 10 年，浙江省城镇化水平发展最快的是嘉兴，比 2010 年提高 18.01%，增加较快的还有衢州、丽水、湖州、绍兴、杭州等 5 个城市，提高幅度均在 10% 以上。

二、浙江劳动就业格局变动

（一）劳动就业的地域特征

“七普”数据显示，浙江省 60 岁及以上人口为 1207.27 万人，占全省总人口的 18.7%，与 2010 年相比占比上升 4.81%；65 岁及以上人口为 856.63 万人，占 13.27%，比重上升 3.93%，高于发展中国家但依旧低于发达国家水平。浙江省 16 ~ 59 岁劳动年龄人口为 4326.53 万人，与 2010 年相比增加 418.71 万人；比重从 2010 年的 71.8% 下降至 2020 年的 67.01%，下降 4.79 个百分点，其比重下降将会对劳动力市场供需产生深刻影响。2010 年以来，浙江常住人口除自然增长以外，还吸纳了大量省外流入人口，人口总量、劳动年龄人口总量及就业人口总量快速增长，为全省经济社会发展提供了较为充足的劳动力资源。总体来看，浙江仍处于人口红利期。然而，浙江劳动年龄人口的地区集聚效应比较明显，杭州、金华、宁波、嘉兴等市增量大、增幅高，而舟山、温州、衢州、绍兴等市的劳动年龄人口负增长。浙江四大都市区中除温州外，其他三都市区都有明显增长，大量就业人口涌入沿海城市，浙江沿海城市就业占比高于内地城市。

根据“七普”长表和劳动力调查数据测算，2020 年浙江省就业人口 3857.00 万人，比 2010 年增加 505.00 万人。“六普”以来，伴随着产业结构服务化，大量从业人员从第一产业转移到第二、第三产业，尤其是第三产业，三次产业就业人口结构发生较大变化，大体呈现一产降、二产稳、三产升的趋势。由“七普”长表数据可知，2020 年浙江省就业人口占比为 65.26%，比 2010 年下降 5.87%。其中，男性就业人口占比 75.01%，下降 5.01%；女性就业人口占比 54.58%，下降 7.38%。随着人口老龄化的加深及年轻人受教育年限加长，就业人口在总人口中的比重进一步下降。就业人口中 16 ~29 岁就业人口比重有较大幅度的下降，主要是因为年轻一代的受教育年限进一步加长。处于 30 ~49 岁年龄的人员往往具有熟练的劳动技能和较丰富的工作实践经验，这一年龄段的人口属于最佳劳动年龄人口。60 岁及以上老年就业人口比重呈上升趋势，这主要是由于浙江人口老龄化程度较高，人均寿命延长，又有较为发达的私营企业，为老年人发挥余热创造了很多机会。此外，高学历就业人口大量集中在杭州、宁波等大城市。杭州以占浙江省 18.76% 的就业人口数，拥有占全省 34.22% 的大学本科学历、56.98% 的硕士研究生学历和 65.42% 的博士研究生学历就业人口，高学历就业人口“扎堆”聚集在杭州，包括宁波在内的其他市均大幅少于杭州。由于杭州集中了浙江最多的高技术企业、新经济业态企业，能为高学历人才提供最多的就业岗位，同时待遇也相对较好，因此“马太效应”更加明显。

（二）山区县劳动力供需与就业机会不均衡特征

浙江省各市就业状况差异主要体现在供给和需求匹配上，不同市的产业结构不同，导致各市就业机会的数量和类型差异较大。杭州作为浙江经济中心，拥有较多的高科技和金融服务机构，提供了大量就业机会，并吸引了大量人才。而山区或者发展较为滞后的市，由于产业结构单一，就业机会相对较少。需求方面，经济发达的杭州、宁波等不仅有较多的本地就业需求，而且还吸引了外地人才和劳动力的涌入；一些山区市，由于经济活动相对较少，需求的就业岗位数量也较为有限。

浙江省山区县就业机会不均衡与劳动力结构、就业创业环境、劳动力流动等因素密切相关。第一，劳动力结构不匹配。山区县劳动力结构可能不适应当地的产业结构，即劳动力的技能、教育水平与企业需求不匹配。第二，浙江山区县的创业环境相对较差，缺乏完善的产业链、供应链和市场体系，创新资源相对匮乏，整体创业较为困难。第三，浙江山区县的优质劳动力可能会选择就业迁徙或外出打工，导致本地劳动力供应相对减少。

（三）就业前期的受教育程度地域特征

根据浙江省统计局的资料，2010 年以来，浙江省大学教育程度人口比重普遍上升，但是也存在教育投入结构不合理、地区分布不平衡、城乡发展不协调等现象。2020 年，浙江省受过小学及以上教育的人口达到 5852.09 万人，比 2010 年增加了 1040.90 万人；占常住人口的比重达到 90.64%。其中，具有高中及以上受教育程度人口达到 2036.79 万人，比 2010 年增加了 790.51 万人，增长了 63.43%；占常住人口比重达到 31.55%，比 2010 年提高了 8.65 个百分点；具有大学专科及以上程度人口达到 1097.03 万人，比 2010 年增加了 589.18 万人，增长了 116.01%；占常住人口比重为 16.99%，比 2010 年提高了 7.66 个百分点。但是浙江省每十万人有大专及以上人口数指标居全国第 10 位，文盲占总人口比重居全国第 19 位，这说明浙江省人口受教育程度与其他省份仍有较大差距，人口受教育程度还有很大的提升空间。

职业教育是产业升级的“助推器”，是技能人才的“蓄水池”，更是共同富裕的“大引擎”。浙江开展职业教育可以影响就业，进而改善省内发展不平衡、不充分问题。如浙江永康市打造“东迁西归”技能人才培养新模式，吸引中西部学生“东迁”来永康接受高质量的职业教育，学成后实现“西归”发展或留永康对口就业创业，着力破解东部“技工荒”、西部“就业难”问题。此外，相对于发达地区，丽水教育资源相对匮乏，职业技能人才供给不足。许多年轻人会选择前往杭州、宁波等求学或就业，导致丽水市职业劳动力流失。为了解决这个问题，政府可以通过提供职业培训、改善基础设施、优化区域发展环境等措施，促进这些地区的经济发展和就业机会的增加。如杭州市不断完善职业院校社会服务收入分配政策，鼓励职业院校将教师开展社会培训、技术研发与服务等社会服务纳入教师考核体系。完善技术技能人才激励政策，将职业院校高技能人才纳入杭州工匠、名城工匠等政策扶持范围，扩大对技术技能型人才的奖励范围，加大奖励力度。加大政府投入支持政策，完善职业教育财政投入稳定增长机制，加大经费统筹力度，落实公办高等职业学校生均财政拨款标准和省定中等职业学校生均公用经费拨款标准。

（四）流入人口规模及其地域特征

“七普”数据显示，人口持续向沿江、沿海地区和内地中心城市集聚，浙江作为民营经济最发达的省份，吸引了大量外来人口就业。一是2010～2020年浙江省外流入人口变化最大特点是“流量大、增速快”。2020年，浙江省外流入人口为1618.6万人，占全部常住人口的25.1%，即每4个常住人口中就有1人来自省外。与2010年相比，流入人口增加436.2万人，增幅高达36.9%，年均增长3.2%（见表0-2）。二是从省际流动人口规模看，省外流入浙江1618.6万人，占全省同期人口13.0%，仅次于广东，居全国第2位。三是浙江省流入人口以劳动年龄人口为主。分年龄看，省外流入人口仍以劳动年龄人口为主（表0-3）。大量年轻人口的流入有效缓解了浙江常住人口老龄化速度。这也验证了人口迁移理论中，迁移流动人口以年轻人为主的年龄选择性特点。四是分性别看，省外流入人口中男性占多数，与“六普”数据相比，16～44岁年龄段性别比有上升趋势，45岁后性别比明显下降。这表明，10年来，省外流入人口中青壮年人口男性居多的特征进一步强化。45岁后人群性别比下降明显，这说明浙江活跃的经济在造就大量就业机会；同时，也提供了良好的公共服务，省外人口由个体流入逐步转变为举家流入，常住浙江。

表0－2　　2010年和2020年浙江省外人口流入情况

年份	人口规模（万人）		总增长（%）		年均增长（%）	
	省外流入	常住人口	省外流入	常住人口	省外流入	常住人口
2010	1182.4	5442.7	—	16.4	—	1.5
2020	1618.6	6456.8	36.9	18.6	3.2	1.7

资料来源：浙江省统计局。

表0－3　　2010年和2020年浙江省外流入人口性别比（女性＝100）

年份	0～5岁	6～11岁	12～17岁	18～23岁	24～29岁	30～35岁	36～41岁	42～47岁	48～53岁	54～59岁	60～65岁	66～71岁
2010	120	140	140	105	120	130	126	120	160	175	150	120
2020	115	120	130	150	140	140	150	140	135	155	158	118

资料来源：浙江省统计局。

流入浙江的外省人口遍布中国所有省级行政区，超过一半集中在皖、黔、豫。2020年，省外流入浙江的人口规模位居前三位的省份为安徽（313.9万人）、贵州（282.8万人）和河南（246.6万人），这三省分别占全部省外流入人口的19.4%、17.5%和15.2%（见表0－4）。其中，安徽自“六普”以来，再次成为流入浙江人口最多的省份。值得注意的是，与2010年相比，省外流入人口规模前十位的省份也更为集中。2020年居前三位的安徽、贵州和河南，其流入人口规模占总量的52.1%，比2010年提高7.2个百分点。这表明浙江公平包容的社会环境、开放活跃的经济氛围对省外人口吸引力巨大，他们更多的选择在浙江落户。

表 0-4 浙江省外流入人口的来源地分布

省份	2020 年			2010 年			2020 年与 2010 年相比较		
	人口（万人）	比重（%）	位次	人口（万人）	比重（%）	位次	人口增量（万人）	比重增量（%）	年均增长（%）
安徽省	313.9	19.4	1	228.5	19.3	1	85.4	0.1	3.2
贵州省	282.8	17.5	2	149.9	12.7	3	132.9	4.8	6.6
河南省	246.6	15.2	3	122.4	10.4	5	124.2	4.8	7.3
江西省	158.0	9.8	4	153.0	12.9	2	5.0	-3.1	0.3
四川省	135.8	8.4	5	124.1	10.5	4	11.7	-2.1	0.9
湖南省	71.6	4.4	6	75.0	6.3	7	-3.4	-1.9	-0.5
云南省	69.4	4.3	7	41.1	3.5	9	28.3	0.8	5.4
重庆市	58.2	3.6	8	59.3	5.0	8	-1.1	-1.4	0.2
湖北省	56.1	3.5	9	89.9	7.6	6	-33.8	-4.1	4.6
江苏省	47.8	3.0	10	34.2	2.9	10	13.6	0.1	3.4

资料来源：浙江省统计局。

“七普”数据显示，省外流入浙江的人口在省内的 11 市分布相比 2010 年更为均衡。杭、甬、温、金四市共集聚超过 2/3 的省外流入人口，其中，杭州和宁波均吸纳 300 万人以上省外人口，牢牢占据第一梯队；温州和金华分别吸纳 229.4 万人和 218.6 万人省外人口，紧随其后。第二梯队是流入人口相对较多的城市，在 70 万～170 万人之间，包括嘉兴、台州、绍兴、湖州。其余的舟山、丽水和衢州属第三梯队，省外流入人口数量相对较小，合计占全部省外流入人口的 3.1%。

三、浙江各市经济指标特征

（一）浙江各市 2020 年经济发展特征

浙江省作为共同富裕示范区的试点省份，具备良好的经济基础和优势，表0－5展现了2020年浙江省各市经济各项指标，可知全省经济发展基础较好，地域分布较为均衡。

表0－5　　2020年浙江各市经济主要指标

城市	年末常住人口（万人）	生产总值（亿元）	人均生产总值（元）	财政总收入（亿元）	一般公共预算收入（亿元）
杭州市	1196.5	16106	136617	3854.19	2093.39
宁波市	942.0	12409	132614	2835.60	1510.84
温州市	958.7	6871	71766	961.61	601.98
嘉兴市	541.1	5510	102541	1003.07	598.80
湖州市	337.2	3201	95579	582.00	336.56
绍兴市	529.1	6001	113746	853.02	543.52
金华市	706.2	4704	67329	680.88	423.25
衢州市	227.8	1639	72192	228.74	140.91
舟山市	115.9	1512	130130	254.50	159.20
台州市	662.7	5263	79889	682.83	401.24
丽水市	250.8	1540	61811	240.15	143.86
城市	一般公共预算支出（亿元）	住户存款年末余额（亿元）	城镇居民人均可支配收入（元）	农村居民人均可支配收入（元）	
杭州市	2069.66	14193.63	68666	38700	
宁波市	1742.09	8522.07	68008	39132	
温州市	1027.17	8550.37	63481	32428	
嘉兴市	712.18	4827.26	64124	39801	
湖州市	484.42	2784.70	61743	37244	
绍兴市	667.16	5236.76	66694	38696	
金华市	703.41	6037.89	61545	30365	
衢州市	459.65	1567.39	49300	26290	
舟山市	312.69	1125.33	63702	39096	
台州市	700.14	6024.88	62598	32188	
丽水市	527.10	2099.57	48532	23637	

资料来源：《浙江统计年鉴2021》。

（二）浙江各市经济发展比较

尽管浙江省在全国层面经济强省的地位突出，但是省内各市经济发展呈现出不同趋势，表0－6清晰地展现了2020年浙江各市经济指标差异。一是GDP总量差距明显，整体富裕程度高。从GDP总量看，杭州市（16105.83亿元）和宁波市（12408.66亿元）的GDP总量在省内傲视群雄，两市占据浙江省GDP总量的43%。反之，2000亿元规模以下的城市共3个，分别为舟山市（1512.11亿元）、丽水市（1540.02亿元）、衢州市（1639.12亿元），3000亿～6000亿元均有城市分布。从GDP增速看，所有市都跑赢2020年全国GDP增速，尤其是舟山市达到了12%，主要得益于工业生产、外贸进出口、招商引资等因素的增长。二是各市财政实力明显分化。浙江省各市一般公共预算收入均值为632.14亿元，只有杭州市（2093.39亿元）和宁波市（1510.84亿元）超过均值，其余均在均值以下，温州市以601.98亿元接近均值，舟山市（159.20亿元）、衢州市（140.91亿元）、丽水市（143.86亿元）在200亿元以下。从一般公共预算收入增速看，仅台州市（－8.50%）增速为负，其余均为正，其中杭州市（6.48%）和湖州市（6.48%）的增速超过6%。

表0－6　　2020年浙江省各市经济特征

地区	GDP		城镇居民人均可支配收入		一般公共预算收入		一般公共预算支出	
	金额（亿元）	增速（%）	金额（元）	增速（%）	金额（亿元）	增速（%）	金额（亿元）	增速（%）
杭州市	16105.83	3.90	68666.27	3.93	2093.39	6.48	2069.66	5.98
宁波市	12408.66	3.30	68008.00	4.81	1510.84	2.88	1742.09	－1.46
温州市	6870.86	3.40	63481.24	4.14	601.98	3.97	1027.17	－5.25
绍兴市	6000.66	3.30	66693.80	4.32	543.52	2.87	667.16	4.10
嘉兴市	5509.52	3.50	64123.59	3.53	598.80	5.85	712.18	－7.13

续表

地区	GDP		城镇居民人均可支配收入		一般公共预算收入		一般公共预算支出	
	金额（亿元）	增速（%）	金额（元）	增速（%）	金额（亿元）	增速（%）	金额（亿元）	增速（%）
台州市	5262.72	3.40	62598.47	3.72	401.24	-8.50	700.12	-9.11
金华市	4703.95	2.80	61544.69	3.70	423.25	2.91	703.41	5.86
湖州市	3201.41	3.30	61743.22	4.60	336.56	6.48	484.42	3.76
衢州市	1639.12	3.50	49300.03	5.04	140.91	2.76	459.65	2.37
丽水市	1540.02	3.40	48532.04	4.51	143.86	2.88	527.10	0.11
舟山市	1512.11	12.00	63702.09	3.62	159.2	2.80	312.69	-3.30

资料来源：《浙江统计年鉴 2021》。

第二节　海上浙江

本节基于海岸海洋各类资源调查及相关研究报告、政策文本数据，总结阐释海洋浙江的资源基础、渔业产值与海洋科技创新等维度存在的区域发展不平衡问题，呈现海洋浙江的发展基础与特征。

一、海洋自然资源总体特征

浙江拥有海域面积 26 万平方千米，海岸线 6600 千米，海岛 4350 个，面积大于 500 平方米的海岛有 2878 个，大于 10 平方千米的海岛有 26 个，是中国岛屿最多的省份。浙江大陆海岸线 2218 千米，前沿水深大于 10 米的海岸线 482 千米，约占全国 30%。[1]

① 浙江省情之资源概况［EB/OL］.［2023 - 08 - 08］. https：//tjj. zj. gov. cn/col/col1525490/index. html.

浙江有渔场22.3万平方千米，资源蕴藏量205万吨，其中舟山渔场是中国最大的渔场，也是全球四大渔场之一[①]。浙江海洋能资源类型丰富，蕴藏量巨大，东海大陆架盆地具有开发前景良好的石油和天然气资源，是中国海上油气勘探的主要地区；可开发潮汐能的装机容量占全国总量的40%，潮流能占全国潮流能总量的一半以上，波浪能、风能、温差能、盐差能等开发条件优越。

二、海洋岸线与滩涂资源特征

浙江海洋岸线资源主要是沿海滩涂资源、海水资源和岸线资源。浙江海域岛屿星罗棋布，形成了众多优良港湾（杭州湾、象山港、三门湾、乐清湾等）和辽阔平坦的滩涂。10米等深线内浅海面积约76万公顷，滩涂面积约25万公顷，其中可养滩涂面积约8万公顷[②]。

据2010年全国滩涂资源调查，浙江省拥有理论深度基准面以上的滩涂资源面积为22.86万公顷，理论深度基准面与2米深度基准面之间的资源为12.6万公顷，2米深度基准面与5米深度基准面之间的资源为21.67万公顷。浙江省沿海7个市以宁波市的滩涂资源最为丰富，滩涂资源面积为7.48万公顷，占全省滩涂资源总量的32.70%；其次是温州市，滩涂资源面积为5.75万公顷，占全省滩涂资源总量的25.14%；台州市排名第三，滩涂资源面积为4.57万公顷，占全省滩涂资源总量的20%。

在历届浙江省委、省政府的高度重视下，国土空间潜力得到充分挖掘，滩涂资源得到高效开发利用。1950~2017年，浙江滩涂围垦面积已达28.06万公顷（表0-7），为浙江省经济社会的可持续发展特别是拓展发展空间发挥了重要作用。

---

① 浙江省情之资源概况［EB/OL］.［2023-08-08］. https://tjj.zj.gov.cn/col/col1525490/index.html.

② 田野. 乐清湾资源环境对围垦工程的累积响应探究［D］. 郑州：华北水利水电大学，2021.

表 0 - 7　　1950～2017 年浙江省围成滩涂面积　　单位：万公顷

城市	围成滩涂面积	城市	围成滩涂面积
嘉兴市	1.10	台州市	5.45
杭州市	4.46	温州市	3.07
绍兴市	3.16	舟山市	2.02
宁波市	8.80		

资料来源：刘毅，彭秋伟．新理念下浙江滩涂围垦发展的分析及对策［J］．浙江水利水电学院学报，2019，31（1）：32－35。

自 20 世纪 80 年代起，浙江滩涂贝类海水养殖产业快速发展。《中国渔业统计年鉴 2022》显示，2021 年，浙江贝类养殖面积约 3.47 万公顷，年产量 109 万吨，占海水养殖总产量 79%。滩涂贝类主要养殖种类包括缢蛏、泥蚶、青蛤、文蛤、菲律宾蛤仔、彩虹明樱蛤、泥螺等。其中，缢蛏养殖年产量约 32 万吨，占全国产量 37%；蚶类（80%以上为泥蚶）养殖年产量约 15 万吨，占全国产量 43%；泥螺养殖年产量约 2 万吨（见图 0－1）。这三种滩涂贝类的养殖面积和产量均占全国第一。此外厚壳贻贝、熊本牡蛎、彩虹明樱蛤也是浙江特色养殖贝类。

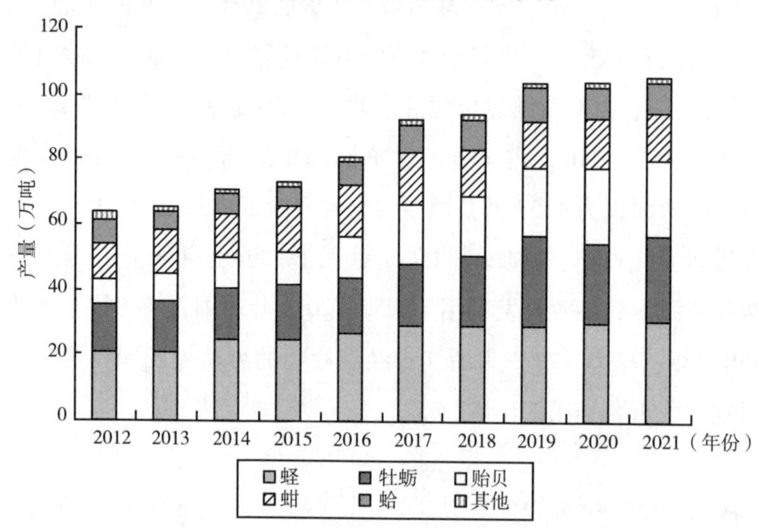

图 0－1　2012～2021 年浙江主要海水养殖贝类产量

资料来源：2013～2022 年的《中国渔业统计年鉴》。

浙江滩涂围垦总体处于较高水平，但在保护围垦区周边环境、提升围垦区对国土空间的保障和提高资源再生能力方面仍有进一步提升的空间。未来可考虑向扩连岛计划、人工海湾、潮下带围垦、高产能围垦以及滩涂湿地再造围垦等方面发展。

三、海洋渔业资源及利用特征

浙江海洋渔业水域南起北纬27°，北至北纬31°，西到浙江大陆岸线，东至200米水深的大陆坡边缘，居东海中北部区域，是中国最主要的渔场。浙江渔场主要包括舟山、鱼山、温台和舟外、鱼外、温外6个渔场，总面积约22.27万平方千米。浙江渔场区域主要分为近海和外海两个区域（见表0－8）。近海渔场明显的优势种类有带鱼、小黄鱼、鲳鱼、海鳗、鳓鱼、鲐鲹鱼、虾蟹类和头足类等，外海渔场水域面积达9.8万平方千米，占浙江渔场的44.0%，受控于黑潮及其分支台湾暖流和对马暖流，适宜于各种捕捞作业，以暖温性种类为主，马面鲀、鲐鲹鱼、头足类、虾蟹类、海鳗、鲆鲽类、方头鱼等资源较为丰富（王琪，2019）。《浙江省海洋捕捞容量研究（2006—2010年）》显示，浙江省和东海区重要经济种类的资源量和可捕产量，除头足类和三疣梭子蟹外的带鱼、小黄鱼、鲳鱼、海鳗、鲐鱼、虾类等，其余均已超过了可捕量。

表0－8　　浙江沿岸渔场

名称	范围	主要鱼类	简况	面积（平方千米）
嵊山渔场	北到佘山洋，南到浪岗，东连舟外渔场，西到嵊泗列岛	带鱼、小黄鱼、乌贼、鲐鲹鱼、虾类、梭子蟹	浙江传统渔场，已充分利用	8050
中街山渔场	北至浪岗，南至洋鞍渔场，东接舟外渔场，西连岱衢洋	乌贼、带鱼、小黄鱼、鳓鱼	浙江传统渔场，已充分利用	1372

续表

名称	范围	主要鱼类	简况	面积（平方千米）
洋鞍渔场	渔场以洋鞍为中心，北连中街山渔场，南至韭山渔场，东接舟外渔场，西靠朱家尖、桃花岛等	带鱼、小黄鱼、鲳鲹鱼	浙江传统渔场，已充分利用	5505
岱衢洋渔场	北到大小洋山，南到岱山、长涂、西靠杭州湾口，东至三星列岛	大黄鱼、鲳鱼、鳓鱼、海蜇等	浙江传统渔场，已过度利用	3430
大目洋渔场	北自六横诸岛，南至檀头山接猫头洋，西靠象山半岛，东连韭山列岛	大黄鱼	浙江传统渔场，已过度利用	1850
猫头洋渔场	北起植头山接大目洋，南达东矶列岛，西至三门湾，东连鱼山水域	大黄鱼	浙江传统渔场，已过度利用	2750
南韭山渔场	南起北纬29°，北至北纬29°30′，水深55米以内	带鱼、小黄鱼	浙江传统渔场，已过度利用，20世纪70年代后捕鲳鲹鱼	3087
大陈渔场	西自台州湾外侧，东至鱼外渔场，北接鱼山渔场，南连洞头披山洋	带鱼、小黄鱼、乌贼	浙江传统渔场，已充分利用	7426
洞头渔场	北起大陈渔场，南接南北麂渔场，东连温外渔场，西至洞头诸岛	带鱼、乌贼、小黄鱼、大黄鱼	浙江传统渔场，已充分利用	10331
南北麂渔场	南起北纬27°，北连洞头洋，西自鳌江口外侧，东至温外渔场	大黄鱼、带鱼、乌贼、梭子蟹、中国毛虾	浙江传统渔场，已充分利用	7644

续表

名称	范围	主要鱼类	简况	面积（平方千米）
佘山渔场（现上海管理）	北接吕泗渔场，南至鸡骨礁，东起长江口外，西至崇明水域	小黄鱼、梭子蟹	岱山流网捕蟹传统渔场，1910年前后开发小黄鱼，20世纪50年代中期中断	5515

资料来源：宋海棠，丁跃平．浙江沿岸和近海渔场渔业资源结构变化的探讨［J］．东海海洋，1988（3）：45－52；严峻，徐志进，李铁军，等．浙江舟山近海仔稚鱼时空动态变化及与环境因子的关系［J］．海洋与湖沼，2023，54（3）：799－810。

四、海洋油气设施资源分布与利用

伴随浙江省海洋港口一体化改革实质性推进，以及中国（浙江）自由贸易试验区的成立，浙江自由贸易试验区将从以油气全产业链为核心逐步转向五大功能区共同发展。试验区一直聚焦石油和天然气的差异化改革探索，从“不产一滴油”“不产一罐气”到初步已经形成“万亿级油气产业格局”。如表0－9所示，截至2020年底，浙江省累计建成石油储备设施5377.8万立方米，占全国石油储备规模的20%。浙江省新增舟山新奥LNG和新疆煤制气两个气源，新建成甬台温、金丽温等干线项目，累计建成天然气管道3528千米，形成“八气源、网络化、县县通”的供气格局。“十三五”期间，建成浙江LNG接收站二期、舟山新奥LNG接收站一期，接收能力新增600万吨/年，累计达到900万吨/年；开工建设舟山新奥LNG接收站二期、温州LNG接收站一期、嘉兴LNG中转储运项目、温州华港LNG储运调峰项目。

表0-9　浙江省“十四五”煤炭、石油、天然气重大项目计划

序号	项目名称	建设内容	建设期间	项目总投资（亿元）	建设地点
一、计划建成项目					
1	大镇复线（原油管道）	大榭岛—岚山，长度约62千米，管径864毫米，设计压力6.5兆帕	2023～2025年	25	宁波
2	黄泽山—鱼山原油海底管道	长度为46千米，输送量3000万吨/年	2021～2022年	16	舟山
3	外钓—册子原油管道	长度约3.5千米，双管，输送量4000万吨/年	2024～2025年	2.7	舟山
4	金塘—册子原油管道	长度为10.5千米，3管，输送量6000万吨/年	2021～2025年	11	舟山
5	册子—马目原油管道	长度为9.8千米，双管，输送量4000万吨/年	2020～2022年	7.2	舟山
6	舟山—宁波成品油管道（海管）	自舟山鱼山岛，至宁波登陆，线路总长约52千米	2021～2022年	8.8	舟山、宁波
7	甬绍杭成品油管道	自宁波登陆点，经绍兴至余杭仁和油库（其中部分利用已建绍杭管道），线路总长约268千米	2021～2024年	30	宁波、绍兴、杭州
8	鱼山岛—黄泽山作业区成品油管道	起自舟山鱼山岛，至黄泽山作业区，线路总长约35千米	2023～2025年	7	舟山
9	黄泽山石油中转储运工程二期项目	油库规模104万立方米	2020～2022年	12.6	舟山岱山

续表

序号	项目名称	建设内容	建设期间	项目总投资（亿元）	建设地点
10	舟山中际化工油品储运基地	油库规模 60 万立方米	2019～2021 年	5.7	舟山定海
11	盛达燃料油中转加注基地项目	油库规模 79.4 万立方米	2019～2022 年	20	舟山六横
12	光汇油品储运项目（北岛）	油库规模 116 万立方米	2010～2023 年	9.6	舟山定海
13	金塘石油储运基地	油库规模 480 万立方米	2022～2025 年	45	舟山金塘
14	中奥能源油品储运扩建工程	油库规模 87.6 万立方米	2016～2021 年	23	舟山六横
15	华泰东白莲岛油品储运工程（一期）	油库规模 82.4 万立方米	2014～2023 年	19	舟山普陀
16	中化兴中六期扩建项目	油库规模 41 万立方米	2020～2021 年	6.6	舟山新城
17	黄泽山地下水封洞库项目	油库规模 670 万立方米	2022～2025 年	47	舟山岱山
18	黄泽山三期项目	黄泽山岛北部区域建设 200 万立方米以上的油库	2022～2025 年	20	舟山
19	岙山岛地下油品储运库	油库规模 300 万立方米	2022～2025 年	22	舟山临城
20	大榭原油地下洞库（一期）	油库规模 300 万立方米	2022～2025 年	35	宁波大榭
21	小衢山油品储运基地	油库规模 300 万立方米	2022～2025 年	55	舟山小衢山

续表

序号	项目名称	建设内容	建设期间	项目总投资（亿元）	建设地点
22	宁波成品油基地（一期）	油库规模 44 万立方米	2019～2022 年	8.5	宁波北仑
23	金清港成品油仓储基地	油库规模一期 4.4 万立方米，二期扩建 5.5 万立方米	2020～2022 年	10.5	路桥金清镇黄琅剑门港
24	上虞油库（成品油）	油库规模 29.7 万立方米	2021～2025 年	9	绍兴
25	仁和油库（成品油）	扩建油库规模 6 万立方米	2021～2025 年	3	杭州
26	浙石油金华兰溪油库（成品油）	油库规模 3.3 万立方米	2021～2024 年	3	金华兰溪
27	浙石油温州油库（成品油）	油库规模 4.6 万立方米	2021～2024 年	5	温州
28	中石化温州灵昆油库（成品油）	油库规模 31.4 万立方米	2018～2023 年	12.7	温州
29	中航油中转油库迁建项目	扩建机场油库 4 万立方米，新建油库 6 万立方米，配套输油管道约 15 千米	2021～2025 年	4	温州
30	舟山新奥 LNG 接收站（二期）	建设规模为 200 万吨/年	2019～2021 年	24.1	舟山白泉
31	舟山新奥 LNG 接收站（三期）	建设规模为 500 万吨/年	2021～2024 年	35	舟山白泉
32	浙江 LNG 接收站（三期）	建设规模为 600 万吨/年，配套一个码头	2021～2025 年	93	宁波穿山
33	浙能六横 LNG 接收站（一期）	建设规模为 600 万吨/年，配套一个码头	2021～2025 年	105	舟山六横

续表

序号	项目名称	建设内容	建设期间	项目总投资（亿元）	建设地点
34	中石化六横 LNG 接收站项目（一期）	建设规模为 600 万吨/年，配套一个码头	2021～2025 年	120	舟山六横
35	温州 LNG 接收站（一期）	建设规模为 300 万吨/年，配套一个码头	2018～2023 年	89.46	温州洞头
36	玉环大麦屿能源（LNG）中转储运项目（一期）	建设规模为 200 万吨/年，配套一个码头	2021～2025 年	41	玉环大麦屿
37	浙江嘉兴（平湖）LNG 应急调峰储运站项目	建设规模为 100 万吨/年，配套一个码头	2018～2021 年	24	嘉兴独山港
38	温州华港 LNG 储运调峰中心项目（一期）	建设规模为 100 万吨/年，配套一个码头	2020～2023 年	28	温州状元岙
39	川气东送二线干线浙江段	安徽浙江省界—温州末站，管径 1219 毫米，设计压力 10 兆帕，总长约 440 千米	2021～2025 年	70	湖州、杭州、绍兴、台州、温州
40	川气东送二线温州—福州支干线工程	温州—浙江福建省界，管径 1016 毫米，设计压力 10 兆帕，长度约 95 千米	2022～2025 年	16	温州
41	甬绍干线天然气管道东段	宁波中宅—春晓—新昌，管径 1219 毫米，设计压力 10 兆帕，长度约 147 千米	2021～2023 年	38	宁波、绍兴
42	甬绍干线天然气管道西段	新昌—诸暨，管径 1219 毫米，设计压力 10 兆帕，长度约 85 千米	2023～2025 年	22	绍兴、金华

续表

序号	项目名称	建设内容	建设期间	项目总投资（亿元）	建设地点
43	杭甬复线天然气管道	宁波镇海—杭州萧山，管径1016毫米，设计压力10兆帕，长度约190千米	2021~2022年	38	宁波、绍兴、杭州
44	西二线、川气东送嘉兴联通工程	管径1016毫米，设计压力10兆帕，长度约20千米	2021~2022年	3	嘉兴
45	浙沪天然气联络线二期工程	管径813毫米，设计压力6.3兆帕，长度约45千米	2020~2021年	7	嘉兴
46	六横—春晓天然气管道	舟山六横—宁波春晓，管径1016毫米双管，设计压力10兆帕，单管长度约33千米	2021~2025年	20	舟山、宁波
47	温州LNG接收站项目外输管道	小门岛温州LNG接收站连接至乐清登陆站，管径1016毫米，设计压力10兆帕，长度约26千米	2021~2022年	12	温州
48	温州华港LNG项目外输管道	温州状元岙华港LNG接收站连接至乐清登陆站，管径1016毫米，设计压力10兆帕，长度约34千米	2021~2022年	15	温州
49	乐清—温州天然气管道	乐清登陆站—温州末站，管径1219毫米，设计压力10兆帕，长度约46千米	2022~2025年	13	温州
50	玉环大麦屿LNG站外输管道	玉环大麦屿连接至甬台温管道清江阀室，管径1016毫米，设计压力7兆帕，长度约32千米	2021~2022年	8	温州、台州

续表

序号	项目名称	建设内容	建设期间	项目总投资（亿元）	建设地点
51	龙港—苍南天然气管道	由龙港延伸至苍南县灵溪镇境内，管径813毫米，设计压力6.3兆帕，长度约27千米	2022～2025年	3	温州
52	云和—景宁—文成—泰顺天然气县县通项目	天然气管道，管径406毫米，设计压力6.3兆帕，总长约115千米	2022～2025年	15	温州、丽水
53	庆元支线（天然气管道）	北起龙泉，南至庆元，管径406毫米，设计压力6.3兆帕，长度约60千米	2022～2025年	7	丽水
54	衢州分输压气站改造项目	西二线南昌—上海支干线反输改造，衢州压气站具备双向增压	2021～2023年	0.5	衢州
55	嘉兴LNG站外输管道	自嘉兴LNG站接至嘉兴大桥站，在独山港站设支线接入浙沪联络线二期，管径610毫米，设计压力6.3兆帕，总长约50千米	2021～2022年	8	嘉兴
56	浙江舟山煤炭中转码头堆场扩建工程	新增煤炭储备能力220万吨	2022～2025年	54.5	舟山
57	温州港乐清湾港区通用作业（C区）一期工程	新增煤炭储备能力90万吨	2019～2023年	29	温州
58	台州港头门港区二期工程	新增煤炭储备能力16.9万吨	2017～2021年	16	台州

续表

序号	项目名称	建设内容	建设期间	项目总投资（亿元）	建设地点
二、开工项目					
1	算山/镇海—中金管道	成品油管道，算山油库—镇海炼化二期—宁波油库—中金分输站，长度约45千米	2024～2027年	4	宁波
2	中石化算山成品油储备基地	成品油油库库容120万立方米，原油油库库容40万立方米	2019～2026年	28	宁波北仑
3	大榭原油地下洞库（二期）	扩建库容200万立方米	2023～2030年	15	宁波大榭
4	衢山LNG接收站	建设规模为300万吨/年，配套一个码头	待定	67	舟山
5	衢山LNG接收站外输管道	衢山岛至宁波，管径1016毫米，设计压力10兆帕，长度约110千米	待定	50	舟山
三、前期项目					
1	虾峙岛—东/西白莲—六横原油管道	长度20千米，输送量为1500万吨/年	2025～2030年	6	舟山
2	杭州—湖州—皖成品油管道	余杭仁和油库至湖州苏台山油库至长兴油库到浙江安徽交界处，总长约200千米	待定	20	杭州、湖州
3	大榭石化—算山段成品油管道	大榭石化—算山首站，长度约28千米	待定	3	宁波
4	陈山—仁和成品油管道	陈山油库—仁和油库，长度约150千米	待定	8	嘉兴、杭州

续表

序号	项目名称	建设内容	建设期间	项目总投资（亿元）	建设地点
5	瑞安—苍南成品油管道	甬台温瑞安末站—浙闽交界处，长度约86千米	待定	6	温州
6	中奥能源虾峙地下库	油库规模700万立方米	2025～2030年	50	舟山虾峙
7	金塘储运基地（二期）	油库规模460万立方米	2025～2030年	30	舟山金塘
8	双子山油品储运基地	油库规模100万立方米	2025～2030年	24	舟山双子山
9	东白莲岛油品储运工程（二期）	油库规模360万立方米	2025～2030年	40	舟山虾峙
10	金华油库（成品油）	油库规模12万立方米	待定	6	金华
11	台州中石油油库（成品油）	油库规模10万立方米	待定	5	台州
12	浙江LNG接收站（四期）	新增规模300万吨/年	2025～2030年	30	宁波穿山
13	温州LNG接收站（二期）	新增规模400万～600万吨/年	2025～2030年	40	温州洞头
14	台金衢天然气干线	横溪—缙云—遂昌—龙游，管径为1016毫米，设计压力10兆帕，长度为200千米	待定	50	台州、金华、丽水、衢州
15	浙能平湖独山港环保能源二期煤场	新增煤炭储备能力1.9万吨	待定		嘉兴平湖

续表

序号	项目名称	建设内容	建设期间	项目总投资（亿元）	建设地点
四、谋划项目					
1	浙能六横 LNG 接收站项目（二期）	二期建设规模 600 万吨/年	2025～2030 年	55	舟山六横
2	中石化六横 LNG 接收站项目（二期）	二期建设规模 900 万吨/年	2025～2030 年	65	舟山六横
3	台州头门港 LNG 接收站	建设规模为 300 万吨/年，配套一个码头	待定	59	台州头门港
4	头门港 LNG 接收站外输管道	头门港至甬台温三门站，管径 813 毫米，设计压力 6.3 兆帕，长度约 85 千米	待定	25	台州
5	黄泽作业区—漕泾原油海底管道	长度为 90 千米，输送量 2700 万吨/年	待定	22.44	舟山、上海
6	龙游—丽水成品油管道	龙游油库—丽水油库，长度约 150 千米	2025～2030 年	7.5	衢州、丽水
7	温州—丽水成品油管道	甬台温管道温州分输站—莲都油库，长度约 210 千米	2025～2030 年	11.5	温州、丽水

资料来源：浙江省发展改革委和浙江省能源局印发的《浙江省煤炭石油天然气发展“十四五”规划》。

浙江自贸区设立后，浙江海洋油气产业链建设卓有成效。一是在原油进口领域，打破中国原有的原油进口资质仅授权给国有外贸代理公司的限制，率先在全国开展原油非国有贸易资格试点。二是在油气加工领域，推动浙石化 4000 万吨/年绿色炼化一体化项目建设，打造国际绿色石化基地，发展炼化和精细加工。三是在油气储运领域，油气两类产品的两仓库容按照“总量核准、动态管理”的创新方式进行管理，鼓励企业进行储油设备的融资租赁业务。四是在油气交易领域，建设国际油气交易中心聚焦油气现货交易，与上海期货交易所联合探索油气“期现结合”交易模式。五是在燃料油加注领域，开展一船多供、不同税号混兑、跨关区直供、单一窗口申报、申报无疫放行、港外锚地供油等制度创新，提高加注效率。六是在配套服务领域，创新船舶进出境“一单四报”，海关、边检、海事等口岸监管机构共同登临执法，打造“自贸通才”人才培养模式等。

第三节 山海协作与陆上/海上浙江统筹发展解析

随着国家海洋战略纵深推进，“海上浙江”正在崛起。同时，作为浙江经济社会发展的广阔腹地，“山上浙江”高质量建设也在持续发力。本节着眼陆海统筹视角，系统诠释浙江省山海协作工程，分析山海协作工程推进浙江均衡发展与陆海统筹发展的效益、经验，阐释山海协作工程之于浙江省区域协调发展的理论创新。

一、山海协作工程的内涵与外延

（一）施行山海协作工程的目的与意义

深刻理解和全面把握实施山海协作工程的初衷和目的，对更好地提升结对双方的协作度、推动山区共同富裕具有十分重要的意义和作用。一是助推山区发展。实施山海协作需要协作双方共同努力，但初衷仍是为了欠发达山区，希望通过山海协作，浙江山区 26 个县能加快补齐发展短板，实现跨越式发展和共同富裕。二是发挥沿海示范。沿海地区经济发展水平较高，人民生活较富足，率先实现富裕的基础和优势比较明显。通过加快发展县（山区县）和沿海发达地区点对点结对合作，充分发挥沿海发达地区的经济优势，可以带动山区高质量发展。三是推动协调发展。山海协作的最终落脚点是实现“山”与“海”的协调发展。只有缩小区域、城乡的发展差距，实现浙江的区域协调发展，才能最大限度激发起全域的创新发展活力，为实现共同富裕提供浙江示范。

（二）山海协作工程的主体与内容

山海协作实施主体的明确对更好发挥山海协作工程的作用起着至关重要的作用。在不断的创新与实践中，浙江山海协作逐渐形成了三个层面的主体。一是省级层面。浙江省政府成立了山海协作领导小组，下设山海协作办公室，负责日常工作，包括提出总体要求和发展目标、制定中期方案和年度工作计划、明确结对关系和重点任务、实施政策激励和考核督察。二是市县层面。浙江山海协作工程中的“山”主要指浙江西南部、浙江西部、浙江南部、浙江中部的26个加快发展县（山区县），他们相对省内其他地区，经济较为落后，工业基础较薄弱，地形闭塞，交通不便，是山海协作的受援主体。三是社会层面。浙江民营经济发达，市场活力强，注重用市场化的手段和方式推动山海协作，确立了以政府为主导、市场为主体的原则，定期组织发达地区的企业到欠发达地区考察、调研、投资，积极鼓励在外浙商和浙企到省内欠发达地区投资兴业。

明确山海协作的重点内容是更好发挥“山”“海”优势的关键所在。随着山海协作工程的深入推进和发展，山海协作的具体内容也随之变化，从以经济协作为主的单一模式转为经济、社会、生态、文化、群众增收等多领域、全方位的协作。

（三）山海协作工程的方式与路径

采用何种方式实施山海协作是实现产业集约化、规范化、规模化、特色化发展的重要保证。通过20年的不断探索与实践，浙江构建了协作双方政府共建合作机制，形成了三种产业发展平台。一是山海协作产业园。对适合发展工业的山区县，以建设科技化、信息化、集约化、生态化产业园为目标，围绕主导产业，引进上下游关联产业，培育生态型现代产业集群。二是生态旅游文化产业园。对重点生态功能区、源头地区等不适合发展工业的山区县，按照“共抓大保护，不搞大开发”的要求，发挥生态人文优势，培育省级旅游风情小镇、休闲旅游示范区、最美生态旅游线路和生态旅游项目。三是“飞地园区”。为破解后富地区高端要素缺乏、创新能力不足、发展空间受限、市场渠道不畅等难题，在结对合作的发达地区建设“飞地园区”、特色街区，实现“企业研发在都市、生产基地在山区”“土地指标后富地区提供、产业空间在先富地区”“特色农产品及民间手工艺品生产在山区、销售在沿海地区”。四是“多联”融合。加强衢州、丽水等山区与沿海地区协作联动，加强山区大花园核心区与沿海大湾区建设的协同互动，提升山区与沿海相互促进的开放合作水平。强化宁波舟山港与海港、长江沿线港口、其他内河港口在管理业务、航线航班、资本股权等方面合作，增强开放合作能力。联动海港、河港、陆港、空港、信息港协同发展，推动江海、海铁、海河、海空、海公等多式联运统筹提升，加快物流信息互联共享与智慧物流云平台建设，提升多式联运体系水平。

二、山海协作工程奠定了陆上与海上浙江统筹发展秩序

（一）山海协作工程形塑省域成四带

浙江山海协作工程施行以来，全域形成陆海一体的四带。(1）甬舟温台临港产业带，沿甬台温高速公路复线、沿海高铁形成产业创新轴，甬舟温台四地协同共建产业链、供应链、创新链，初步形成具有全球竞争优势的产业集群、企业集群、产品集群，具有国际影响力的临港产业发展带。(2）生态海岸带，协同实施生态保护修复、绿色通道联网、文化资源挖潜、生态海塘提升、乐活海岸打造、美丽经济育强六大工程，率先建成海宁海盐示范段（河口田园型）、杭州钱塘新区示范段（滨海都市型）、宁波前湾新区示范段（滨海湿地型）、温州168示范段（山海兼具型）等

4条生态海岸带示范段，成为浙江美丽湾区的窗口。（3）金衢丽省内联动带，创新了海洋经济辐射联动模式，拓展了宁波舟山港硬核枢纽力量；沿义甬舟开放大通道及西延工程，全面强化了甬、舟与金华、衢州、丽水合作，提升金义都市区整体能级，形成陆海贯通的交通物流、商业贸易、产业创新、生态文化区域新格局，成为全国海洋经济赋能区域协调发展的典型。（4）跨省域腹地拓展带，立足长三角一体化与浙皖闽赣省际区域优势互补，以建设内陆省份新出海口为导向，进一步将海洋经济优势向内陆腹地延伸，深化与长江沿线及内陆省份的开放融合，畅通西南向联通江西、安徽、福建的综合交通廊道。

（二）山海协作工程实现陆海联动至陆海一体化发展

早在20世纪50年代，党中央就提出了“统筹兼顾”的思想，而直到20世纪90年代，这个方针才开始被运用于陆地与海洋的关系。2004年，海洋经济学家张海峰在中国太平洋学会年会上首次提出“陆海统筹”，认为它应与党中央所提的“五个统筹”并列，且它们之间是互为补充、互相完善、不可分割、不可或缺的一体化关系。随后，国内学者纷纷从地缘特征、历史演进、国家安全等角度对我国陆海关系进行了重新审视，学者多研究“陆海统筹”狭义之义，即“陆海经济统筹”，而对其他领域研究相对滞后。

浙江山海协作工程以陆海联动发展为主线，以陆域和海域中某一要素为基础，以陆域经济为支撑，积极发挥海域经济的反哺作用，消除陆海经济的发展“瓶颈”，使得陆域与海域产业经济相互联系、相互促进，并彼此关联互动，表现在陆海资源梯度、技术差异、产业发展的互动性、产业经济关联程度等方面。同时，注重经济建设和产业发展的协调，强调浙江陆域和海域经济在各产业经济要素的作用下相互补充、有效流动和有序发展，海洋经济在发展过程中要结合自身发展优势和特点兼顾陆域产业，同时沿海或临海区域要充分利用其有利的空间区位支撑临港产业和区域新的“增长极”发展，形成陆域经济和海域经济互惠互利、协调共生的新格局。

处于T形发展战略与“一带一路”建设重要节点的浙江省，沿岸港口是全省经济发展的生命线，也是陆海联动的重要建设区域。在“一带一路”建设的大背景下，海上丝绸之路与陆上丝绸之路的有效结合是促进陆海联动的重要保障，同时港口城市在“一带一路”建设中显得尤为重要。浙江山海协作工程既关注浙江沿海的嘉兴、杭州、宁波、台州、温州等城市与内地衢州、金华、丽水的联动发展，又关注它们以港口为核心要素与舟山港口的一体化分工与协作，全面提升陆海联动衔接的发展层次。浙江山海协作工程对港口建设的重视和海洋港口群的建设，突出将港口作为向海洋发展的关键节点和联系陆海的重要结合枢纽。因此，浙江山海协作工程既深化了“点—轴”式发展模式在陆海一体化发展中应用，又全面提升区域协调发展的海洋利用层次与海洋科技创新能力。

（三）山海协作工程实现陆海统筹内容的多维协同与递进

“十二五”时期以来，中国发展战略与规划中一直遵循陆海统筹思想，在国内实施海洋生态系统综合管理，建设海洋经济发展示范区，建设海洋主体功能区，优化海岸带空间布局；在国际上维护中国领土主权和海洋权益，以“一带一路”为统领形成“陆海统筹，东西联动”的对外开放新格局。

随着山海协作工程上升至浙江省战略，对陆海统筹内涵也有了进一步发展。一是维护国家海洋权益层面。山海协作工程提升了宁波舟山港的国际地缘环境竞争力，避免了中国海洋空间受来自周边邻海国家地缘过度挤压；浙江自贸区设立后，浙江海洋油气产业链建设卓有成效，在原油进口领域突破了原油交易的海洋霸权主义和海洋贸易保护主义。二是国土空间治理层面。山海协作工程重点优化浙江陆域秩序的同时，也提升了海洋浙江的战略地位，使得在浙江高质量发展中陆、海地位平等，统一筹划陆地和海洋管控，加快海洋利用与保护进程、协调陆海关系，构建了大陆文明与海洋文明相容并济的可持续发展。三是省域发展层面。山海协作工程的目标和本质是实现区域统筹发展，在浙江社会经济发展进程中，它分别分析海域、陆域资源环境生态系统的承载力以及社会经济系统的活力和潜力，综合考虑沿海地区陆海资源环境特点，统筹海陆的经济、生态和社会功能，利用海陆间的物质流、信息流等联系，以海陆协调为基础进行区域发展管理并执行工作，充分发挥海陆互动效应，实现浙江省全域健康发展。

三、山海协作工程视域陆上与海上浙江协调发展解析逻辑

山海协作工程作为一项省内区域合作发展政策，通过山区与沿海地区之间人、财、物的协作，在缩小浙江省内区域差距方面取得了显著成就。山海协作工程发挥作用的内在机制以及如何从省内区域协作视角探索走向区域协调发展的机制，既有研究对此均鲜有探讨。本书基于对浙江省统计数据、历史资料、政策文本的分析，从陆上浙江、海上浙江及二者发展的不均衡性、不充分性、不协同性维度，刻画了浙江省陆海区域协调发展的历史基础，阐释了“八八战略”中有关陆海区域协调的学理思想；进而扣住浙江陆海区域协调发展的关键资源配置，解读了土地资源、人力资源、科技资源等事关浙江陆海区域协调发展的关键要素投入及其跨地域、跨主体的协调实践成效、政策创新，阐明了浙江陆海区域协调发展体制机制演进的实践逻辑及其理论创新；在此实践逻辑及其理论创新脉络指引下，锚定空间均衡的政策网络、市场与政府的协同效用、“三生空间”的价值耦合，展望了迈向共同富裕示范区的浙江陆海区域协调新路径。全书阐释了山海协作工程促进区域协调发展的实践变革、运行机制与行动模式，认为山海协作工程实现了外部赋能与内生动力培育的协同，实现了政府、市场与社会多方参与的互动，形成了区域发展的双向驱动内生发展路径，丰富了中国区域协调发展理论。

第一章

浙江省区域发展的不均衡性

在市场经济条件下，区域经济发展的不均衡性是一个永恒的主题，也是全球各国及其区域发展都会面临的世界性难题。浙江省率先探索经济社会发展的市场化改革，虽然经济社会发展取得长足进步，但是浙江区域空间发展水平与发展秩序仍然难以满足浙江省常住人口的日常生活需求和个人发展诉求。为此，地方各级政府和学界都积极诊断浙江区域发展的不均衡性，寻求浙江省区域可持续发展之策。

第一节　陆上浙江的区域发展不均衡

本节基于浙江1990年以来的县域经济发展的空间特征，解析浙江陆域经济发展的总量差异、关键指标差异及其发展不均衡影响因素。

一、1990～2012年浙江陆域发展差异衡量

县域经济是区域经济的基础和支柱，县域经济差异分析对于促进省域经济持续、稳定、健康发展有着重要意义。该领域逐渐形成了趋同、趋

异、倒U型和新马克思主义等诸多理论和流派。同时，新经济地理学、全球化、内生增长理论、层域理论、制度转型、全球性产业重构与转移等研究成果的涌现极大地推动了该领域的发展。传统区域经济差异测度方法是构建经济发展水平的指标体系，通过计量模型对各类指标进行加权计算。此类研究方法并未将空间因素考虑在内。事实上，大量理论和实践证明：区域之间存在着扩散（涓滴）或极化（回波）效应，区域之间并不是孤立存在的。因此，传统方法难以真正反映区域经济发展差异的原因和相互作用机制。探索性空间数据分析方法（exploratory spatial data analysis，ESDA）以测度空间关联度为核心，通过对事物或现象空间分布格局的描述与可视化，发现空间集聚和空间异常，揭示其空间作用机制。浙江经济发展处全国前列，但内部发展差距日益扩大。经济发展水平较高的县（市）主要是聚集在浙东（北）地区的杭州、宁波、慈溪、绍兴等，而浙西南的多数县（市）经济发展水平相对落后。鉴于此，本书运用ESDA分析方法对浙江省县域经济发展空间差异进行研究，探讨其全局和局域空间自相关特性，深入分析空间相互作用机制，为推动浙江省陆域经济协调发展提供借鉴。

（一）数据整理与研究方法

选取人均GDP表征地区经济发展水平，数据源自1990～2012年浙江省的统计年鉴、浙江省各市统计年鉴和统计公报。1990～2012年变动的行政区划将依据2012年行政区划进行归并，并通过“地区生产总值÷年末总人口数”计算获得。例如，萧山区于2001年撤县设区，正式纳入杭州市区进行国民经济指标核算，本书分析时便将1990～2000年萧山市的年末总人口数和GDP数据摘出，并入杭州市区进行指标核算。

分析方法采用空间自相关（spatial autocorrelation）方法，根据侧重点不同主要有全局空间自相关和局域空间自相关。本节选取全局Moran's I统计量作为全局空间自相关的测度方法，分析区域总体空间关联和空间差异程度。采用 Geoda 软件，选择 queen 方式定义邻接关系的空间权重矩阵，有共边或共点的权重为 1，反之为 0。如果采用空间邻接关系定义空间关系矩阵，则舟山市的岱山县、嵊泗县，温州市的洞头县便会成为孤岛（权重值为 0），因此，可以人为定义区域共边邻接，例如舟山市市辖区与宁波市市辖区邻接；洞头县与玉环县邻接。

（二）1990～2012 年浙江陆域发展不均衡特征

1990～2012 年，浙江省县域人均 GDP 的全局 Moran's I 估计值及其显著性如表 1－1 所示。全局 Moran's I 估计值在 0.01 置信水平下显著为正，总体变化趋势不断增加，某些年份偶有波动。这表明：20 世纪 90 年代以来，浙江省县域经济存在明显的空间正相关特性，并且这种趋势还在不断加强。这表明浙江省县域经济发展水平空间差异在不断缩小。这一结论是针对县级空间尺度而言，是县域经济发展差异在平均意义上的缩小。

表 1－1　1990～2012 年浙江省县域人均 GDP 的全局 Moran's I 估计值及其显著性

年份	Moran's I	方差	z 值	p 值
1990	0.329367	0.006768	4.182497	0.000029
1991	0.316496	0.006723	4.039437	0.000054
1992	0.496177	0.006965	6.121405	0.000000
1993	0.474387	0.007112	5.799656	0.000000
1994	0.497015	0.007214	6.024995	0.000000
1995	0.497328	0.007241	6.017239	0.000000
1996	0.481097	0.007079	5.892980	0.000000
1997	0.449684	0.007272	5.445749	0.000000
1998	0.532701	0.007294	6.409740	0.000000

续表

年份	Moran's I	方差	z 值	p 值
1999	0. 490027	0. 007282	5. 914877	0. 000000
2000	0. 508255	0. 007272	6. 132587	0. 000000
2001	0. 457988	0. 007174	5. 580868	0. 000000
2002	0. 451016	0. 007209	5. 485198	0. 000000
2003	0. 471140	0. 007203	5. 724625	0. 000000
2004	0. 488097	0. 007208	5. 922159	0. 000000
2005	0. 507004	0. 007216	6. 141735	0. 000000
2006	0. 531241	0. 007299	6. 390298	0. 000000
2007	0. 516982	0. 007230	6. 253008	0. 000000
2008	0. 485006	0. 007137	5. 915198	0. 000000
2009	0. 539522	0. 007147	6. 555612	0. 000000
2010	0. 539969	0. 007128	6. 569992	0. 000000
2011	0. 545187	0. 007095	6. 647097	0. 000000
2012	0. 557600	0. 007090	6. 796982	0. 000000

为进一步说明浙江省县域经济发展差异演变趋势，将变异系数（CV）与全局 Moran's I 统计量进行对比分析（见图 1－1）。结果表明两种测度结果基本一致，略有不吻合之处。例如：2001～2005 年，全局 Moran's I 估计值先下降，后上升，反映浙江省县域经济空间差异先扩大，后缩小；而 CV 值的变化说明其县域经济差异先缩小，后扩大。对此可以这样理解：CV 仅对人均 GDP 进行测算，与地理位置无关；而全局 Moran's I 则将空间因素考虑在内，可以反映数据在空间上的集中或分散程度。

运用 ESDA 方法不仅可以识别区域空间差异的变化趋势，还能揭示其空间相互作用机制。Moran 散点图中的高（H）和低（L）是相对区域总体平均水平（算数平均值）而言。如果某区域为 HH 和 LL 类型，

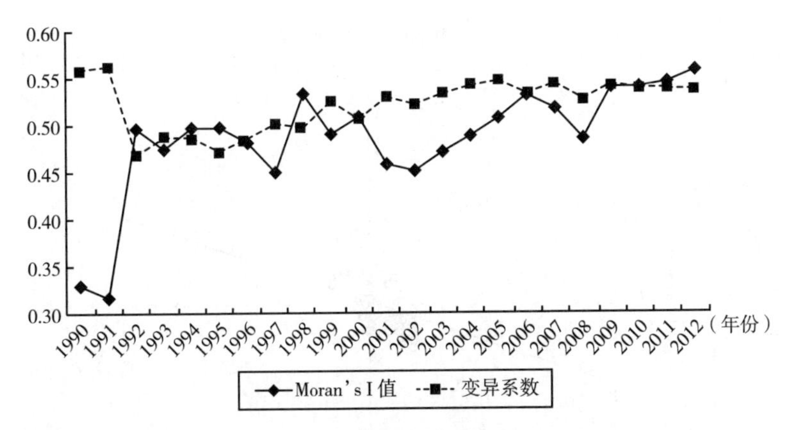

图1-1 1990~2012年浙江省县域人均GDP的全局Moran's I估计值及其变异系数

说明该区域与周边地区存在扩散作用，两地之间空间差异趋于缩小；若为HL和LH类型，说明两地之间存在极化作用，空间差异趋于扩大。进一步将Moran散点图划分为四个象限，分别对应四种区域经济空间差异类型。第一象限（HH）：某地区与其周边地区经济发展水平均较高，空间差异小。该地区与周边区域即为“热点区”。第二象限（LH）：某地区自身经济发展水平较低，而周边地区较高，空间差异大。该地区即为经济发展的“凹点”或“塌陷区”。第三象限（LL）：某地区与其周边地区经济发展水平均较低，空间差异小。该地区与周边地区即为“盲点区”。第四象限（HL）：某地区自身经济发展水平较高，而周边地区较低，空间差异大。该地区即为经济发展的“凸点”。第一、第三象限的空间单元存在正相关关系，表现为属性值的空间“均质性”；第二、第四象限的空间单元存在负相关关系，表现为属性值的空间“异质性”。

为了动态观察浙江省各县（市、区）所处象限的变化情况，选取1990、2012年的数据生成Moran散点图（见图1-2和图1-3），并将每个象限所对应的县（市、区）汇总成表1-2、表1-3。

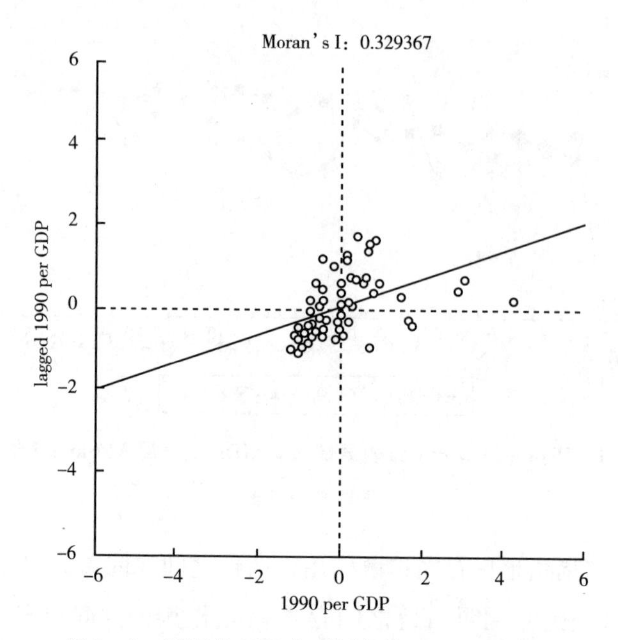

图 1－2　浙江省 1990 年县域经济 Moran 散点图

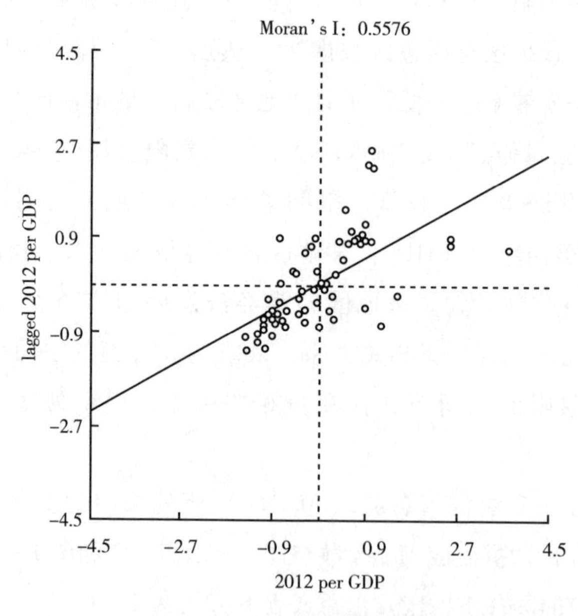

图 1－3　浙江省 2012 年县域经济 Moran 散点图

表1-2　　1990年Moran散点图对应县（市、区）汇总

类型	县（市、区）名称
HH（19）	长兴县，德清县，湖州市市辖区，海宁市，海盐县，嘉善县，嘉兴市市辖区，平湖市，桐乡市，慈溪市，宁波市市辖区，余姚市，上虞市，绍兴市市辖区，绍兴县，舟山市市辖区，嵊泗县，岱山县，杭州市市辖区
LH（13）	临安市，奉化市，兰溪市，淳安县，富阳市，安吉县，遂昌县，常山县，江山市，龙游县，嵊州市，诸暨市，浦江县
LL（31）	永康市，景宁畲族自治县，缙云县，丽水市市辖区，龙泉市，青田县，庆元县，松阳县，东阳市，磐安县，武义县，义乌市，云和县，宁海县，象山县，开化县，新昌县，临海市，三门县，天台县，温岭市，仙居县，苍南县，平阳县，瑞安市，泰顺县，文成县，乐清市，玉环县，洞头县，永嘉县
HL（6）	建德市，金华市市辖区，台州市市辖区，衢州市市辖区，温州市市辖区，桐庐县

表1-3　　2012年Moran散点图对应县（市、区）汇总

类型	县（市、区）名称
HH（22）	长兴县，德清县，湖州市市辖区，海宁市，海盐县，嘉善县，嘉兴市市辖区，平湖市，桐乡市，富阳市，临安市，慈溪市，桐庐县，宁波市市辖区，余姚市，上虞市，绍兴市市辖区，绍兴县，诸暨市，舟山市市辖区，嵊泗县，岱山县
LH（8）	奉化市，兰溪市，温岭市，安吉县，东阳市，洞头县，嵊州市，浦江县
LL（31）	景宁畲族自治县，缙云县，龙泉市，青田县，庆元县，松阳县，磐安县，武义县，云和县，宁海县，开化县，临海市，三门县，天台县，仙居县，苍南县，淳安县，平阳县，瑞安市，泰顺县，文成县，乐清市，永嘉县，杭州市市辖区，遂昌县，常山县，江山市，龙游县，建德市，金华市市辖区，衢州市市辖区
HL（8）	永康市，丽水市市辖区，义乌市，象山县，新昌县，台州市市辖区，温州市市辖区，玉环县

由图1-2、图1-3、表1-2、表1-3可知，在1990～2012年的23年间，浙江省大多数县市为第一、第三象限，且各县（市、区）所

处象限年际变化不大。由图 1 - 3 和表 1 - 3 可知，第一象限的县（市、区）主要是浙东浙北地区的德清、海宁、海盐、嘉善等 22 个县（市、区），这些县市自身与周边地区人均 GDP 都较高，是浙江省经济发展的热点区域；第二象限的安吉、东阳、兰溪等 8 个县市的自身经济发展水平较低，而周边地区较高，是经济发展的“塌陷区”；第三象限的县（市、区）主要是浙西南的缙云、龙泉、青田、庆元等 31 个县（市、区）。这些县（市、区）自身和周边地区经济发展水平都较低，是经济发展的“盲点区”。第四象限的永康、义乌、象山、新昌等 8 个县（市、区）的自身经济发展水平较高，而周边地区较低，是经济发展的“凸点”。第一、第三象限县（市、区）的人均 GDP 表现出较强的局域空间正相关特性，第二、第四象限则表现出较强的局域空间负相关特性。这说明浙江省县域经济发展存在明显的空间二元结构。浙东北、浙西南地区经济发展的空间扩散、溢出效应明显，地区内部经济联系密切，空间差异不断缩小。温州、台州沿海一带属于高低聚集区域，经济发展水平相对较高，而周边发展水平较低。说明温台作为局部增长极，对周边地区的极化作用大于扩散作用，空间差异在不断扩大。同时义乌、象山、新昌、玉环等县（市、区）经过 20 多年的发展，已经摆脱相对落后的局面，表现出强劲的发展势头，成为区域经济发展新的“凸点”。从时间序列角度来看，浙江省县域经济发展整体水平在不断提升。浙江省县域经济发展空间扩散、溢出效应明显，经济发达县（市、区）对周边地区的带动作用显著。HH 聚集区域从 1990 年的 19 个跃升为 2012 年的 22 个，LH 区域从 1990 年的 13 个下降到 2012 年的 8 个。但 LL 聚集区域县（市、区）个数没有变动，说明浙西南及其周边地区经过 20 多年的发展依旧没有摆脱落后的局面。截至 2012 年，仍有 31 个县（市、区）属于第三象限，这表明浙江省县域经济发展差距仍然存在，区域经济协调发展的道路还很漫长。

选取 1990 年、2012 年的数据计算浙江省县域人均 GDP 的局部 Moran's I 估计值及其显著性，结果显示：（1）1990 ~ 2012 年，浙江省在浙东

（北）逐渐形成显著 HH 区域，而在浙西南逐渐形成显著 LL 区域。浙东（北）较高的发展水平对浙西南形成了明显的空间极化效应，使浙西南发展处于相对落后局面，呈现低位均衡态势。2000 ~ 2012 年，浙东（北）地区县域经济发展空间集聚趋势不断增强，但一些县市发展明显落后于其他县市，成为边缘区域，如安吉、奉化等。（2）浙江省县域经济发展也存在空间异质区域。浙西北地区出现了显著 LH 区域，如安吉、富阳。这说明两地之间更多的表现为极化效应，形成了县域经济的“塌陷区”。温台沿海一带出现显著 HL 区域，如温州市市辖区、台州市市辖区，这表明两地并未对周边地区起到带动作用，反而拉大了与周边地区的经济差距，在一定程度上促进了浙西南地区 LL 聚集态势的形成。这些结论均与上述分析相互印证。（3）2012 年，位于浙东（北）和浙西南中间过渡地带的浙中地区出现了显著 HL 区域，如义乌、新昌。永康市虽未通过 5% 显著性检验，但其位于 Moran 散点图的第四象限，从 LL 区域上升为 HL 区域。说明这些县（市）在近年来开始加速发展，成为沟通浙东（北）与浙西南经济发展的桥梁和纽带，形成区域经济发展的“凸点”。

（三）1990 ~ 2012 年浙江陆域发展不均衡的空间趋势

运用 ESDA 全局和局域空间分析方法分析 1990 ~ 2012 年浙江省县域经济空间差异，结果表明：（1）浙江省县域经济发展存在明显空间自相关特性，经济发展水平相似的县（市、区）趋于空间集聚，并且不断加强。同时，与变异系数相结合，发现浙江省县域经济发展总体差异在不断缩小。随着改革开放和相关政策的实施，县域间的经济联系更为密切，经济发展整体水平将不断提升。（2）通过局域空间自相关分析，发现浙江省存在明显空间二元经济结构，地理区位分属浙东（北）和浙西南。1990 ~ 2012 年出现显著高高、低低、低高、高低区域，说明县域经济发展空间相互作用的存在。由于各方面的原因，各县（市、区）之间空间相互作用随时间、地理位置的不同而不断变化，准确把握县（市、区）之间空间相互作用，理顺发展关系，方能制定促进浙江陆域经济均衡发展的策略。

二、陆上浙江沿海市与山区市近年经济发展的不均衡特征

（一）2021 年浙江省各市经济发展特征

浙江省 2021 年经济发展市际优势突出，发展水平的区域分异仍然较大。如表 1－4 展现了 2021 年浙江省各市经济各项指标，可知全省经济发展要实现空间均衡仍然任务艰巨。

表 1－4　　2021 年浙江各市经济主要指标

城市	年末常住人口（万人）	生产总值（亿元）	人均生产总值（元）	财政总收入（亿元）	一般公共预算收入（亿元）
杭州市	1220.4	18109	149857	4561.72	2386.59
宁波市	954.4	14595	153922	3264.39	1723.14
温州市	964.5	7585	78879	1079.69	657.55
嘉兴市	551.6	6355	116323	1122.77	674.80
湖州市	340.7	3645	107534	683.80	413.52
绍兴市	533.7	6795	127875	954.71	603.80
金华市	712	5355	75524	800.06	492.32
衢州市	228.7	1876	82174	272.13	163.93
舟山市	116.5	1704	146611	349.71	180.70
台州市	666.1	5786	87089	770.06	455.43
丽水市	251.4	1710	68101	270.91	163.97

续表

城市	一般公共预算支出（亿元）	住户存款年末余额（亿元）	城镇居民人均可支配收入（元）	农村居民人均可支配收入（元）
杭州市	2392.04	15623.01	74700	42692
宁波市	1723.14	9387.31	73869	42946
温州市	1066.82	9214.43	69678	35844
嘉兴市	793.72	5323.93	69839	43598
湖州市	524.49	3102.05	67983	41303
绍兴市	714.50	5681.45	73101	42636
金华市	791.41	6516.37	67374	33709
衢州市	518.57	1763.02	54577	29266
舟山市	336.11	1260.71	69103	42945
台州市	734.81	6697.42	68053	34519
丽水市	545.69	2306.84	53259	26386

资料来源：根据2022年的《浙江统计年鉴》整理分析。

（二）陆上浙江沿海市与山区市经济发展不均衡比较

浙江省作为经济强省的地位突出，但各市经济发展呈现出不同趋势，如表1－5清晰展现了浙江沿海与山区五市经济指标的差异。（1）地区生产总值差距明显，整体富裕程度高。从地区生产总值看，杭州市和宁波市的地区生产总值在浙江省内傲视群雄，两市约占据全省生产总值的半壁江山。反之，衢州市和丽水市地区生产总值均在2000亿元以下，从地区生产总值增速看，所有的城市都跑赢同年全国GDP增速，尤其是金华市，主要得益于工业生产、外贸进出口、招商引资等因素的增长。（2）财政实力明显分化。浙江各市一般财政预算收入整体较多，杭州市和宁波市仍占较大比例，衢州市、丽水市在200亿元以下，各市财政实力分化明显。从一般公共预算收入增速看，五市均为正且均增速较快。浙江省陆域均衡发展离不开沿海市、山区市的共同努力，山海协作工程能够加强各市之间的协作与联系，为全省均衡发展注入新的动力。

表 1－5　　浙江省 2021 年五市的区域经济

地区	地区生产总值		城镇居民人均可支配收入		一般公共预算收入	
	金额（亿元）	增速（%）	金额（元）	增速（%）	金额（亿元）	增速（%）
杭州市	18109.00	8.5	74700	8.8	2386.60	14.0
宁波市	14594.90	8.2	73869	8.6	1723.10	14.1
金华市	5355.44	9.8	67374	9.5	492.32	17.2
衢州市	1875.61	8.7	54577	10.7	163.93	14.0
丽水市	1710.03	8.3	53259	9.7	163.97	16.3

资料来源：根据 2022 年的《浙江统计年鉴》整理分析。

三、浙江陆域发展不均衡的财力特征

区域发展不均衡是客观存在的，浙江省存在着发展不平衡、发展不充分的问题。衡量地区发展均衡的重要指标是人均财力水平。一般来讲，地方政府的综合财力主要由地方一般公共预算财力和地方政府性基金预算财力构成，地方政府财力往往与当地的经济发展水平紧密相关，是衡量地方政府偿债能力和信用水平的重要参照依据。

浙江陆域地方政府一般公共预算财力呈分化趋势，影响区域基本公共服务均等化的实现。地方政府一般公共预算收入是地方政府财政收入的重要来源之一，也是地方政府综合财力的主要构成部分。浙江省的一般预算收入增长很快，已从“十三五”规划初期的全国第五上升到如今的全国第三，仅次于广东、江苏两省，但全省各市之间仍然不均衡。从总量看，第一梯队是杭州、宁波，第二梯队是嘉兴、温州、绍兴、金华、台州、湖州，第三梯队是舟山、丽水、衢州。从增速看，浙江省下辖各市一般公共预算收入总体保持较高水平，但减税政策加大了各地增收压力，疫情影响使得收入增速出现较大波动，全省各市一般公共预算收入增速普遍放缓，区域财政状况存在分化趋势。

浙江地方土地财政收入存在较大差异，影响地方政府财政覆盖面的扩大。土地财政通常是指政府土地出让所形成的收入，属于政府性基金收入范畴，其中土地出让金是土地财政收入的主要构成，也是地方政府综合财力的重要来源。一般来说，在经济比较发达的地区，有着高密度的人口、较高的城市化水平和城乡居民收入水平，往往会导致土地价格上涨，地方土地出让金收入也会随之增多。反之，城市化水平低、人口密度低的地方，土地出让单价溢价空间有限，土地出让金收入自然会减少。随着土地财政的发展，地方政府的整体财力得以提高，拓展了地方政府的职能，一定程度上缓解了地方政府的财政困境。同时，有些地方以往存在的一些长期未解决或未妥善解决的公共事务，也逐步得到解决。换言之，土地财政使得地方政府具有进一步扩大财政覆盖面的能力。

浙江地方政府债务限额分配不均，限制公共服务领域财政投资力度的提高。地方政府举借债务是推动经济发展的重要举措。从 2020 年的地方政府债务限额来看，杭州和宁波处于上游水平，均突破了 2000 亿元，杭州甚至逼近 3000 亿元；绍兴、台州、嘉兴、金华四个城市的债务限额超过 1000 亿元；而温州、湖州、丽水、衢州和舟山的债务限额均在 1000 亿元以下。浙江省 11 个地级市中，地方政府债务限额最高是杭州的 2870 亿元，舟山最低，仅仅为 504 亿元。[①] 区域间地方政府债务限额差异较大，这也是地方政府财力差异体现的重要方面。理论上说，一些财政实力弱，但融资需求大的地区并未获得更多的债务额度，难以加大在公共服务供给方面的投入，不利于协调区域均衡发展，助力推进共同富裕的高质量建设。

① 根据浙江省各市统计局、财政局官网年报数据整理，统计口径参照 Wind 城投债与地方债务余额数据库。

第二节 海上浙江的区域发展不充分

本节以浙江沿海7市的海洋资源环境为评价对象，分析各市海洋资源环境基础的特征和差异，综合评价各市海洋经济发展特征，提出各市海洋资源环境综合约束下的海洋产业结构与布局综合优化措施，为海上浙江可持续发展提供科学指导。

一、浙江沿海市海洋资源环境评价

当前学术界存在四种视角评价海洋资源环境：（1）从广义的资源环境承载力视角讨论海洋资源环境可以承受的产业、人类活动阈值及以其为核心的海洋功能区划；（2）从资源环境经济学视角关注海洋资源环境的价格与价值、生态服务价值；（3）从系统论视角讨论海洋经济/区域经济—海洋资源环境间的协调度；（4）从可持续发展视角评价区域海洋资源环境可持续发展程度。1979～1990年在国家海洋信息中心组织下，我国完成了《中国海岸带和海洋资源综合调查》，初步测算出我国海洋资源蕴藏量与利用开发现状。1983～1992年国家先后组织20多个单位进行全国海岛资源综合调查、世界大洋多金属结核资源调查，并将海洋统计工作正式列入国家海洋局职责范畴。2003年9月至2009年，由国务院批准、国家海洋局组织实施的“908专项”再一次对中国近海进行综合调查、评价和数字化、信息化。我国海洋资源环境基础评价产出了较多成果，并初步形成以中国海洋大学、辽宁师范大学海洋经济可持续发展研究中心、宁波大学浙江省海洋文化与经济研究中心、宁波大学东海研究院、宁波大学地理与空间信息技术系为重要学术阵地的研究机构，产出了一些较为代表性的研究论著，如“908专项”成果之一《中国区域海洋学——海洋地貌学、海洋地质学、物理海洋学、生物海洋学、渔业海洋学、海洋环境生态学、海洋经济学》《海洋生态环境污染经济损失评估技术及应用研究》《中国近海海洋环境质量现状与背景值研究》《海洋环境承载力与生态补偿关系研究》《海洋资源环境与浙江海洋经济丛书》《中国东海可持续发展报告》《海洋资源环境演化与东海海洋经济丛书》等。然而这无法掩盖国内对海洋资源环境评价认知误区，相关著述的学科化、单一视角非常突出，无法有机沟通"海洋资源环境评价—海洋经济社会发展—海洋资源环境保护与管理"，因此，本书探索性地以资源环境可持续和区域海洋产业良性发展为评价目的，构建区域海洋产业发展的资源环境基础评价指标体系，并以浙江省沿海市域实证，为区域海洋资源环境可持续发展和区域海洋产业结构及布局优化提供科学理论指导。

（一）评价模型与数据源

海洋资源环境基础评价目的在于了解某地的海洋资源环境基础对当地海洋经济发展的支撑状况，进而指导当地海洋产业选择与空间组织优化，实现海洋经济良性循环。由于海洋资源环境基础涉及指标众多，在评价时要注意三点。一是如何确定科学的指标权重以解决各具体指标影响评价总目标的重要性程度差异；二是如何将属性、统计标准各异的指标转化为可比的、可综合计算的评价值；三是选用何种综合测度方法能科学衡量区域海洋资源环境禀赋及区际差异。由此，构建评价指标、评价指标度量方法、评价指标体系集成测度方法组成的海洋资源环境基础评价模型。

评价指标的遴选，既受评价目的、评价对象的制约，又受评价操作主体的知识程度、经验水平与价值观念的影响。根据指标体系遴选基本原则、海洋资源环境的构成要素特性，本书构建了以海洋资源环境基础为目标层、海洋资源与海洋环境准则层、18 个指标构成的指标体系（见表 1－6）。其中，指标层 C_1 ~ C_7、C_{10} ~ C_{12}代表区域海洋资源的岸线与港口、岛屿、海岸带、海水养殖与海洋能源等资源；C_8、C_9 用以刻画沿海城市海洋旅游资源开发利用状态；C_{13} ~ C_{18}用以刻画区域海洋水质的背景值、排放值和人类处理状态。表1-6中准则层和指标层的权重均采用层次分析法（AHP）获得，这可避免损失各指标的重要性、属性差异及可靠程度。

表1-6　海洋资源环境基础评价指标体系及指标权重　单位：%

目标层（A）	准则层（B）		指标层（C）		
	名称	权重（W）	指标名称	权重（W_i）	总权重（$W \times W_i$）
海洋资源环境基础（A）	海洋资源（B_1）	75	港口数量（C_1）	14.38	10.79
			大港、深水港数量（C_2）	23.74	17.81
			省重点海水增养殖区养殖面积（C_3）	11.39	8.54
			盐田面积（C_4）	1.18	0.89
			海洋能源资源装机容量（C_5）	3.09	2.32
			沿海海洋岛屿数量（C_6）	3.28	2.46
			沿海海洋岛屿面积（C_7）	5.76	4.32
			沿海星级饭店数量（C_8）	4.78	3.59
			沿海星级饭店客房出租率（C_9）	4.78	3.59
			海岸线长度（C_{10}）	7.65	5.74
			海岸带陆地面积（C_{11}）	10.76	8.07
			潮间带土地面积（C_{12}）	9.21	6.91
	海洋环境（B_2）	25	海岸带工业废水排放量（C_{13}）	20.05	5.01
			海岸带工业固体废物排放量（C_{14}）	8.31	2.08
			海岸带工业废水处理量（C_{15}）	12.38	3.10
			海岸带工业废水符合排放达标率（C_{16}）	33.40	8.35
			海岸带工业固体废物处理量（C_{17}）	10.84	2.71
			海岸带污染治理项目数量（C_{18}）	15.02	3.76

基于对常用综合测评方法优缺点比较，本章采用基于层次分析法的

综合评分法。数据源自《中国海洋统计年鉴2011》《浙江省海岸带和滩涂资源综合调查报告》《浙江省海洋环境质量公报2011》《浙江省统计年鉴2011》以及浙江沿海各市海洋与渔业局网站的相关资料数据，并筛选整理。目前，浙江沿海各市未建立系统海洋数据库，各市海洋资源环境数据统计口径不一、不齐，导致所构建的指标体系中的部分指标缺失某些沿海城市的相关数据。鉴于缺失部分为效益型指标，可令缺失数据为0，标准化结果也为0，确保评价结果的科学性和一般性。

（二）浙江沿海市域海洋资源环境综合分异

利用前述海洋资源环境基础评价模型，代入嘉兴、杭州、绍兴、宁波、舟山、台州、温州七市海洋资源环境基础数据，得到浙江省沿海市域海洋资源环境基础综合评价（见表1－7）。由表1－7可知：一是浙江省的海洋资源环境优势主要分布在舟山、宁波、温州、台州这四大沿海城市，嘉兴也有一定的海洋资源环境优势，而杭州、绍兴的海洋资源环境基础则相对较差；二是各市海洋资源得分排名与综合得分排名基本一致；而海洋环境得分排名与综合得分排名出入较大，海洋资源优势城市得分相对较低，海洋资源劣势城市得分相对较高；三是浙江省沿海市域海洋资源环境基础的丰度与质量，以宁波舟山为显著优势区域，温州、台州处于第二梯队，嘉兴、杭州、绍兴处于第三梯队。整体而言，浙江省沿海中部、南部海洋资源环境基础优势度明显，具有较高的海洋经济发展基础。

表1－7　　浙江沿海各市海洋资源环境基础综合评价结果

项目		杭州	宁波	嘉兴	绍兴	舟山	温州	台州
综合得分	分数	0.1787	0.5035	0.2555	0.1677	0.6000	0.3704	0.2586
	排名	6	2	5	7	1	3	4

续表

项目		杭州	宁波	嘉兴	绍兴	舟山	温州	台州
资源得分	分数	0.0689	0.3948	0.0969	0.0135	0.4703	0.2814	0.1709
	排名	6	2	5	7	1	3	4
环境得分	分数	0.1098	0.1087	0.1586	0.1541	0.1297	0.0890	0.0877
	排名	4	5	1	2	3	6	7

下面从不同方面分析浙江沿海各市海洋资源基础呈现的差异。

（1）地理位置：舟山、宁波、温州、台州、嘉兴属于滨海城市，拥有漫长的海岸线、广大的海岸带陆地面积、管辖海域和优良的海港等。其中，舟山为岛屿城市，海岸线最长；但就大陆海岸线而言，宁波最长；潮间带土地资源以宁波、台州和温州最为丰富。而杭州、绍兴无直接临海地带，其濒临杭州湾、钱塘江入海口，间接沟通海洋，无海岸线、管辖海域、海港等，但属于沿海城市，拥有一定的海岸带陆地面积。

（2）渔港养殖区资源：杭州、绍兴既无渔港资源，也无养殖区资源。嘉兴虽无渔港资源，但有海盐秦山养殖区，适宜滩涂养殖。国家级渔港主要分布在舟山、台州、温州和宁波，其中国家一级渔港舟山 10 个、台州 5 个、温州 4 个、宁波 3 个；养殖区也主要分布于上述 4 个城市，台州 5 个，舟山、温州分别 4 个，宁波 3 个，其中，宁波只适宜滩涂、浅海养殖，而台州、舟山、温州还有网箱养殖。

（3）港口资源：杭州、绍兴没有海港，杭州港和绍兴港都属于内河港口。舟山、宁波、嘉兴、温州海港资源优良，多深水良港，尤以舟山、宁波为优。宁波 - 舟山港作为长三角仅次于上海港的综合大港和国际集装箱中转枢纽港，以水水中转为特色；嘉兴港主要服务地域为杭嘉湖地区，是杭州湾北岸与太平洋沟通的唯一通道，对当地海洋经济的发展起有力支撑作用；温州港连通了浙西南、闽北、皖南、赣东，居于我国承北起南的海运心脏地位，兼具远洋运输的优越地理区位。

（4）盐田资源：浙江沿海各市中，只有舟山、宁波和台州有规模较大的盐田区，如舟山中南部岛屿盐田区、宁波象山港北部盐田区、台州南部盐田区。

（5）海洋能资源：浙江潮汐能主要分布在宁波和台州。已开发潮汐发电的有温岭江厦、玉环海山，可开发潮汐发电的如象山南田岛、三门湾。潮流能则集中分布在舟山，其岱山县龟山水道潮流能区在建潮流能实验电站。海风能资源区则包括舟山海上海岛风能区、宁波沿海海岛风能区、温州台州海岛风能区。

（6）海洋旅游资源：舟山、宁波、温州和台州海洋旅游资源条件优越，居浙江沿海各市前列。其中，较为著名有宁波的杭州湾、象山港，舟山的普陀山、嵊泗列岛，台州的大陈岛森林公园、大鹿岛及三门湾，温州的南北麂岛、洞头列岛及乐清湾等。此外，杭州的钱塘江观潮旅游也极负盛名。

（三）浙江沿海市域海洋资源环境的空间分异

浙江沿海各市均有不同程度的海洋环境问题，尤其是社会经济发达的杭州湾、各沿海城市港口地区。海洋资源条件优越的宁波、温州、台州，由于粗放地发展海洋经济，导致其附近海域海洋环境严重恶化；杭州虽不直接濒临海洋，但其人口稠密、工农业发达，通过杭州湾、钱塘江间接导致连通海域海洋环境恶化严重。而舟山、嘉兴、绍兴，由于其社会经济发展相对较滞后，对海域环境破坏作用相对较小。

二、浙江沿海市海洋科技能力差异

海洋科技能力评价是将能够确切反映区域基础性、投入性、产出性、影响性 4 方面海洋科技构成的要素采用指标进行刻画。借鉴现有研究，并考虑数据的可获性，本书设置了 4 个集成性指标项及 30 个具体指标（见

表1－8）。基础性海洋科技能力综合反映了某地的海洋科技研究、开发以及孵化能力的物质基础和条件；投入性海洋科技能力刻画了某地对海洋科技事业的重视程度和投入力度；产出性海洋科技能力显示出某地对现有的海洋科技人员以及科技资源的利用程度和利用效率；影响性海洋科技能力是指某地的海洋科技活动对海洋经济、海洋产业以及社会发展的贡献和影响。

表1－8　　区域海洋科技能力比较的指标体系

目标层	集成性指标	具体指标
省域海洋科技能力	基础性海洋科技能力	地区生产总值，人均地区生产总值，海洋产业中第二、第三产业比重，海洋科研机构数，涉海专业在校高教人数，万人拥有涉海专业在校高教人数，地方教育经费投入
	投入性海洋科技能力	地方R&D经费投入，R&D经费占科技能力GDP比重，海洋科研经费筹集额，海洋科研机构从业人数、专业技术人数、专业技术人数中高职称比，万人拥有海洋科研机构中专业技术人员数
	产出性海洋科技能力	海洋科技论文年发篇数，海洋科技论文国外年发篇数，年承担海洋科研课题数，海洋科技专利受理量，海洋科技专业授权量，海洋科技从业人数人均专利量，地方技术市场成交额，地方高新技术产品产值
	影响性海洋科技能力	涉海就业人数，涉海就业人数占地方从业人数比，海洋科研教育管理服务业增加值，海洋科研教育管理服务业增加值占GDP比，地方海洋生产总值占GDP比，地方海洋产业增加值，地方海洋产业增加值占GDP比

（一）浙江海洋科技能力与其他省份差异

沿海11省份海洋科技能力得分显示：鲁、沪、粤、津的海洋科技能力得分值高，位居沿海省份前列；闽、苏、浙的海洋科技能力得分处于中游；辽、冀、琼、桂的海洋科技能力得分值低，位于下游。浙江位居中国东海之滨、长江口南岸，海洋资源丰富。改革开放以来，海洋科技资源与海洋科技能力不断发展壮大，海洋科技进步对海洋产业增产的贡献率也不断提高，在诸多领域取得了系列重大突破。但是，2006～2019年浙江海洋科技能力在沿海省份排名一直位居第六位，属于第二梯队，未能充分体现出作为东南沿海经济强省、海洋经济大省的海洋科技水平和海洋资源实力。若从海洋科技能力四要素看，2006～2019年浙江省均处于快速提升趋势，而相比沿海其余10省份又有显著差别，如基础性要素在存量和增量上均落后沿海其他省份增速；投入性要素虽位居前列，然而效益尚未发挥出来，这既有浙江海洋科技企业投入多造成的投入产出的保护性、扩散缓慢之因，又有浙江海洋科技投入－产出不相匹配，尤其是在专利和科技论文及市场交易增长缓慢等因素。此外，浙江海洋科技能力对社会经济的贡献率近年来呈下降趋势，这与浙江海洋产业发展要求和国家对浙江海洋经济期望相比，存在相当大的差距。浙江海洋科技支撑力的现状仍不容乐观。

沿海11省份海洋科技能力评价表明：浙江海洋科技能力虽呈上升趋势，但仍位于沪、鲁、粤、津、苏等之后，究其成因可能在于沪、鲁、津、粤在全国都属于经济发达地区，区位环境优越，海洋资源丰富，科技实力雄厚，人力、物力投入充足，基础设施完善，海洋科研机构众多，海洋科技产业发展较快，拥有发展海洋科技的历史沉淀和经济优势，因而海洋科技竞争力强大。而浙江在基础性海洋科技能力中，涉海科研机构数、涉海学科在校人数、万人拥有涉海专业学生数等落后于沪、鲁、粤、津等省份，造成其排名位居沿海省份第四位左右；在投入性海洋科技能力中，浙江海洋从业科研人员数、专业技术人数等均位居沿海省份第六位以后；在产出性海洋科技能力中，近来浙江呈下降趋势，尤其是专利数量、承担课题数和发表论文数均落后于沪、苏、鲁，但与其投入和基础还是比较相称；在影响性海洋科技能力中，浙江近年来虽有所上升，但增速仍弱于沪、鲁、苏等省份。

（二）浙江沿海市海洋科技能力差异

浙江省发展和改革委员会发布的《浙江省海洋经济发展“十四五”规划》提出，为推动海洋创新能力进一步跃升，要做强海洋科创平台主体，大力提升海洋科创平台能级，积极培育海洋科技型企业主体，强化海洋科技领域国际合作，同时增强海洋院所及学科研究能力，提升涉海院校办学水平，强化海洋科技领域关键核心技术攻关，加快推进海洋科技成果转化应用。浙江沿海市海洋科技研究与发展机构主要集中在杭州、宁波、舟山，呈现出大城市区位指向。具体而言，杭州市集聚了自然资源部第二海洋研究所、浙江省海洋科学研究院、浙江大学、杭州水处理技术研究开发中心、杭州应用声学研究所、浙江华鹰控股集团、杭州良金船艇有限公司、杭州康华船艇有限公司、杭州宇控机电工程有限公司、浙江中源电气有限公司、浙江大洋世家股份有限公司等；宁波市涉海机构主要以中国科学院宁波材料技术与工程研究所、宁波大学、宁波海洋研究院、中电科宁波海研院、甬江实验室等 18 家涉海科研机构；舟山市以浙江海洋大学、浙江大学海洋学院（舟山校区）、东海实验室为核心，推动石化新材料、海洋电子信息、海洋生物、海洋装备制造四大区域性科创高地建设；温州市以温州大学、浙江省海洋水产养殖研究所、国科大温州研究院等为核心推进海洋科创平台建设。海洋科技创新能力发展对浙江海洋经济发展具有决定性作用，未来应继续强化企业主导推动的海洋工程技术创新与科研院所驱动的海洋科学发现相结合的双螺旋海洋创新发展路径。表 1－9 比较了 2020 年浙江沿海 5 市的海洋科技能力。

表 1－9　　2020 年浙江省沿海 5 市海洋科技能力

项目	嘉兴市	宁波市	舟山市	台州市	温州市
地方生产总值（亿元）	5509.52	12408.66	1512.11	5262.72	6870.86
人均地区生产总值（万元）	10.2	13.19	13.06	7.9	7.1

续表

项目	嘉兴市	宁波市	舟山市	台州市	温州市
海洋科研机构数（家）	2	4	5	1	2
地方教育经费投入（亿元）	140. 15	167. 24	76. 65	158. 4	154. 99

资料来源：笔者根据 2021 年表中 5 市的统计年鉴整理而得。

三、浙江省沿海市海洋产业结构差异

（一）各市海洋经济总产出对比

海洋经济总产出是指，在一定时期内，一个地区在开发利用和保护海洋的各类活动，并与之相关联的活动所创造的最终产品、提供三次产业劳务活动的总价值量。它以货币形式反映一个地区海洋经济的总体规模和总体水平，刻画出区域海洋经济生产的总成果。根据各市统计局公布的数据，2010 年，宁波的海洋经济产出占浙江省海洋经济总量的 50%，舟山占 19%，温州占 14%，台州占 12%，嘉兴占 4%，其余地区占 1%；2022 年，宁波的海洋经济产出占浙江省海洋经济总量的 22.3%，舟山占 12.91%，台州占 20.7%，温州占 13.04%。

（二）各市海洋经济贡献量对比

海洋经济增加值是指一个地区在开发利用和保护海洋的各类活动及其与之相关联的活动所创造的新增价值和固定资产的转移价值。国内生产总值反映的是国民经济各部门增加值的总额。因此，测度各市海洋经济增加值占地区生产总值所占比例，可刻画当地海洋经济对该地经济发展的贡献，反映出海洋经济在该区域经济中的地位。根据各市统计局公布的数据，2010 年，浙江省沿海 5 市海洋经济占各市生产总值的比重分别为：舟山 68%、宁波 15.72%、温州 13.4%、台州 12.88%、嘉兴 6.09%；至

2022年，这一比重变为：舟山68.5%、宁波14.7%、台州13.3%、温州17.46%。可见，舟山作为全国唯一的群岛市，长期实施围绕“海”发展经济战略的成效显著，而其余4市的海洋经济增加值占当地生产总值比重的排序与其岸线长度排序高度吻合，表明海洋经济的发展始终与当地的港口规模存在较高的正相关关系。

（三）各市海洋三次产业结构分析

浙江沿海5市的海洋产业结构差异表现在以下三方面：

（1）在宁波、台州、舟山、嘉兴的海洋经济增加值中，第二产业所占的比重最高，海洋经济呈“二三一”型，处于海洋产业结构演化的第三阶段；温州市海洋经济结构由“三二一”型趋向“三二一”型，处于海洋产业结构演化的第四阶段（见表1－10）。

表1－10　浙江省沿海5市海洋产业结构构成　单位：亿元

项目	嘉兴市	宁波市	舟山市	台州市	温州市
2010年地方生产总值	2415.12	5125.80	640.00	2298.00	2923.57
2010年海洋经济总产出	284.60	3843.90	1436.00	954.00	1080.00
2010年海洋经济增加值	147.13	806.00	435.20	296.00	392.00
2020年地方生产总值	5509.52	12408.66	1512.11	5262.72	6870.86
2020年海洋经济总产出	580.00	5384.30	2653.00	700.00	1200.00
2010年海洋产业结构	二三一型	二三一型	二三一型	二三一型	三二一型
2020年海洋产业结构	二三一型	二三一型	二三一型	二三一型	二三一型

资料来源：各市统计局公布的数据。

（2）温州市“三二一”型海洋产业结构的形成，得益于“十一五”时期以来温州港按照“一港七区”的布局全力建设，以及当地发达的国际贸易所衍生的港口综合服务业快速发展；宁波、台州和舟山海洋产业呈“二三一”型，其中台州市第一产业增加值比重占当地海洋经济增加值的

23%，为5市中最高者，说明台州市海洋经济发展仍未摆脱以渔业为主的发展模式，亟须加速海洋产业第二、第三产业发展。嘉兴市的海岸线长度是5市中最短者，当地海洋渔业的规模极小，但依托浙北唯一的海港和国家一类开放口岸及杭州湾跨海大桥，临港产业快速发展。

（3）沿海5市海洋产业结构。舟山以海洋旅游业和临港物流而闻名，宁波初步形成以石化、能源、汽车、造船等行业为支柱的临港工业和现代国际航运业，台州、温州、嘉兴均依靠港口发展临港工业和海洋运输业。

浙江省沿海市域海洋资源环境与海洋经济关联度较高，除杭州、绍兴两市外，宁波、舟山、嘉兴、温州、台州市域海洋经济总产值与海洋资源、海洋环境、海洋资源环境的综合评价相关分析得出，相关系数呈显著正相关，即海洋资源环境基础越好，海洋经济越发达，这也初步显示出浙江海洋经济对于海洋科技的依赖度较低；然而海洋环境与海洋经济呈负相关，这表明浙江海洋经济增长的同时，加重了海域环境污染。

第三节　山海协作工程促陆上、海上浙江统筹发展进程

浙江省管辖区域一半是山区，一半是沿海地区和海洋。21世纪之初，浙江省内存在“山——以浙西南山区和舟山海岛为主的欠发达地区”和“海——沿海发达地区和经济发达的县（市、区）”两类发展水平差异地区，至2020年前后，浙江经济版图中绿、蓝两个板块的互动和交响显得格外耀眼。这种转型意味着浙江省内区域发展的协调水平快速提升，究其根本在于浙江坚持将新型城市化、山海协作分别作为城乡协调、区域协调的战略抓手，久久为功。

一、山海协作工程统筹陆上、海上浙江发展的实绩

习近平总书记在浙江工作期间特别重视“山海”协调发展，指出“既要促进发达地区加快发展，也要促进欠发达地区跨越式发展；既要城市昌盛，也要农村繁荣”①。浙江秉承“一个也不能少”的理念，统筹推进各领域协调发展。在“八八战略”指引下积极推进浙江省衢州市、义乌市、台州市、舟山市、余姚市、嘉兴市、温州市“国民经济和社会发展五年规划”围绕乡村发展开展山海协作工程（见表1－11）。

表1－11　　浙江山海协作工程的事件

地区	年份	产业方向	产业名称	产业内容
衢州市	2014	双向受益、互促共进、数字化赋能，提升传统产业、培育新兴产业	衢江的产业合作项目“荷鹭牧场”；衢州常山聚宝村实施荷塘绿色发展；宁波一批产业飞地累计入驻新材料、高端智能装备等项目；江丰电子投资10亿元的关键零部件产业化项目在丽水投产；慈溪和常山打造千亩丝瓜络山海协作共富产业园	以产业梯度转移、产业培育和资源要素配套为主线，吸纳衢江当地就业人员，增加农民收入
温州市文成县	2023	文成定向承接经济发达地区产业梯次转移，在县域内培育山区特色优势产业	浙江东恒包装科技有限公司域内反向飞地；晶盛机电投资的晶盛联合创新产业园项目；卧龙电气投资的卧龙智慧新能源装备产业化项目；联东U谷上虞智造科技谷产业综合体项目	该县和先发地区开展合作共建、打造域外产业飞地，深化双方产需互补、产用结合、产业链整合。文成—上虞山海协作产业飞地，由两地共同投资开发、运营管理，以飞地培育税源产业

① 中央党校采访实录编辑室．习近平在浙江［M］．北京：中共中央党校出版社，2017．

续表

地区	年份	产业方向	产业名称	产业内容
衢州市龙游县	2022	聚焦提升农产品产业化、品牌化、标准化水平；旅游＋康养	依托良好的生态资源，宝溪乡高山、高塘、溪头、宝鉴、溪源田、龚岭等共同在高山村青井自然村建设康养文化中心项目，发展康养产业，推进共同富裕	把发展森林康养旅游、高山蔬菜等产业作为凝聚民心、增强向心力的突破口，积极探索农民增收的新路子
嘉兴市桐乡市	2022	嘉兴经开区开始协助桐乡市，共同与松潘县建立结对关系，开展对口援建帮扶工作	嘉兴经开区对口援建黑水县的重大产业项目	全面推广、宣传黑水旅游资源的名片，进一步带动旅游消费和解决就近就业，从而促进旅游配套产业尤其是特色生态农业产业链的发展
温州市	2019～2021	浙江省妇产科医院、温州医科大学附属第二医院、省肿瘤医院、杭州市妇产科医院等省市级综合和专科医院在丽水市妇幼保健院设立了11个专家工作站，组成了妇幼健康联合体，让山区县老百姓有了“医”靠	巩固医疗健康和丰富人口资源；嘉兴、丽水两地聚焦出生缺陷防控体系建设的合作模式；省级医院的专家通过移动5G＋远程超声协同平台，身临其境般指导本地医生进行“云会诊”	上山下乡开展义诊；提升医疗水平；云会诊
余姚市	2021	以“生态优先、优势互补、合作共赢”为出发点，创新协作方式，化“输血”为“造血”，多次与宁波森鑫禽业有限公司展开洽谈，形成合作陆海统筹，协作互补	余姚山海协作产业园恒兆智能制造产业园；常山山海协作“产业飞地”项目	启动共同富裕示范区建设，持续迭代升级山海协作工程，支持山区26县到省内发达地区建设“飞地”，为山区发展注入更多动力；实施做大产业扩大税源行动和提升居民收入富民行动，推动山区26县跨越式高质量发展

续表

地区	年份	产业方向	产业名称	产业内容
天台县	2022	以自身主导产业和禀赋优势来确定招引方向，如果能和当地主导产业产生协同效应，这样的发展方可持续。都市区产业转型升级、功能优化升级、空间战略重构，区域产业协调发展、要素反哺发展、创新协调发展	江山娃哈哈产业园；天台县制造业投资额最大的智能橡胶产业园项目；天台智能橡胶产业园项目	推动省内外链主企业、龙头企业深入参与到山区 26 县产业补短板中，帮助山区 26 县加快构建现代产业体系
绍兴市、衢州市	2022	两地生态环境部门将在省厅的统一领导下，以“山海协作”为纽带，依托两地特色资源禀赋，积极开展深度合作，强化交流互补，实现信息共享，推动双方的互联互通、合作共赢，续写绍衢合作、共同发展的新篇章	一号开放工程；“山海协作”生态环境共保联治合作框架协议	找准与结对地区优势互补的契合点、突破口，更大力度推进产业协作、消费帮扶和交往交流交融工作，在互利共赢中推动高质量发展。要持续深化“共同富裕”的务实举措，在组团式帮扶、互动式合作、精准式对接上聚焦用力，实施一批群众叫好的实事项目，不断提高当地群众的获得感幸福感安全感。探索建设共同富裕示范区，围绕生态文明示范创建、深入打好污染防治攻坚战、高质量建设美丽城市、推进生物多样性保护等，以优势互补、资源共享、合作共赢为原则，汇集双方力量，加强人力、智力、财力的交流和协作，实现生态环境持续改善和共同发展，推进两地生态环境工作水平大幅提升，共同实现“十四五”生态环境目标

续表

地区	年份	产业方向	产业名称	产业内容
宁波市、舟山市	2023	扩大合作领域 促进两市经济又好又快发展	8个经济合作项目，涉及工业、港口物流、旅游、水产等领域；宁波松江蓄电池有限公司与舟山华源动力电池有限公司合作；“百村经济发展促进计划”由宁波市各级政府部门和企事业单位帮助舟山建设一批文化体育、交通基础设施、公共绿化项目	帮助舟山推进社会主义新农村建设。目标：在不超过2年的试点实施期限内，支持相关地区，通过深化推进农村土地承包权改革、激活闲置宅基地与闲置住宅资源、建设“众筹共建”共富项目、支持村级集体经济发展壮大等多元化途径，带动试点区域100个村村均年集体经营性收入增加15万元以上、万家农户户均年收入增加1万元以上，创新形成更多农民增收新模式
台州市	2002年开始实施“十二五”规划	台州市委、市政府审时度势、迅速行动，立足本地实际，走出了一条项目共建、资源共享、南北共融的协作发展之路。南北对接、南北协作犹如拉动当地经济发展的引擎，成为当代台州经济发展的重要共识	台州以“八八战略”为指引，作出了开展“南北协作工程”的历史性部署：路桥与天台牵手，玉环与仙居对接，温岭与三门结对，黄岩、临海主要帮扶各自西部山区，椒江主要帮扶大陈岛	着力打造台州农业特色产业和品牌产业，不断强化农产品生产质量标准体系、认证检测体系及监管体系建设，全面提升农产品质量安全水平；实施区域化布局、规模化种植、标准化生产、品牌化销售、公司化经营；做强仙居杨梅、天台铁皮石斛、三门青蟹等优势农产品，打响“神仙居”“鲜甜三门”等区域公用品牌；不断提高北部山区绿色农产品在东部沿海地区的市场占有率。坚定绿色发展、生态富民的信念，打好山海协作中的生态牌，努力把生态资本转化为发展资本、富民资本，加快打通“两山”转化路径

续表

地区	年份	产业方向	产业名称	产业内容
义乌市	2006	大型展会为欠发达地区开辟专区，是推进山海协作工程、帮扶欠发达地区的一个创新之举	中国义乌国际小商品博览会	通过义博会“山海协作专区”，欠发达地区企业接触了众多的海内外客商，拓展了市场，开阔了视野，同时又引进了资金、技术和人才；加强产品设计，扩大销售网络，把更多的农民带动起来

资料来源：笔者根据浙江省及山海协作工程涉及的市/县（区）政府发布相关政策或规划文件整理。

2002年启动山海协作工程以来，山海协作推进重点是绿色经济与乡村发展。缙云—富阳定位于“文化+康养+山水+农旅”，发展山海协作生态旅游文化产业园；龙泉-萧山的山海协作产业园，为龙泉提升经济质量、发展高端产业提供重要平台等。丽水市参与山海协作工程的县（区/市）与省内沿海县（区/市）双方在产业、资金、医疗、民生等方面互通，将“山”的特色与“海”的优势结合，从内焕发乡村振兴活力。

发展水平较高的县（区），则充分利用自我优势创造山海协作的本地引领模式。义乌开展当地特色产业博览会，从而促进商品售卖，通过义博会“山海协作专区”，欠发达地区企业接触了众多的海内外客商，拓展了市场，开阔了视野，同时又引进了资金、技术和人才，通过加强产品设计、扩大销售网络，更多农民被带动起来。舟山市涉及工业、港口物流、旅游、水产等领域，设置目标，通过深化推进农村土地承包权改革、激活闲置宅基地与闲置住宅资源，建设“众筹共建”共富项目，支持村级集体经济发展壮大等多元化途径，创新形成更多农民增收新模式。

浙江沿海发展县（区/市）对山区26县开展教育医疗方面“组团式”帮扶。校际结对、联合办学、互派教师等举措，从最初的知识交流，到探索教学方式创新、教育共同体的建设，让城区优质教育资源“飞”入山区孩子的课堂，浙江城乡教育优质均衡发展不断开花结果，从而化解了山海之间的教育、医疗资源差异，促进了均衡发展和人力资源均衡分配，同时为就业和新兴产业发展贡献了一份力量。

二、山海协作工程统筹陆上、海上浙江发展的基本特征

在浙江省委省政府的指挥和推动下，“山海协作”“欠发达乡镇奔小康工程”“百亿帮扶致富工程”等工作同步推进，浙江开启了“发达地区加快发展、欠发达地区跨越式发展”的省域均衡发展工程。如表1-11所示，浙江实施山海协作工程以来的主要事件呈现如下共性特征：

（1）在尊重县域资源禀赋差异的前提下设计山海产业合作方案与机制。浙江省参与山海协作工程的结对双方高度重视加快发展县的产业基础、资源禀赋特性，差异化设计了山海协作产业合作方案，加大经济强县要素流动与支持力度，引进和培育龙头企业，有效助推了产业结构调整和百姓收入、政府财力增加。

（2）健全要素合作机制，实现协作县市优势互补。把要素合作放在山海协作的基础性、优先性位置，有效实现加快发展县优势发挥和发达县市资源要素短板补强的耦合。一方面加快发展县（山区县）承接了发达县市的产业转移，促进了资本、技术、服务的输出，有利于企业充分利用其土地、原材料和劳动力等资源，实现了居民就业增收、脱贫致富；另一方面也为发达地区推动产业转型升级、引进培育新兴产业腾出了空间，缓解了劳动力资源供需矛盾，并通过委托结对地区垦造耕地，获得了宝贵的耕地占补平衡指标。

（3）健全平台创新机制，实现产业园蓬勃发展。以2012年在衢州、丽水部分有条件县（市/区）启动建设首批9个省级山海协作产业园为起点，省级山海协作产业园已从“拓空间、打基础”起步实施阶段转向“聚功能、兴产业”提升发展阶段，成为功能布局合理、产业特色鲜明、

集聚效应明显、生态环境优美的区域合作示范区。

（4）综合权衡考核，扎实推进绿色产业发展。综合相关产业、投资、科技、人才等政策的差异化导向，考核与绩效评价设计的优化，山海协作坚持引导企业、个人到加快发展县优先投资建设特色农产品深加工基地、名优特色加工业以及休闲运动、养老养生、民俗文化、民宿农家乐等生态旅游项目，助推了加快发展县优先打造以“生态农业、生态加工业、生态旅游人居业”为核心的“三生业态”，美丽经济发展成为“两山”理念转化的大通道。

三、山海协作工程在解决区域协调发展问题上具有普遍意义

无论是从社会经济发展、资源环境限制，抑或是国家战略需要角度看，对海洋空间的重视与开发都将是必然，陆海统筹则是开发利用海洋空间的原则和思想。浙江实施山海协作工程，既实现陆海统筹一体化，又实现创新跨区经济结构优化，进而实现发挥欠发达地区资源优势、加速省内各区域产业链融合。山海协作工程在解决区域协调发展问题上具有普遍性意义。

山海协作工程既践行了陆海统筹的初级版本，又探索性加速了浙江陆海经济要素的流动性，提高了资源配置效率。浙江省陆域面积仅占全国的1.1%，是中国陆域面积最小的省份之一，同时也是经济发展最具活力的沿海省份之一。全域统筹陆海形成发展新格局，统筹规划和协调陆地与海洋资源利用和保护、经济发展、生态建设等方面，山海协作工程无疑加速了浙江均衡发展格局，提升了省域综合竞争力。

山海协作工程形成了省域发展的新型空间治理体系。将陆海统筹作为一种思想和行动指南，融入省域发展的空间治理体系，注重沿海与山区结对县（市、区）的利益合作，统一规划浙江省陆、海两个子系统，实现陆海统筹战略与习近平生态文明思想全面落地，促进了经济发展、生态保护、社会发展等方面平衡，从而推动浙江陆海空间不同层次的陆海统筹、

衔接与空间治理落地。

浙江省坚持城乡融合、陆海统筹、山海互济，形成高质量发展的陆海空间开发保护新格局。浙江省在充分发掘陆域空间资源潜力的同时，也打开山门，向海洋借力，努力打通“两山”理念与“海洋命运共同体”理念的通道。在浙江省区域发展规划中，“陆海统筹”战略将更好地为政府决策提供科学依据，促进资源优化配置，解决发展问题，并推动区域协作与合作，进一步实现经济社会的可持续发展。

第二章

浙江陆海区域协调发展的成效

山海协作工程通过政府鼓励、引导和推动，促使发达地区的企业和欠发达地区企业优势互补合作发展，促使省直部门和社会各界从科技、教育、卫生等方面帮扶支持欠发达地区（刘阳、王庆金，2017）。本章全面检视了“八八战略”以来浙江山海协作统筹利用国土空间、人力资源、科技创新、医疗、海洋环境保护及产业联动的成效，探讨面向共同富裕示范区建设新路径。

第一节　跨域占补平衡视角看浙江陆海空间统筹

国土是最为宝贵的资源，中国实行严格的耕地、海域保护制度。耕地占补平衡政策、自然岸线保护政策、海域立体利用政策是依据中国人多地少的基本国情，破解经济社会发展用地需求与国土及自然资源保护矛盾、确保耕地与海洋牧场总量实现动态平衡的重要举措。2002 年《中华人民共和国海域使用管理法》及 2010 年《中华人民共和国海岛保护法》的正式实施，填补了海岛与海域管理法治空白，海洋资源环境管理的法律体系更加完整，规范了用海秩序。2017 年，中共中央、国务院印发《关于加强耕地保护和改进占补平衡的意见》明确了耕地保护的重要性，建立数量、质量、生态“三位一体”的耕地保护新格局。2018 年以来，自然资源部相继修订陆域、海域用途制度，促进我国陆海生态文明与陆海统筹的健康发展。

浙江作为中国陆地资源小省、海域面积大省，耕地后备资源匮乏但海域面积与深水岸线广袤，一些重大建设项目因行政区耕地占补平衡、自然岸线保有率等要求难以落实，耕地占补平衡异地调剂、围填海历史遗留问题处置等政策具有非常重大的现实意义。为保护陆地与海域资源，破解陆海利用活动冲突，提高陆海空间及自然资源利用效率，浙江省于 2023 年出台《浙江省国土空间用途管制规则（试行）》，建立国土空间保护与开发利用科学秩序，规范各类国土空间开发保护建设活动，提供全域全要素国土空间用途管制的基本依据。陆海统筹要求基于全球视野积极推进浙江省内陆山区、沿海县市区及海域，科学协同利用陆海空间，逐步建立相应的空间治理体系与统筹机制，推动浙江陆域与海域互通互联发展、协调发展与可持续发展。

一、耕地跨域占补和海岸线保护之浙江探索

（一）耕地占补平衡制度及其演进

1997 年，中共中央、国务院印发《关于进一步加强土地管理切实保护耕地的通知》，首次指出“非农业建设确需占用耕地的，必须开发、复垦不少于所占面积且符合质量标准的耕地”，自此中国耕地占补平衡研究围绕该耕地保护制度的政策实践而发展。该制度纵向上实践主要历经了定性到定量、简单到复杂的演进阶段，横向上实践经历了从禁止跨区占补平衡到占补平衡指标省域内交易再到省际交易的多阶段。

1. 数量保护的起步阶段（1997 ~2003 年）

中国人口基数大，耕地人均占有量少，保护耕地资源是中国人多地少

的基本国情所决定的。耕地占补平衡政策是由于中国的耕地分布与人口分布、经济发展的空间不匹配而出台的耕地保护政策。着眼保护耕地，国家于1998年修订《中华人民共和国土地管理法》，实行耕地占补平衡制度。1999年，国务院提出“占一补一”具体措施。国土资源部门注重耕地数量保护，各省份基本实现耕地占补数量平衡，保证了耕地总面积不减少（王亚，2018）。

2. 数量质量相结合的发展阶段（2004~2012年）

2004年起，中国政府开始重视补充耕地的质量，出台了一系列政策，如将补充耕地数量和质量实行等级折算、2005年实施了责任目标考核和行政首长负责制、2006年推出具体考核机制、2008年提出划定永久基本农田，确保“先补后占”实施后耕地的数量不减少、质量有提升。2009年起，全面实行耕地先补后占，出台加强占补平衡补充耕地质量建设与管理政策。为确保补充耕地质量，2012年国土资源部提出全面加强耕地质量建设与管理政策。

3. 快速城镇化新形势下严格监管耕地阶段（2013~2017年）

中国进入新型城镇化阶段，强调以农业转移人口市民化为核心的新型城镇化政策，同时全国涌现占用耕地促进经济发展态势，由此带来土地流转中人口、户籍、地权分离对耕地质量保护的压力。于是，中国政府进一步改进土地管理方式，推出省域内占补平衡政策；2014年提出占优补优，占水田补水田。2015年，浙江国土厅发布《关于做好建设项目“占优补优”耕地占补平衡工作的通知》，规定当补充耕地质量无法达到原有占用耕地质量时，要对后备补充耕地进行改造，使其达到原有占用耕地的质量水平。同时，出台一系列政策细则，通过垦造整治、监督管护，着力提高新增和补充耕地质量，将永久基本农田红线与生态保护红线、城市开发边界多规合一同步划定；加快消化和盘活闲置土地、批而未用土地，施行“亩产倍增行动计划”，又提出“三改一拆”和“亩产论英雄”企业综合分类评价机制，着力提高用地集约化程度和单位产出效率；2016年提出提质改造和改补结合。2017年8月，浙江省全面落实国家耕地占补平衡动态监管要求，组织开展业务培训，标志着耕地占补平衡制度进入深入、全面、智慧的监管。

4. 耕地数量、质量、生态“三位一体”保护阶段（2018 年至今）

2018 年，中国组建了自然资源部，加强对自然资源、国土空间的统一管理。同年，自然资源部出台了跨省域补充耕地国家统筹管理办法和城乡建设用地增减挂钩节余指标跨省域调剂管理办法，提出坚持耕地数量、质量、生态三位一体的保护政策。2021 年，修订的《土地管理法实施条例》进一步落实加强耕地保护、改进占补平衡、制止耕地“非农化”、防止耕地“非粮化”等国家政策。

为贯彻落实《中共中央 国务院关于加强耕地保护和改进占补平衡的意见》《中共浙江省委 浙江省人民政府关于加强耕地保护和改进占补平衡的实施意见》《自然资源部关于改进管理方式切实落实耕地占补平衡的通知》精神，浙江省提出要转变补充耕地方式、采取指标核销方式落实耕地占补平衡、重大建设项目耕地占补平衡可实行“边补边占”以及城乡建设用地增减挂钩剩余的新增耕地可用于占补平衡等政策举措。自 2020 年 6 月起，浙江全面推行耕地占补平衡动态监管系统 4.0 版本，推进耕地信息化管理。同时，浙江全面推行省、市、县、乡、村五级田长制，落实最严格的耕地保护制度。2022 年 11 月，根据《自然资源部办公厅关于改进耕地占补平衡动态监管系统的通知》，系统再次升级为 5.0 版本，要求各级自然资源主管部门要准确掌握新版系统应用，充分依托新版系统加强补充耕地项目报备与监管，不断规范和提升耕地占补平衡管理工作。这表明，当前的耕地占补平衡制度正逐步实现规范，强调数量管控、质量管理和生态管护的“三位一体”的综合管理方式，更加注重信息化、平台化和智慧化的监管。

浙江省第一起地方政府间的异地补充耕地交易案例发生于 1999 年，交易内容是杭州市委托上虞市在上虞所属海涂垦造耕地 3 万亩。同年，浙江省人民政府办公厅颁布了《浙江省人民政府办公厅关于加强易地垦造耕地管理工作的通知》，对易地垦造耕地的内涵、审批、验收、资金、耕地保有量核减和增加等进行了详细的规定，进一步规范了异地补充耕地交易实施运作。在通知出台后，浙江省内异地补充耕地交易的范围迅速扩大。针对异地补充耕地交易规模增加，为进一步充分挖掘耕地潜力，实现浙江省耕地占补平衡，浙江省于2010年出台了《关于印发浙江省用于农业土地开发的土地出让金使用管理办法的通知》。2018年出台的《浙江省土地整治条例》将浙江省在全国首创的耕地保护补偿制度予以固化，明确对承担耕地保护责任的农村集体经济组织根据其耕地保护实际成效给予补偿激励，并要求耕地保护补偿资金向种植粮食的耕地倾斜。显然，浙江省探索区际占补平衡经历了禁止跨区域占补平衡、占补平衡指标省域内交易、耕地占补平衡国家统筹的渐进改革历程，是耕地占补平衡制度不断适应现实耕地状况而作出的调整。

（二）海洋岸线保护制度及其演进

1949年以来，中国围填海经历围海晒盐、农业围垦、围海养殖以及工业和城镇建设填海等阶段，适应了沿海地区拓展发展空间、实施国家海洋战略和促进经济社会健康发展的国土需求（于永海等，2019；刘伟、刘百桥，2008）。然而，愈演愈烈的围填海工程，尤其是违规围填海极大地损害国家海洋资源，其累积的生态环境影响日益加剧（胡小颖，2009；侯西勇等，2018）。截至2008年，中国围填海活动已使海岸线长度比中华人民共和国成立初期缩减近2000千米，随着时间推移围填海活动的影响范围已遍及全国海岸带（李易珊，2019；朱高儒、许学工，2011）。

2016年，《海岸线保护与利用管理办法》确定了以自然岸线保有率为目标的倒逼机制，督促沿海各地施行分类保护、节约利用、整治修复和监督检查等措施，加强自然岸线保护。同年，《围填海管控办法》针对围填海活动存在的突出问题，采取健全机制、划定红线、控制总量、科学配置和强化监管等制度措施，加大对围填海的管控力度。2018年，《国务院关于加强滨海湿地保护严格管控围填海的通知》明确指出，要在严控新增围填海的同时，加快围填海历史遗留问题处理，并加强海洋生态保护修复，建立滨海湿地保护和围填海管控的长效机制。2018 年中国启动《中华人民共和国海洋环境保护法》执法检查，指出了长期以来的大规模违法违规围填海活动导致滨海湿地面积锐减、自然岸线长度大幅缩减以及生态退化和资源闲置浪费等问题突出。浙江省提出，2020 年浙江省大陆自然岸线保有率不低于 35%。

二、耕地跨域占补和海岸线保护之浙江趋势

（一）耕地占补平衡趋势

2018 年《浙江省国土资源厅关于改进和落实耕地占补平衡的通知》为浙江省内跨区域耕地占补平衡提供了政策支持，2022 年《浙江省自然资源厅关于严格耕地占补平衡管理提升补充耕地质量的通知》等文件相继出台，对耕地占补平衡工作进一步作出顶层设计和制度安排。

统计浙江省自然资源厅跨市补充耕地（标准农田）指标调剂专栏批次数据，发现 2019 ~ 2023 年初，省内耕地异地调剂的调出单位、调入单位、耕地面积以及交易金额具体情况如下：一是 2019 年耕地异地调剂面积为 43727. 7772 亩，交易金额为 82. 45716868 亿元；2020 年耕地异地调剂面积为 6670. 7378 亩，交易金额为 12. 24934953 亿元；2021 年耕地异地调剂面积为 20909. 6225 亩，交易金额为 37. 90066395 亿元；2022 年耕地异地调剂面积为 27243. 858 亩、交易金额为 51. 291358 亿元。二是采用频次统计法发现，调出单位频次最多的为衢州市和丽水市，调入单位频次最多的为杭州市和宁波市。三是耕地调剂建设项目多为城市产业建设、学校建造和道路工程。如 2023 年第 6 批次的调剂方案，宁波市奉化区调剂 600 亩水田、600 亩耕地，共花费 21600 万元建设某大学医学院。除了直接的交易金额，还涉及“山海协作”结对帮扶，产业股权分红等更多样化的耕地异地占补交易方式。

（二）海洋岸线保护趋势

浙江省耕地后备资源相对匮乏，耕地占补平衡矛盾十分突出。通过滩涂围垦，落实省统筹补充耕地指标，是浙江省政府为保证国家和省重大基础设施建设项目用地需要，实现全省耕地占补平衡作出的一项重大决策。然而，沿海滩涂围垦是人类对海洋较为直接的干预，在向海洋索取土地的同时，也对海洋生态环境产生影响。滩涂围垦与退田还海本质上是处理好“人海关系”问题，关键是处理好“保护与发展”的辩证统一关系。从可持续发展角度合理利用沿海地区海域，需考虑“投入与产出”平衡，以获得“以发展促进保护，以保护保障发展”的良性互动，这也正是“两山论”关于自然资源保护与开发辩证统一思想的精髓所在。因此，人类在沿海滩涂围垦增加空间供给与海岸带/海域生态系统的其他服务之间进行权衡、取舍，使海岸带与海域生态系统效益最大化，进而达到滨海城市可持续发展。

1. 浙江沿海滩涂围垦历程

新中国成立后，浙江省先后进行了6次滩涂资源调查，浙江省政府曾于1958年8月颁布了《浙江省围垦滩涂建设暂行规定》，1996年11月浙江省人大审议通过了《浙江省滩涂围垦管理条例》，2002年7月浙江省政府同意批准了《浙江省滩涂围垦总体规划（2005—2020年）》，使浙江省滩涂围垦逐步走向法制化、规范化、科学化的轨道。1950～2006年间浙江省围涂面积达303万亩，滩涂围垦为浙江经济社会稳健发展作出了巨大贡献①。

2. 浙江沿海县滩涂围垦与陆域土地扩张

据统计，1986～2010年浙江大陆海岸线长度变化较快的有宁波市区、宁海县、慈溪市、象山县、三门县和乐清市等（马仁锋，2012），

① 马仁锋．滩涂围垦土地利用方式演进的文化阐释及其对海洋型城市设计启示——以浙江省为例［J］．创新，2012，6（6）：99－102.

其中，2005～2010年海岸线变化较快的有慈溪市、宁波市区、宁海县、三门县、象山县和乐清市。1986～2010年陆地面积增加最多的是杭州市区、慈溪市、玉环县、上虞市和宁海县，其中，2005～2010年陆地面积增加最多的是慈溪市、杭州市区、玉环县和上虞市。浙江沿海县滩涂围垦中尤以慈溪市扩展最迅速，新中国成立至2009年慈溪市共围垦滩涂面积约288平方公里，而台州市近50%的耕地是千百年来经过滩涂围垦形成的[①]。自20世纪80年代中期以来，无论是在杭州湾以北的侵蚀岸段还是在杭州湾以南的淤积岸段，海岸线均向海洋推进，且推进速度越来越快，滩涂围垦造地成为改革开放以来浙江耕地和建设用地的主要来源。

3. 浙江沿海滩涂围垦土地利用方式演进

历史上，浙江沿海滩涂围垦土地利用历经晒盐、海水养殖、农业用地、工业用地与城市建设用地方式间的不停转换，只是各种利用模式内部存在程度差异。新中国成立到2000年慈溪市围涂15000公顷，但人均耕地面积在2002年仍减少到0.044公顷，可见杭州湾南岸平原滩涂围垦土地利用始终以工业与城市建设用地扩展为主[②]。玉环县漩门湾1977年完成的第一期滩涂围垦主要解决耕地及农业用水蓄淡问题，而1979年开建的漩门湾二期则着眼在县域乡镇工业快速发展和小麦屿港开发导致的全县用水日趋紧张问题，解决滩涂围垦蓄水问题。21世纪初，浙江沿海各地的滩涂围垦规划更加强调了滩涂围垦土地用于城市建设和工业发展的重要性。例如，《温州市滩涂围垦总体规划（2006—2020年）》将温州市域沿岸划分为7个岸段，适宜于造地的规划滩涂区面积约为4.48万公顷，滩涂开发利用方向与主导功能分为农业养殖开发，航运、行洪，旅游/工业港口与码头开发，工业、城镇建设后备资源，临港产业基地，城镇用地等类型，

① 方东．三北半岛的沧海桑田——慈溪历代围垦遗存［N］．宁波晚报，2011－03－13．

② 陈君静．沧海桑田：明清时期杭州湾南岸海涂围垦史研究［M］．北京：中国社会科学出版社，2014．

而其中的第14、第16岸段在20世纪80年代前主要用于海水养殖业。《舟山市滩涂围垦总体规划（2009—2020年）》将全市海岛围垦造地区划分为7个造地区，都强调作为临港工业、港口航运业、海洋旅游及城镇建设用地的扩张，而在1980年以前，舟山大多数岛屿滩涂促淤围垦都优先用于养殖业。综上，新中国成立后浙江沿海滩涂围垦用地属性变化经历了四个阶段：一是新中国成立初期，围涂的目的主要是晒盐；二是20世纪60年代中期至70年代，围垦海涂的目的主要是扩展农业用地；三是80年代中后期至90年代初，围涂的目的主要是海水养殖；四是90年代后期至今，围涂的主要是为了满足工业发展和城市建设的需要。

4. 浙江省对于沿海滩涂围垦历史遗留问题的处置

2017年以来，中国政府陆续出台《围填海管控办法》和《国务院关于加强滨海湿地保护严格管控围填海的通知》等政策，浙江也陆续出台相关政策落实党中央、国务院加强围填海管控的要求。2019年3月，《浙江省贯彻落实国家海洋督察围填海专项督察意见整改方案》印发，严管严控新增围填海，除国家重大战略项目涉及围填海的按程序报批外，全面停止新增围填海项目审批，加强滨海湿地保护。2019年4月，《浙江省加强滨海湿地保护 严格管控围填海实施方案》印发，提出强化围填海总量控制、严格新增围填海审查程序、坚决遏制新增违法围填海等要求，对新增围填海省级以下层面的审查程序和审查要求提出了明确规定。同时，浙江省政府及时组织召开全省围填海历史遗留问题处置工作推进会，贯彻落实党中央、国务院关于加强滨海湿地保护、严格管控围填海的决策部署，分析研判当前围填海历史遗留问题处置面临的新情况、新问题，针对“已确权未完成填海、已填成陆未确权、已确权已填海未利用”问题，提出三条处理意见：一是启动已确权未完成填海的存量处置；二是推进已填成陆未确权的存量处置，沿海各地要严格按照技术导则把好关，进行整体修复；三是加快推进已确权已填海未利用的存量处置，在符合国家产业政策的前提下，加快集约节约利用，进行必要的生态修复，确保高质量推进围填海历史遗留问题处置工作落到实处。

为加快处理围填海历史遗留问题，促进海洋经济高质量发展，高水平推进海洋强省建设，2021 年 9 月，浙江省出台了《关于加快处理围填海历史遗留问题的若干意见》，形成 6 大举措 12 条意见，充分体现了浙江加快处理围填海历史遗留问题的决心。该意见按照生态优先、节约集约、绿色发展的原则，提出到 2025 年，构建生态空间 10 万亩、海堤生态化改造 80 公里、退填还海（滩）1500 亩、拆除堤坝 4 公里、历史围填海区域亩均产出和单位面积有效投资达浙江省平均水平以上的处理围填海历史遗留问题任务目标；同时，围绕强化空间规划引领、优化临港产业布局、建立引导激励机制、加强财政金融支持、着力优化营商环境、强化资源保护利用 6 方面，明确了鼓励企业“出城入海”、多渠道缓解资金缺口、提高用海审批效率、改善海洋生态环境等 12 条具体落实意见，为实现总体目标确定了务实可行的工作举措。

为加强浙江省海岸线的保护与利用，落实自然岸线保有率控制目标，要遵循保护优先、集约利用、科学整治和绿色生态的原则，发挥自然岸线在经济、社会和生态文明建设中的最大效益。浙江将围填海历史遗留问题处置与项目用海要素保障紧密结合起来，基本实现了围填海历史遗留问题区域资源保护修复和集约高效利用，推进了沿海区域空间重构、项目重组、设施再延、生态复建，形成了一系列标志性成果。

三、占补平衡制度实施的挑战

（一）可利用优质的耕地与海域不仅数量减少且质量失衡

耕地数量保护是为了持续保障国家粮食安全，因此，国家制定了由各省落实相关耕地保护制度与措施等维系各地耕地数量规模与质量分级达标的系列活动。耕地保护制度要求耕地数量保持动态平衡，但是中国耕地面积逐渐减少，保护耕地数量刻不容缓。耕地的“占”与“补”应当对等，保障粮食安全需要实现耕地总量动态平衡，这是耕地占补平衡制度的目标所在。但是经济社会发展不得不占用耕地，各种原因减少的耕地面积已经无法弥补，后备耕地资源辖区内有限，导致“占一补一、占优补优”目标难以完成。耕地质量保护政策是为解决各地方政府耕地“占优补劣”导致优质耕地流失，从而降低粮食产能的问题。为了减少“五通一平”基础设施成本，工业园区与城镇建设倾向优先开发交通便利、地形平坦的地方，此类区域多是土地质量高、基本设施健全的优质耕地，然而补充耕地往往位于偏远地区，土地质量低且耕作困难。土地整理、土地复垦、土地开发是三种补充耕地的办法，这三种方法中，土地整理最优，土地复垦为最后考虑的方法。为了追求补充耕地成本低，各地多将非优质后备耕地资源作为补充耕地的来源，这种不适当的开发方式将会导致土地质量下降。首先，执行耕地占补平衡时，补充的耕地相对位于偏远地方、配套设施不全、自然条件相对差，补充的耕地主要为中低等地，产出率不高。因此，要实现产能平衡就不得不增加耕地面积，导致高等级的耕地面积逐渐减少，低等级的耕地数量不断增加，耕地质量边际化问题日益严重。其次，补充耕地后备资源不足，部分地区耕作层厚度太薄、土壤有机质含量低等问题导致在短期内新增耕地质量不能达到标准，虽然通过生物工程等措施在短期内勉强完成了达标耕地，但是长期的稳定性很难得到保证。最后，土地的“跨域占补平衡”操作中，各地各级政府的信息不对称，耕地的质量评估主体多，难以保证耕地占补平衡的质量完全达标。

海洋岸线的数量平衡是指修复岸线长度不应小于占用岸线长度，海洋岸线的质量平衡是指遵循“占优补优”的原则开展岸线占补，确保修复岸线的品质不低于占用岸线的品质（周晶等，2020）。但是，较于耕地可以用粮食产量作为质量评判标准，海洋岸线补偿的质量量化工作难度大。海岸线的价值评估科学方法研究鲜见，仅有广东出台地方标准《海岸线价值评估技术规范》，尚未有国家层面技术标准。最新一轮海岸线修测工作中，生态恢复岸线的认定采取专家评审方式。浙江提出了海岸线分等定级和价值估算等措施，但仍然存在难以细化落实问题。因此，海岸线“补偿”价值评估存在困难，补偿效果难以精细化评估，在一定程度上将会导致海岸线“补偿”标准出现“一刀切”现象（崔晓菁、白蕾、杨潇，2022）。

（二）耕地占补与自然岸线的区域时空统筹失衡

耕地及后备资源具有自然性、社会性、相对性等特性。浙江省各地自然条件以及经济水平的地区差异，导致建设占用耕地和补充耕地在时间和空间上失衡。一是耕地后备资源不断减少，越来越多的县（市、区）无法在其行政区域内履行耕地占补平衡义务。二是耕地后备资源丰富的地区，考虑到开垦成本大，易地调剂价格低，自身发展指标需求上升等因素，向外调剂占补平衡指标积极性日益降低，进一步加大了耕地后备资源匮乏地区落实占补平衡义务的难度。三是即便是后备资源丰富的地区留有充裕的后备耕地资源，受本地城市化与工业化用地增速影响，其省内异地调剂意愿下降，这导致补充耕地资源供给贫乏。四是交易主体对跨域占补土地资源的价格难以协调一致，有时不得不采取行政措施干预其市场化交易。因此，优化现行交易模式，解决交易机制不健全、缺乏统一交易平台等难题，将破解浙江省内耕地异地占补平衡的需求方、供给方及其交易价格的时空错位等棘手问题。

浙江省较早利用沿海滩涂进行滩涂围垦、港口扩建、标准海堤等工程，对自然岸线等造成了不同程度的影响，造成海洋岸线后备资源不足，给海洋岸线保护带来了压力，海洋岸线的保护与利用之间的矛盾日益尖锐。海岸线集约节约利用，是嘉兴、宁波、舟山、台州、温州等沿海港航及临港产业集聚重点区域保护海岸线的主要路径。同时，聚焦舟山嵊泗、宁波北仑等深水优良岸线的产业集聚、利用潜力时空不匹配问题，开展陆海统筹战略和建设世界一流港口视角下优质岸线的更新利用实践，建立生态修复价值的后备海岸线资源储备机制，方可实现海洋自然岸线可持续利用。

四、占补平衡制度完善方向

（一）提高耕地产能保障质量平衡

耕地占补平衡制度严重依赖后备耕地资源。如果本地区后备耕地资源充足，则可在本地补充；若本地后备资源不足，则需要异地补充。补充耕地的方式有土地整理、土地复垦与土地开发，为了控制成本，跨域占补平衡存在量达标、质难保等诸多问题。因此，要遵循耕地占补平衡制度初衷，确保通过占补平衡制度补充的耕地数量、质量，提高耕地产能。产能是维持耕地功能的根本，因此，要用耕地“产能平衡”取代“数量平衡”，将土地开发转变为整理与复垦，改造中低产田，以提高产出率。对于补充耕地，应该提高补充耕地的标准和质量。首先应当提高工程设计与验收标准，加入灌、排、培肥等方式提高耕地的综合质量，不能只实施基础工程；其次应当提高土地整治项目等工程项目招标、设计、施工与监理的门槛，从而提高补充耕地质量；最后要重视新增耕地质量提升，因地制宜把生物修复等培育措施付诸实践。

（二）聚焦耕地与海洋牧场，提升陆海国土生态平衡水平

随着经济的发展、人们生活水平的提高与生活方式的多样化，人们越来越重视国土的健康、舒适、休闲等功能，而不仅仅是农产品的数量与品质满足。因此，对土地、海域的保护和利用应当具有长远的眼光，应当坚持国土的生态环境保护优先原则。遵循《浙江省主体功能区规划》《浙江省海洋主体功能区规划》《浙江省国土空间总体规划（2021—2035 年）》相关规定，为了维持国土耕地与海域的生态平衡，浙江省需要改变高强度耕地或自然岸线补充模式。首先，改变补充耕地或自然岸线的方式，严格审查后备耕地或岸线资源的开发，确保不会对生态环境造成破坏。其次，要加强保护性利用或岸线生态修复，例如针对后备耕地资源的整理，可以

采用秸秆粉碎、有机肥，或者耕地层土壤剥离再利用等方法提升补充耕地的有机质含量；针对海岸线的生态环境修复，应重视港口岸线的生活、生产、生态三目标的统一，不能片面追求补充耕地或岸线的数量而忽视生态环境。

（三）推动陆海国土占补平衡交易制度建设，促进区域协调发展

浙江省各地耕地后备资源和海岸线后备资源差异大，部分地区经济发展相对滞后，对后备资源异地占补平衡的指标收益具有强烈的需求。然而一些经济发展较快的市或县，建设用地快速扩张但是后备资源匮乏，占补平衡跨域指标交易需求增大，激发了省内后备耕地资源丰富地区异地交易指标溢价的冲动。为了避免跨域补充耕地或海岸线过程中各类不符合市场规律与政策现象的涌现，应当统筹指标交易，促进全省发展均衡。首先，严格规范指标来源，交易过程优先考虑本地补充耕地指标，通过自身补充后欠缺或多余的耕地指标再用于跨域交易。其次，建立统一的指标交易平台，基于“浙里办”等平台建立浙江省统一的占补平衡指标交易平台；进而实行差别化的市场交易，经营性建设项目采用市场交易模式，重点建设项目与公益性建设项目采用政府加以引导的市场交易模式。最后，加强区域统筹协调，合理规范占补平衡跨域指标交易规则。对于耕地或岸线后备资源丰富、指标充足的地区，鼓励向外界提供指标；对于有一定后备资源并采取措施改善和补充耕地或岸线的县（市、区），应提倡自给自足，原则上不应跨省买卖耕地或岸线指标；对于后备资源极其稀缺、建设用地需求量大的地区，依照法律法规开展跨省补充耕地或岸线指标交易。

耕地或海洋岸线占补平衡机制，既要遵循市场规律，又需要服务于浙江省内均衡发展。利用市场竞争机制，综合考虑补充耕地或岸线的工程成本、土壤或岸线保育提质成本、资源保护补偿等费用，制定调剂指导价格，这样，既可以充分挖掘省域内部后备耕地或海岸线资源潜力，又可以

进一步实现耕地或海岸线的后备资源高效利用。在遵循市场机制前提下，选择高效的利用方式，重点进行后备耕地资源整治或岸线生态修复技术等方面创新，提升全域国土治理成效。

第二节　浙江陆海人力资源统筹利用

劳务合作是浙江省山海协作工程的重要一环，它是指按照政府部门或企业之间签署的协议、合同，向省内经济发达地区派遣省内欠发达地区的富余劳动力参加各种形式的劳动并取得报酬。2021 年，浙江省为响应山海协作工程升级版政策，满足发展形势，促进职业教育加速发展，出台了《浙江省教育事业发展“十四五”规划》《浙江省职业教育“十四五”发展规划》等政策，对新时期职业教育服务浙江陆海人力资源统筹开发、使用等方面提出了更高的要求。

一、劳务合作背景下统筹省域职业技术人才要求

（一）合作国家和地区的工业化状况与职业技术人才需求

从一定地域范围看，技术人才需求与区域工业化进程存在密切的相关性，职业教育总量规模一般都会适应工业化进程，依据工业化阶段而经历“增长—扩张—高峰—调整—收缩”的过程（张原，2015）。然而扩大到国家尺度或国际视野可以发现，职业技术人才需求不仅体现在一国国内职业教育的变化，还表现为技术工人国际劳务合作、职业技术人才留学和技术移民等突破国界范围的人力资本流动。因此，通过劳务合作透视地区的工业化水平差异对研判省域整体职业技术人才需求具有全局性意义。

（二）劳务合作规模与职业技术人才供给

浙江沿海经济发达地区培养的职业技术人才，不仅要满足未来工业化发展的需求、全省均衡发展战略的深化，还需要考虑全省山区、海岛地区的劳动力需求增长。因此，需要以开放的视角客观评估职业技术劳动力供需，并以此为基础统筹山海协作工程中职业教育的发展规划，才能有效促进全省职业技术劳动力供求的均衡发展。

（三）劳务合作亟待异地职业技术人才培养

教育基础设施和院校专业结构方面的局限，阻碍了浙江省域内部各县（市、区）劳务合作市场向中高端发展。多年来，浙江省沿海地区劳务输入人员构成以农村剩余劳动力、城镇下岗工人及一般技术人员为主，受教育水平和职业技术层次较低。21 世纪，浙江省经济发达地区企业要适应生产过程的智能化、国际化的战略，才能在全球日益激烈的竞争中存活。因此，省内跨域职业技术人才培养与劳务合作，亟待拓展项目经营、海外售后、运营、维护等方面的人才，省内陆海劳务合作需要通过职业技术人才培养解决企业海外经营瓶颈。同时，应该拓展浙江全省内地、海岛地区的企业内部培训渠道，依托浙江沿海知名职业院校开展企业雇员的知识与技能、管理理念等方面职业素养更新培训，不断丰富省内职业技术人才陆海统筹合作培养模式、渠道与产品。

二、基于 PMC 指数的浙江职业教育合作政策成效评价

学校和师资是教育的根本，浙江省现有本科层次职业学校 2 所、高职高专院校 49 所、中等职业学校 348 所，包括技工学校 99 所，在校生人数为 126.56 万人。总体来说，浙江职业教育的办学质量和水平较高，特别是高质量院校和师资较为丰富，为陆海统筹职业教育开发全省人力资源发

展奠定坚实基础。为便于量化分析浙江省2002年以来山海协作工程中职业教育部分政策成效，本节使用PMC指数模型分析浙江省职业教育合作政策，以期为浙江省山海协作工程、陆海统筹政策及职业教育合作政策优化、调整提供参考。

（一）数据和方法

1. 收集政策文件

本节政策文件源于浙江省人民政府政务网站及浙江省各市级、县级的政府政务网站。本节选取了2002～2022年浙江省的省、市、县三级的职业教育政策共计30项，对各项政策进行了筛选和分类（表2－1）。

表2－1　2002年以来浙江省颁布的职业教育政策部分政策文件示例

序号	文件名称	发文机关	时间
1	浙江省人民政府办公厅关于进一步深化山海协作工程的实施意见	浙江省办公厅	2015年12月
2	浙江省深化产教融合推进职业教育高质量发展实施方案	浙江省办公厅	2020年5月
3	浙江省人民政府关于加快发展现代职业教育的实施意见	浙江省人民政府	2015年6月
4	浙江省中等职业教育“十二五”发展规划	浙江省教育厅	2012年2月
5	杭州市中等职业教育“十二五”发展规划	杭州市人民政府	2013年6月
6	2020年度宁波市山海协作工作要点及任务分解	宁波市人民政府	2020年5月
7	舟山市人民政府关于加快发展现代职业教育的实施意见	舟山市人民政府	2015年8月
8	宁波市奉化区人民政府关于加快发展现代职业教育的实施意见	宁波市奉化区人民政府	2017年3月

续表

序号	文件名称	发文机关	时间
9	永嘉县人民政府关于大力发展职业教育的意见	永嘉县人民政府	2007 年 6 月
10	武义市关于加快发展现代职业教育的实施意见	武义县人民政府	2017 年 1 月

注：受篇幅限制，在此仅呈现具有代表性和典型性的 10 项政策。

2. PMC 指数模型构建

（1）变量分类和参数确认。

利用 ROSTCM6 软件对 30 项浙江省职业教育政策文本进行预处理。将输出的分词结果进行词频统计，并在此基础之上提取高频词、行特征。由于选取研究对象是职业教育，所以政策中出现“职业教育”“职高”等词汇频率较高，但是这些词汇对于分析该政策的作用和效率却并没有很强的作用，因此可以进行忽略，对于政策中的“加强”“提供”“加大”等几类无明显作用的动词本研究也进行了剔除，得到了有效的高频词汇如表 2 －2 所示。

表 2 －2　　政策文件中的部分高频词汇

序号	词语	词频（次）
1	发展	291
2	建设	261
3	培训	179
4	质量	153
5	人才	136
6	创新	126

基于张永安和郄海拓（2017）、埃斯特拉达（Estrada，2011）的研究成果确立了 9 项具有通用性的一级政策评价指标，然后参考表 2 －2 的高

频词汇，确立了43项二级指标，具体指标体系如表2－3所示。采用二进制系统，用数值0和1分别表示不符合待评价政策对应的二级变量（赋值“0”）和符合待评价政策对应的二级变量（赋值“1”）。

表2－3　　政策量化评价指标体系

一级变量	二级变量	二级变量评价标准	来源或依据
政策范围（X1）	全国范围X1：1	政策范围涉及全国，是为1，否则为0	Estrada（2011）
	全省范围X1：2	政策范围涉及全省，是为1，否则为0	
	全市范围X1：3	政策范围涉及全市，是为1，否则为0	
	区县范围X1：4	政策范围涉及区县，是为1，否则为0	
政策性质（X2）	预测X2：1	体现预测性，有则为1，没有为0	Estrada（2011）
	建议X2：2	提出建议，有则为1，没有为0	
	监管X2：3	体现监管性，有则为1，没有为0	
	支持X2：4	体现支持特征，有则为1，没有为0	
	引导X2：5	包含引导性，有则为1，没有为0	
	其他X2：6	包含其他性质，有则为1，没有为0	
政策效力（X3）	长期X3：1	涉及多于十年的内容，有为1，没有为0	Estrada（2011）
	中期X3：2	涉及五至十年内容，有则为1，没有为0	

续表

一级变量	二级变量	二级变量评价标准	来源或依据
政策效力（X3）	短期 X3：3	涉及一至五年内容，有则为1，没有为0	Estrada（2011）
	本年内 X3：4	本年内涉及本年内的内容，有则为1，没有为0	
激励约束（X4）	人才激励 X4：1	涉及人才激励内容，有则为1，没有为0	张永安和郄海拓（2017）
	税收优惠 X4：2	涉及税收优惠内容，有则为1，没有为0	
	补贴优惠 X4：3	涉及补贴激励内容，有则为1，没有为0	
	提供有利资源 X4：4	涉及有利资源支持内容，有则为1，没有为0	
	提供法律保障 X4：5	涉及法律保障内容，有则为1，没有为0	
	其他 X4：6	涉及其他，有则为1，没有为0	
政策功能（X5）	注重入学公平 X5：1	涉及入学公平，有则为1，没有为0	张永安和郄海拓（2017）
	提升职业教育质量 X5：2	涉及提升质量，有为1，没有为0	
	维护学生权利 X5：3	涉及学生安全、健康等，有为1，没有为0	
	加强教师队伍建设 X5：4	涉及建设教师队伍，有则为1，没有为0	
	维护学校治理工作 X5：5	涉及学校治理工作，有则为1，没有为0	

续表

一级变量	二级变量	二级变量评价标准	来源或依据
政策评价（X6）	依据充分 X6：1	政策依据充分，有则为 1，没有为 0	张永安和郄海拓（2017）
	目标明确 X6：2	政策目标明确，有则为 1，没有为 0	
	方案科学 X6：3	政策中的方案是否科学，有则为 1，没有为 0	
政策重点（X7）	卫生保健 X7：1	涉及卫生保健，有则为 1，没有为 0	基于政策高频词和关键词
	教育经费 X7：2	涉及教育经费（资助），有则为 1，没有为 0	
	教师标准 X7：3	涉及教师标准，有则为 1，没有为 0	
	质量评估 X7：4	涉及质量评估，有则为 1，没有为 0	
	安全演练 X7：5	涉及安全演练，有则为 1，没有为 0	
	课程设计 X7：6	涉及课程设计，有则为 1，没有为 0	
	其他 X7：7	涉及其他重点，有则为 1，没有为 0	
政策发布机构（X8）	省级 X8：1	省级部门发布，有则为 1，没有为 0	张永安和郄海拓（2017）
	市级 X8：2	市级部门发布，有则为 1，没有为 0	

续表

一级变量	二级变量	二级变量评价标准	来源或依据
政策发布机构（X8）	县级 X8：3	县级部门发布，是则为1，不是为0	张永安和郄海拓（2017）
	学校 X8：4	学校部门发布，是则为1，不是为0	
作用对象（X9）	教师标准 X9：1	政策涉及职业学校教师，是则为1，不是为0	基于政策高频词和关键词
	学生 X9：2	政策涉及职业学校学生，是则为1，不是为0	
	学校 X9：3	政策涉及职业学校，是则为1，不是为0	
	家长 X9：4	政策涉及职业学校学生家长，是则为1，不是为0	
	社会公众 X9：5	政策涉及社会公众，是则为1，不是为0	

（2）多投入产出表。

多投入产出表的作用在于可以从多维度分析量化二级指标，将根据表2－3方法识别和提取出来的9个一级指标和43个二级指标建立多投入产出表，如表2－4所示。

表2－4　　多投入产出表

一级指标	二级指标
X1	X1：1，X1：2，X1：3，X1：4
X2	X2：1，X2：2，X2：3，X2：4，X2：5，X2：6
X3	X3：1，X3：2，X3：3，X3：4

续表

一级指标	二级指标
X4	X4：1，X4：2，X4：3，X4：4，X4：5，X4：6
X5	X5：1，X5：2，X5：3，X5：4，X5：5
X6	X6：1，X6：2，X6：3
X7	X7：1，X7：2，X7：3，X7：4，X7：5，X7：6，X7：7
X8	X8：1，X8：2，X8：3，X8：4
X9	X9：1，X9：2，X9：3，X9：4，X9：5

（3）PMC 指数计算。

根据多投入产出表的赋值结果以及计算公式，可计算出 PMC 指数值。计算过程为：首先将表 2－4 中的多投入产出表和各个一级指标、二级指标相对应，放到同一个表格中；然后通过式（2－1）、式（2－2）计算出二级指标的具体数值；通过式（2－3）计算出一级指标的具体数值，通过式（2－4）得出 PMC 指数的具体数值。

$$X \sim N[0,1] \tag{2-1}$$

$$X = \{XR:[0 \sim 1]\} \tag{2-2}$$

$$Xt\left(\sum_{j=1}^{n} \frac{X_{tj}}{T(X_{tj})}\right), t = 1,2,3,4,5\cdots \tag{2-3}$$

$$\begin{aligned} PMC = & X_1\left(\sum_{i}^{4} = 1\frac{X_{1i}}{4}\right) + X_2\left(\sum_{i}^{6} = 1\frac{X_{2i}}{6}\right) + X_3\left(\sum_{i}^{4} = 1\frac{X_{3i}}{4}\right) \\ & + X_4\left(\sum_{i}^{6} = 1\frac{X_{4i}}{6}\right) + X_5\left(\sum_{i}^{5} = 1\frac{X_{5i}}{5}\right) + X_6\left(\sum_{i}^{3} = 1\frac{X_{6i}}{3}\right) \\ & + X_7\left(\sum_{i}^{7} = 1\frac{X_{7i}}{7}\right) + X_8\left(\sum_{i}^{4} = 1\frac{X_{8i}}{4}\right) + X_9\left(\sum_{i}^{5} = 1\frac{X_{9i}}{5}\right) \end{aligned} \tag{2-4}$$

得出 PMC 指标之后根据 PMC 指标得分，本节将 PMC 指数值划分成了 4 个等级，如表 2－5 所示。

表 2 – 5　　　　基于 PMC 指数值的政策等级划分

PMC 指数	0 ~ 1.9	2 ~ 3.9	4 ~ 5.9	6 ~ 8
评价等级	不良	可接受	良好	优秀

（二）结果

通过挖掘量化法得到多投入产出表并计算了各项政策的 PMC 指数值，其中前 10 项政策的 PMC 指数值和等级划分如表 2 – 6 所示。由此可知：一是浙江省职业教育政策整体水平较高。由图 2 – 1 可以看出浙江省职业教育政策的评价等级都在良好以上，没有不良和可接受，因此整体的政策水平是比较高的。二是浙江省职业教育政策优秀等级的占比较少，只有 30%，以良好为主（70%），优秀政策的占比有待提升。三是浙江省职业教育政策水平整体较为均衡，没有出现较大的差异（见图 2 – 2），但这同时也体现出地方政策文件与省级层面的文件差别不大，创新性有限。

表 2 – 6　　　　前 10 项政策 PMC 指数分析汇总

政策指标	P1	P2	P3	P4	P5	P6	P7	P8	P9	P10	均值
X1	0.75	0.75	0.75	0.75	0.50	0.50	0.50	0.25	0.25	0.25	0.525
X2	0.67	0.83	0.83	0.83	0.67	0.83	0.83	0.83	0.83	0.67	0.782
X3	0.50	0.50	0.50	0.75	0.75	0.25	0.50	0.50	0.50	0.50	0.525
X4	0.67	0.67	0.67	0.67	0.67	0.67	0.67	0.67	0.67	0.50	0.653
X5	0.40	0.60	0.60	0.60	0.80	0.60	0.80	1.00	1.00	0.60	0.700
X6	1.00	1.00	0.67	1.00	1.00	1.00	1.00	1.00	1.00	1.00	0.967
X7	0.43	0.57	0.71	0.57	0.57	0.57	0.71	0.71	0.71	0.71	0.626
X8	0.25	0.25	0.25	0.25	0.25	0.25	0.25	0.25	0.25	0.25	0.250
X9	0.80	0.80	0.60	0.80	0.80	0.80	0.60	0.80	0.60	0.60	0.720

续表

政策指标	P1	P2	P3	P4	P5	P6	P7	P8	P9	P10	均值
PMC 指数	5.47	5.97	5.58	6.22	6.01	5.47	5.86	6.01	5.81	5.08	5.748
排名	8	4	7	1	2	8	5	2	6	10	
等级	良好	良好	良好	优秀	优秀	良好	良好	优秀	良好	良好	

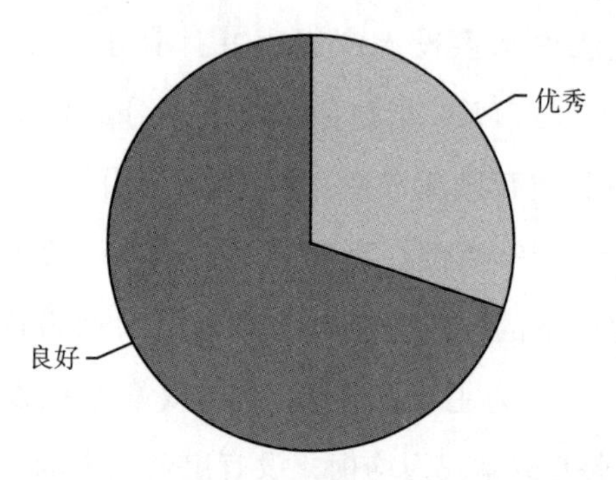

图 2-1 前 10 项职业教育政策等级

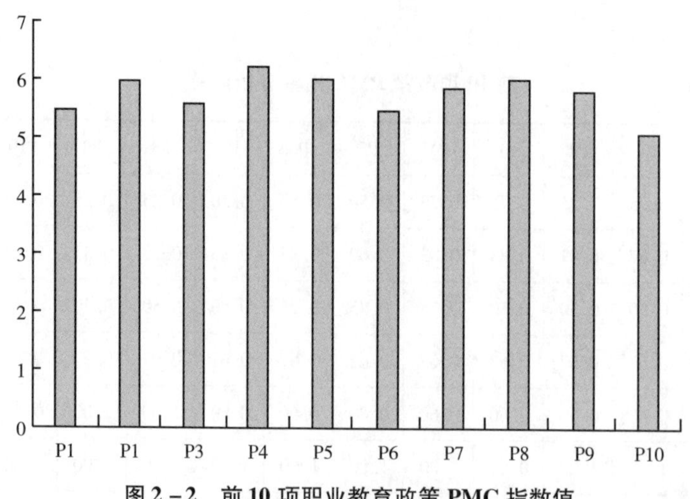

图 2-2 前 10 项职业教育政策 PMC 指数值

进一步将得分第 1 的政策和得分第 10 的政策一起比较观察，可以发现政策成效呈现以下特征：一是政策 4 在政策范围、政策性质、政策效力、政策约束、作用对象等方面均高于政策 10，政策 10 仅在政策重点方面评分超过政策 4。二是具体层面看，政策 4 为省级政策，政策等级更高、覆盖面积更大，政策 4 在政策性质方向属性更多；政策 4 所作用的时间更长，为 5 ~ 10 年，而政策 10 仅涉及 1 ~ 5 年的作用时间；政策 4 所涉及的作用对象更多，而政策 10 在社会公众方面的作用对象是相对缺失的。

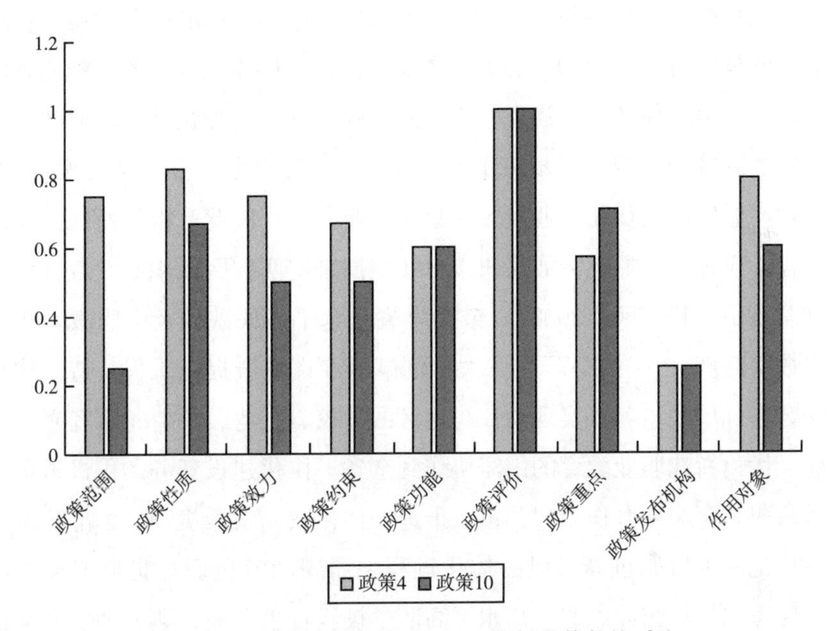

图 2 -3 政策 4 和政策 10 PMC 指标具体数值对比

计算 PMC 指数，不仅可以比较每一单向政策的得分水平、等级划分，还可以通过每一级变量的评分水平，追溯较低评分的指标，能够更为精准把握浙江省职业教育政策在陆海统筹发展中的优、劣特点，从而提出更为客观、更有针对性的政策优化建议。

总体来说，浙江职业教育政策在推进陆海统筹过程中成效显著，水平都在良好以上且没有出现太差的政策文件，整体水平也较为均衡，没有出现太大的地区差异。但同时也存在如下问题：一是政策文件中优秀级别占比较少；二是长期性政策文件占比较少，多数政策作用时间都在 5 年之内；三是各地政策创新性较低，较多沿用省级层面政策内容。

三、浙江职业教育陆海合作统筹培育人力资源转向

《浙江省人大教育科技文化卫生委员会关于我省职业教育发展情况的调研报告》明确指出，浙江省职业教育“规划布局与产业发展不相匹配”，尤其是在落实“扶强、扶特、扶优、扶专”“确定重点发展、扶持发展和调整”办学方向中未能充分考虑浙江山海协作工程的人力资源区域合作开发之迫切任务。浙江省教育厅发布的《浙江省加快推进职业教育高质量发展》提出：要进一步深化产教融合，提升服务社会“精准度”；对接全省产业发展，优化专业设置，紧贴产业办学。因此，深化浙江山海协作工程，应进一步探究诸如衢州市自我挖掘毗连四省区域职业教育合作范例（常雪梅、任燕飞，2008），鼓励全省高水平高职院校及中职教育集团聚焦数字经济“一号工程”、三大科创高地和产业链提升工程，持续优化山海合作订单式培养，实现浙江跨地区的学校、企业、学生（家庭）三方共赢。优化浙江职业教育的山海协作到全省一体化建设任务，积极锻造多载体高职教育跨域合作品牌。重点推进一体化联动发展机制、标准化考核和评估机制等机制创新，以一体化过程中涌现的特色职教集群或职教园区、优秀职教集团或联盟、高水平高职学校或特色专业、典型师资共建或人才培养创新项目、大型平台建设项目、精品产教融合项目等为载体，突出浙江高职教育体系服务全省均衡发展的合作共赢优势与特色。

第三节　浙江省沿海与内陆的科技合作成效

2021 年 3 月，浙江出台《关于进一步完善省际产业创新飞地的指导意见（试行）》，以建设科创飞地为突破口，推动省域创新资源充分流动，进一步提升省域创新资源配置、集聚与均衡能力。科创飞地是从科技创新

资源异地使用角度构建形成的一种飞地经济模式，主要是科技资源相对薄弱的地区通过与科技资源相对富足的地区合作在科技资源富足地区建立一个平台，通过借助科技资源密集区的人才、研发机构等条件实现异地科技创新。同时，科技资源相对薄弱地区将科创飞地作为本行政区之外异地研发孵化、驻外招商引智的重要平台，并采取“在外研发＋本地制造”模式，构建“异地研发—异地孵化—本地产业化转化”创新链，搭建起既异地集聚人才、技术等创新要素，又实现本地产业创新的有效平台（廉军伟、曾刚，2021）。为此，本节研究浙江省内“科创飞地”运营态势，针对山海协作工程对创新要素集聚、扩散及其效益新需求，诊断科创飞地适用运行机制，为浙江强化创新驱动空间均衡发展战略提供有益借鉴。

一、跨市科技合作的经济社会效益

（一）浙江经济存在区域发展不均衡问题

2021年《中共中央、国务院关于支持浙江高质量发展建设共同富裕示范区的意见》明确指出，要以解决地区差距、城乡差距、收入差距问题为主攻方向，更加注重向农村、基层、相对欠发达地区倾斜，向困难群众倾斜，支持浙江创造性贯彻“八八战略”，在高质量发展中扎实推动共同富裕。这要求浙江加强省内山区/海岛地区与沿海地区的统筹，升级山海协作工程，挖掘山区/海岛地区的潜力与优势，增强内生发展能力和实力，带动地区群众增收致富，尤其是支持一批重点生态功能县发展。浙江在解决发展不平衡不充分问题上取得明显成效，也具备了开展共同富裕示范区建设的基础和优势。但是由于长期的陆表“七山一水两分田”资源等一系列原因，省内依然存在着发展不平衡问题。

浙江经济发展区域性差异显著，内陆山区经济基础薄弱。一方面，浙江各地经济收入地区差异十分明显，地区生产总值之间呈现“南强北弱”空间特征，杭州、宁波等发达地区人均生产总值几乎是丽水等浙江南部山区的两倍（见表2－7）；2021年，山区26县中GDP最高的平阳县仅为600.51亿元，最低的景宁县仅为80.67亿元（刘颂辉，2022）。由图2－4可以看出，浙江山区经济不仅明显低于全省平均，而且山区26县的总收入随着时间和全省总收入的差距越来越大，浙西（丽水、衢州）以及金华的各项收入指标均低于全省平均值（2021年，浙江省城镇居民人均可支配收入69487元、农村居民人均可支配收入35247元），以浙西山区为全省最低水平区域。

表2－7　　2020年浙江各市经济指标

城市	生产总值（亿元）	人均生产总值（元）	城镇居民人均可支配收入（元）	农村居民人均可支配收入（元）
杭州	18109	149857	74700	42692
宁波	14595	153922	73869	42946
温州	7585	78879	69678	35844
嘉兴	6355	116323	69839	43598
湖州	3645	107534	67983	41303
绍兴	6795	127875	73101	42636
金华	5355	75524	67374	33709
衢州	1876	82174	54577	29266
舟山	1704	146611	69103	42945
台州	5786	87089	68053	35419
丽水	1710	68101	53259	26386

资料来源：浙江省统计局，国家统计局浙江调查总队．浙江统计年鉴［M］．北京：中国统计出版社，2021。

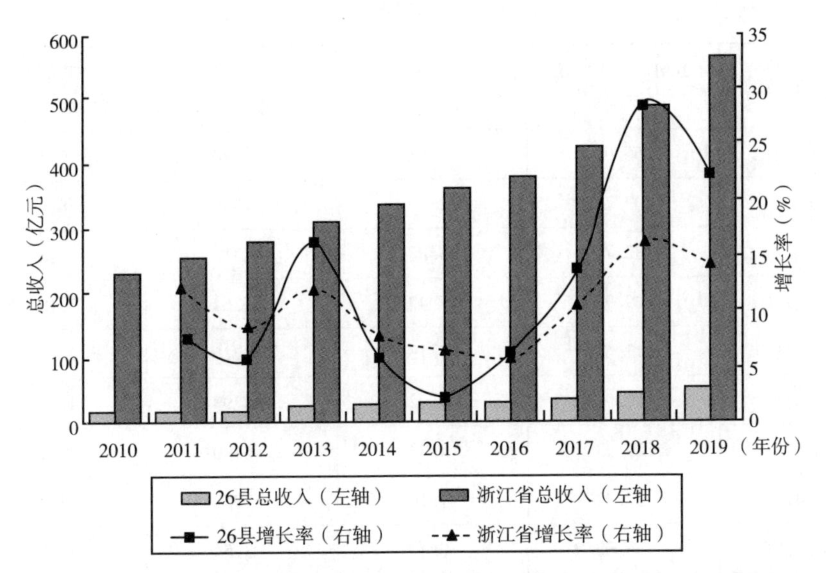

图2-4 2010~2019年浙江省及山区26县村集体经济组织总收入趋势

资料来源：毛晓红、李懿芸、胡豹（2022）。

另一方面，省域内部经济差异大，表现在省内农村居民和城镇居民人均可支配收入的巨大差距。由表2-7计算得，2020年衢州市、丽水市、金华市及温州市的城乡收入比分别为1.86、2.02、2.00、1.94，收入差距比较大，而且衢州、丽水二市农村地区（衢州29266元、丽水26386元）居民人均可支配收入未达到全国平均线。总体而言，浙江山区县域经济发展水平整体上明显落后于全国总体水平，水平较低；就具体某一区来说，城乡差距显著，浙江省山区内陆经济基础十分薄弱。

浙江各地科研投入资金比重差异大，内陆山区创新动能不足。从表2-8数据可知，浙江在科技创新发展当中仍然存在一系列问题。一是山区资金供给不足，丽水、舟山、衢州市的R&D经费投入均只有30多亿元，和其他地区百亿级别的财政资助形成鲜明对比；二是浙江山区创新型人才紧缺，山区较为落后的生产生活条件，导致山区的人才流失十分严重，创新资源要素集聚难，难以吸引高层次创新人才，因而科技成果的转化率低。

表 2-8　2020 年浙江各市 R&D 经费支出及专利申请

城市	R&D 经费支出（亿元）	R&D 人员（万人年）	专利申请授权量（元）	发明专利授权量（件）
杭州	666.99	13.81	122520	22948
宁波	402.73	11.39	72390	7819
温州	182.74	5.88	61313	5218
嘉兴	209.97	5.42	41264	3818
湖州	113.64	3.13	20216	2036
绍兴	194.98	5.02	38293	4137
金华	120.93	4.74	46180	3261
衢州	37.42	1.10	7940	773
舟山	34.08	0.42	3154	957
台州	139.44	5.08	39269	5282
丽水	34.12	1.07	12860	543

资料来源：浙江省统计局，国家统计局浙江调查总队．浙江统计年鉴 [M]．北京：中国统计出版社，2021。

（二）科技合作为共同富裕建设提供突破点

随着要素市场化配置改革的不断深入，人才、资本、技术、数据等生产要素加快向优势地区集中，“虹吸效应”“马太效应”日益凸显，发挥核心城市的责任担当、推进“共同富裕”亟须加快落地实施。针对浙江仍然存在的发展不平衡问题，浙江省内科技合作无疑是解决区域经济协调发展的重要方向，是促进浙江省全域空间均衡和资源高效利用的有效形式之一。“科创飞地”聚焦“飞出地”和“飞入地”的重点产业，形成补链、配链、延链、强链，强化两地产业链围绕创新活动精准招商，系统赋能山海协作，进而实现浙江落后地区人才导入、消费促进、创新溢出引领转化，赋能内地高质量发展。扎实推进浙江省创新发展，不断夯实高质量发展动力基础，以创新流动赋能民生福祉，为全国提供科技创新支撑共同富裕的示范。

（三）实行科技合作是加快陆海统筹发展的内在要求

浙江作为中国东部沿海省份，拥有海、陆两大系统空间，陆海生态系统相互联通，经济活动具有双向流动性。陆海统筹要求浙江统一筹划、处理省内沿海和内陆各种关系，多层级、多要素、多领域地协同推进。陆海科技统筹是其中重要一维，实行沿海和内陆地区科技合作是加快陆海科技统筹的内在要求。尤其是浙江山海协作工程经过十多年摸索，逐步形成一套区域协同发展的新模式，构成了以海引陆、以陆促海、陆海统筹、海陆联动的均衡发展新态势。以丽水为例，2018 年丽水无水港利用宁波舟山港口优势，打造丽水货物进出宁波港口的“绿色通道”，不仅实现了浙江山区与沿海港口物流体系的跨越式发展，还加强了两地之间创新物流模式、用人机制，将宁波港口的数字化建设管理经验带到丽水，加强交通建设科技合作，延伸海港业务功能，与产业和资源要素结合，构建绿色物流通道，为丽水企业转型升级、实现可持续发展提供基础支持，为解决陆海统筹协调发展问题的浙江样本乃至更大层面的中国区域协调发展问题的破题提供了经验和方向（魏超，2020）。

二、浙江跨市科技合作的主要形式

推进“科创飞地”建设是区域一体化发展背景下山海协作工程的一项重要举措，有助于提升浙江区域创新资源的再配置水平，提高全域创新驱动发展的潜力，实现全域通过创新要素合作驱动协同发展。

科创飞地作为承载创新要素跨行政区流动的重要载体，是优化区域创新资源配置，促进要素有序流动，推动跨行政区创新合作和省内协同发展的重要途径（葛育祥、吴明昊、王海清，2023）。有别于传统飞地模式，“科创飞地”非常强调“飞地园区”的发展孵化、储备项目以及企业落地率。“科创飞地”是新时代区域一体化发展的创新载体，是传统“飞地经济”的迭代升级（见图2－5）。因此，浙江省内实行科技合作、打造“科创飞地”“产业飞地”具有重要意义。一方面，省内实行科技合作可以根据地理位置优势、资源优势，各展优势长板，因地制宜共同构建区域创新合作联合体，实行创新要素互联互通和高效协同，强化区域内部有效联结。另一方面，实行科技合作可以补足短板，通过“飞地”引入高端的人力资源、社会资本和管理经验，解决浙江不同地区发展的创新困境，引导资源向省内欠发达地区倾斜，提高创新资源配置效率，共享发展成果，激发全域创新活力，从而提高浙江全域综合实力，形成更具竞争力的浙江样本。

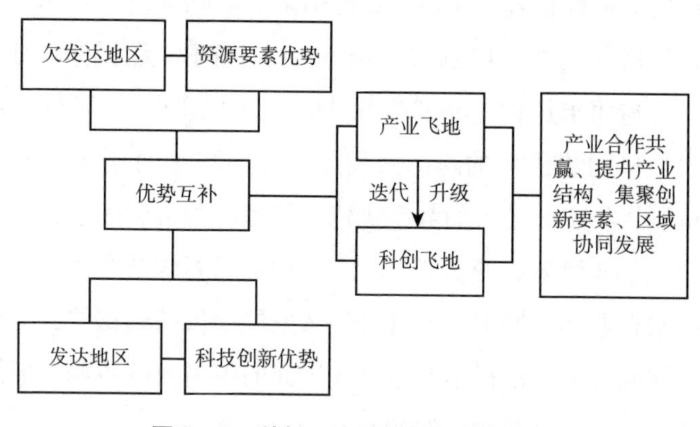

图2－5　科创飞地逐渐取代产业飞地

三、浙江的沿海与内陆科技合作政策动态与样例

（一）浙江省内科技合作的政策动态

“十四五”规划开局，浙江省被中共中央、国务院赋予了建设共同富裕示范区的重大使命。浙江省不断强化创新要素支持、推进重大科创平台建设、关键核心技术攻关、科技企业培育等方面，谋划科技创新的政策，推出诸如《推动高质量发展建设共同富裕示范区科技创新行动方案》《科技赋能26县跨越式高质量发展实施方案》等政策（见表2－9），着力提升科技跨行政区合作对全省高质量发展的支撑水平。

表 2-9　　浙江省内科技合作的相关政策

时间	文件名称	科技合作相关内容
2018-12-03	《浙江省人民政府关于全面加快科技创新推动高质量发展的若干意见》	（1）强化区域协同创新，打造湾区高新技术产业带：加快G60科创走廊建设。支持杭州、湖州、嘉兴、绍兴、金华等市联合制定实施发展规划和支持举措，布局建设各具特色的高新区、科技城、特色小镇、产业园，推进长三角区域科技创新一体化发展，建设具有全国影响力的产业协同发展示范区。（2）深化全面创新改革试验区建设。全面推进各项改革试点，持续推广县域创新发展的新昌经验和打造全国一流高新区的滨江经验。支持研发和人才"飞地"发展，"飞地"新引进落户高层次人才在子女入学等方面可以享受工作地居民同等待遇。选择衢州、丽水等地若干市县开展创新型城市（县、区）试点
2021-03-16	《关于进一步完善省际产业创新飞地的指导意见（试行）》	深入实施人才强省、创新强省首位战略，加快推进省际创新飞地规范化建设和发展，提升浙江省创新资源配置和集聚能力。总体目标为省市县联动高质量建设一批创新飞地，探索创新资源跨区域联动共享合作机制，实现资源集聚与利用能力、科研攻关与联动能力、人才引育与服务能力、产业培育与协同发展能力的显著提升
2021-06-11	《浙江省科技创新发展"十四五"规划》	加快构建科技开放合作新格局，全力打造区域创新共同体：推进全省域协同创新。全面融入沿海沿江创新发展带，打造沪甬温沿海创新发展南翼。以杭州、宁波为创新核心引擎，以创新型城市群为创新增长极，构筑双核引领、多点辐射、全域联动的协同创新体系
2021-07-19	《浙江高质量发展建设共同富裕示范区实施方案（2021—2025年）》	创新实施先富带后富"三同步"行动：紧盯缩小地区、城乡、收入差距，制订实施"三同步"行动方案，系统化建立先富带后富的帮促政策制度，集成建设省域帮促数字化系统，建设新型帮共体。省市县联动每年向浙江省乡镇派遣各类科技特派员1万人，开展千个单位扶千村、千个企业结千村、千个侨团（企）帮千村帮扶行动，健全社会资本、公益组织开放式共同帮促的激励机制

续表

时间	文件名称	科技合作相关内容
2021-09-18	《浙江省山区26县跨越式高质量发展实施方案（2021—2025年）》	推进“飞地”建设：支持浙江山区26县到经济发达市县布局建设“科创飞地”，补齐企业研发设计、创新人才等短板，建成一批省级示范“数字经济科创飞地”。鼓励经济发达市县与山区26县合作建设一批“产业飞地”，推进产业深度合作
2021-11-28	《科技赋能26县跨越式高质量发展实施方案》	围绕“一县一业”积极谋划推进杭州、宁波、嘉兴等地为浙江山区26县集中布局建设“科创飞地”。鼓励26县在“科创飞地”建设科技企业孵化器和众创空间，在申报认定（备案）时同样予以相关指标降低20%的政策倾斜
2022-07-11	《关于支持山区26县就业创业高质量发展的若干意见》	引进培养各类人才：鼓励山区县设立博士后工作站，对首次在山区县民营企业就业的博士后、山区县在站博士给予奖励和倾斜，范围从衢州、舟山、丽水扩大到浙江山区26县
2022-08-29	《浙江省重点农业企业研究院建设实施方案》	（1）引领农业战略性新兴产业发展：浙江省重点农业企业研究院应把突破关键技术瓶颈、补强创新短板、促进农业战略性新兴产业发展作为重要目标，通过开展科技攻关，提升农业产业创新能力，并积极参与或承担国家和行业标准的起草制定工作，推动行业共同进步。（2）做大做强农业科技型企业：通过开展科技攻关和产业化开发，不断推动企业技术进步，推动传统农业企业转型升级，提升涉农高新技术企业自主创新能力和核心竞争力，真正使农业科技型企业发挥创新的主体作用。（3）集聚高端创新资源：通过研究院建设，引导高层次人才、团队、平台等各类创新要素向农业科技企业集聚，有效聚焦重点、集成资源、形成合力，逐步建立起以农业科技企业为主体的产业技术创新体系
2022-09-01	《浙江省农业科技园区管理办法》	完善科技服务：积极服务科技强农、机械强农“双强”行动，助力乡村振兴和共同富裕，完善园区培训和科普功能，持续增强创业创新主体的科学素养和技术能力，不断提升园区机械化和数字化水平。园区要有一定数量的科技特派员和创新创业服务机构，使园区成为高素质农民培训，大学生、农民工及退伍军人返乡创业，农民增收致富的公共服务平台

续表

时间	文件名称	科技合作相关内容
2023-01-11	《浙江省人民政府办公厅关于加快建设农业科技创新高地推动科技惠农富民的实施意见》	加快浙江山区26县高质量发展科技赋能。聚焦山区26县高质量发展需要，加快实施山区26县高质量发展科技专项。支持建设一批"科创飞地"，实现省级科技特派员全覆盖，试点开展科技特派团工作
2023-02-16	《浙江省"315"科技创新体系建设工程实施方案（2023—2027年）》	科技赋能浙江山区26县高质量发展。建立"一县一策"精准支持机制，深入实施山区26县高质量发展科技专项，推进"科创飞地+产业飞地"建设。实施科普惠民等5大赋能行动，开展"千博助千企"行动，实现博士创新站山区26县全覆盖。实施科技惠农富民行动，深化科技特派员制度，每年省市县联动派遣科技特派员5000人次以上。开展山区26县科技特派团试点，给予每个试点县每年500万元左右的经费支持

资料来源：笔者根据浙江省政府、浙江省发改委、浙江省科技厅等政府机构官方媒体公布的信息整理。

（二）浙江重要科创飞地样例

1. 衢州海创园模式

衢州海创园位于杭州未来科技城核心区块，是浙江省的第一块创新飞地，是衢州探索人才"工作生活在杭州、创业贡献为衢州"新模式的"人才驿站"和"引才枢纽"。衢州海创园建设模式是以"引进创新人才"和企业"研发在杭州、创业为衢州"，打造海外高层次人才创业创新基地和衢州市高新技术项目研发基地为重要举措的科创飞地建设模式（潘家栋、包海波，2021）。

（1）角色置换充分发挥后发行政区的主观能动性。"飞地经济"通常是由经济发达地区作为"飞出地"，在相对欠发展的"飞入地"投资建设"飞地"，但是在衢州海创园却实行飞入飞出地的位置置换，由衢州作为"飞出地"，在杭州科创大走廊内建设科创"飞地"，实现了产业转移中的创造性（白小虎、王松、陈海盛，2018）。对衢州市来说，土地资源丰富但是创新资源稀缺、产业实力不足，对于杭州市来说，创新创业氛围浓厚但面临着严峻的土地指标问题，由于空间约束抑制了杭州科创大走廊的辐射作用。衢州海创园直接在科创区建设走廊，是“飞地经济”的创新模式，使其能够主动深入参与高端创新体系建设，而不是被动等待被带动，并主动从中获取资源和发展自身经济的主观能动行为，从而显著地提高集聚、扩散以及带动的效率和作用。衢州海创园能够充分利用杭州科创大走廊的人才资源，实现高端人才引进，孵化高端科技型项目和企业。如衢州海创园引进的高端制造类企业浙江镭蒙机器人技术有限公司、国千人才芬兰籍博士的轻动（杭州）信息科技有限公司、杭州摩羯座网络技术有限公司等。此种创新的“科创飞地”模式打破了传统模式，在创新水平还未普遍达到高层次的情况下，把有限的资源聚集到某一区域，形成科创“增长极”，通过大力发展“增长极”形成辐射带动作用，最终提升总体创新水平，推动经济发展。同时也使得城西科创大走廊真正走出杭州，让衢州海创园更好地反哺衢州经济发展。

（2）政府统筹，企业化运营模式。衢州海创园采取政府统筹，科创飞地运营管理主要交由专业公司负责的运营机制。在山海协作框架下，飞出地政府在杭州购置土地或楼宇投资建设科创飞地，飞入地返回税收并提供相关服务（常敏、翁佩君、韩芳，2022）。政府层面，积极设立政府引导基金，衢州海创园与杭州未来科技城管委会签订《投资合作补充协议》，衢州海创园内的税收由杭州市余杭区全额奖励给衢州市财政，不仅为政府之间的经济要素自由流动提供了基础，也保障了两地区的互利共赢，有利于实现区域之间更高质量发展。同时，贯彻市场化的运营理念，衢州海创园通过运营方银江孵化器举办各类创业创新活动吸引优质项目入驻，选择民营企业运营“飞地”，能够更好地解决市场需求，达到一种多元化的目标。银江孵化器在引进项目时需要推进政策落地，过程中可向衢州市政府反馈传达创新创业的前沿思想及模式，做到鼓励创新创业，带动产业发展。衢州海创园的运营方银江孵化器也在积极布局包括海外在内的投资体系，助推优秀入驻企业进行创新研发，完成科技成果转化。

2. 丽水经开区模式

浙江丽水经济技术开发区作为国家级经济技术开发区，是丽水产业发展的主战场，承载着丽水经济发展的重要历史使命。丽水市把研发投入当作科技工作中的核心指标，坚持深入谋划政策体系，大力构建激励机制，有效引导鼓励企业、高校、科研机构加大 R&D 经费投入，推动以科技引领为核心的全面创新。根据商务部发布的《2022 年国家级经济技术开发区综合发展水平考核评价报告》，2022 年丽水经开区完成规上工业产值增长 16.9%，规上工业企业研发费用增长 25.1%，高新技术产业投资增长 132.2%，R&D 占比连续数年高于 5%。

（1）招院引所找准研发提升突破口。丽水经开区积极构建“产业—科技—人才—政策—服务”一体推进工作体系，主动融入长三角地区一体化发展，和高校院所对接是其突出特点。丽水经开区持续深化与之江实验室、清华长三院、浙江大学、武汉大学、中国科学院微电子研究所等大院名校的交流合作。谋划推进与大院名校合作共建研究院，丽水经济技术开发区与杭州电子科技大学共建研究院、松阳县政府与中国农科院茶叶研究所共同建立中茶所长三角创新中心、遂昌县与武汉大学共建金属制品研发中心等项目均已落地。经开区打造了区域品牌推介的“南明英才”赛事，截至 2022 年第三代先进封装材料、机器人应用装备、先进采血生命芯片等 5 个清华校友项目正在申报“绿谷精英 · 创新引领行动”计划，越来越多优秀人才通过参与“南明英才”比赛成为“丽水城市合伙人”[①]。校企合作，为丽水科创飞地带来了源源不断的创新源泉。此外，在山海协作合作框架下，宁波首家民营国家级孵化器——甬港现代科技园在丽水经济开发区设立“飞地”孵化器——丽水甬莲智能制造产业园，重点围绕智

① 黄慧，苏婷，游千喻．浙江丽水经开区集聚资源要素“科创飞地”破题产业发展［EB/OL］．（2022－09－20）［2023－08－08］．http：//www.zj.chinanews.com.cn/jzkzj/2022－09－20/detail－ihcehvxm4795425.shtml.

能制造、大健康、新材料等产业方向，引进和培育高新技术企业和项目，2年内引进硕士及以上学历人才13人、引进丽水市绿谷精英人才项目11个[①]。

（2）构造“基金+飞地”招商形成“基”“地”联动模式。与发达地区相比，丽水作为浙西南山区，物流成本制约技术流、资金流、人才流的有效集聚，丽水经开区招商引资面临着资金要素保障不足与尖端人才不愿意落户等相关问题。为利用现有资源突破资本与人才等发展瓶颈，助力招商引资实现新跨越，经开区大胆创新，推出“基金+飞地”招商新模式，打造浙西南首家金融产业园——水街基金产业园，为丽水市以基金串联产业链创新链、优化产业布局，驱动经济高质量绿色发展植入强劲的资本引擎。经开区将“金融+产业”列为水街基金产业园发展方向，在招引基金、类金融企业入驻，扩大税源，服务实体经济等方面持续发力，为培育基金生态圈、完善金融产业链、助推跨越式高质量发展作出积极贡献。同时，政府性股权投资基金、金融股权投资、资产管理等共同参与投资，构筑起“1+X”产业基金体系，充分发挥了政府产业基金的政策导向性和杠杆效应，串联社会资本、银行、其他投资机构，打通资本、企业、人才、项目的连接通道，有力推动科技型中小企业总量增长和质效提升。

（三）浙江科创飞地发展的隐忧

推进科创飞地建设是区域一体化发展战略的一项重要举措，有助于提升区域内对创新资源要素的集聚能力，提高创新型经济发展活力，实现区域范围内协同发展、合作共赢。然而，随着浙江省内快速推进“科创飞地”，越来越多的企业“飞入”欠发达地区，带来未曾出现的新矛盾，经济发展存在的利益冲突，行政管理难题也日益凸显，管理协调不畅、服务保障不足、产业协同不深等问题逐渐突出。

一是管理协作不畅。建立科创飞地最突出的问题集中在飞入地和飞出

① 念好“山海经”奏响“协作曲”宁波市积极打造山海协作工程升级版［J］. 宁波通讯，2021（13）：59－61.

地之间的各类监管问题。首先是税收问题。科创飞地内的企业如果注册在飞出地，对招引人才不利，不利于实现飞出地建设科创飞地的初衷；但如果注册在飞入地，飞出地又无法分享税收等经济收益（郝身永，2023）。其次是市场监管问题。一般性的工商异地监管问题不大，而对涉及药监、医疗器械等专业性监管问题，在实践中，面临着异地监管合作，尤其是药品 GPS 库房、医疗器械监管库房委托给哪一方市场监管部门监管的问题。第三是行政管理问题。飞入地和飞出地跨越传统的行政区域，行政管理的职责和权限依据不清晰。行政管理有边界，涉及多种责任关系，特别是否定性的关系，存在错综复杂的责任认定难题。飞出地政府对飞地监管不力的原因主要包括飞出地政府对飞地的控制力弱以及飞出地政府对飞地行政管理松弛（华子岩，2020）。

二是服务保障不足。一方面，科技服务难以满足企业需求。如科创飞地的选址、资金筹集以及建设运营等多数是政府主导、政府和市场共同推动的模式，在实际运营中政府有形之手和市场无形之手配合得不太协调，各类主体参与度不足，导致了对企业的服务精准度不高，运营成效十分有限。在如何激发参与企业积极性、发挥市场机制作用，促进创新成果转化生态链形成等方面尚缺乏有效的市场化路径，实际运作层面尚需进一步界定明确政府与市场协同推进的工作边界及相应机制（张贵，2021）。另一方面，人才服务共享难以落实。因参与“山海合作工程”的两地政府合作框架不健全，跨区的人才互认机制不完善，飞地中高层次人才的个税、住房、子女教育等政策难以到位，人才招聘、人才培训等共建活动难，导致飞地引人、留人的问题较为突出。

三是产业协同不深。科创飞地建设处于起步阶段，孵化成功的项目体量不大，能够真正投入生产运行的项目更是稀少。企业主导型科创飞地因为运营压力，一般兼具销售、引才、孵化等多种功能于一体，大多企业以拓展市场为主，聚焦孵化和技术研发较少，偏离了科创飞地的创新功能。因此，多数科创飞地对欠发达地区的创新带动作用有限，科创飞地的区域带动机制还需要进一步加强。

四、浙江省内跨市科技合作政策优化

围绕浙江省内沿海与内陆科技合作态势，基于浙江省全面加快科技创新推动高质量发展的发展目标和打造共同富裕示范区的现实需求，从科创飞地运营样例及制约因素着手，本书提出如下三方面优化浙江省内持续发展科创飞地的策略。

（一）完善双向飞地的政策监管协同

传统飞地经济是飞出地“资本＋技术”优势与飞入地“土地＋劳动力”优势结合；科创飞地属逆向飞地，指飞入地在飞出地设立创新中心，利用其创新资源开展创新创业孵化项目，而后将之导流回本地，发挥招商引资和招才引智作用（杨亚琴、张鹏飞，2022）。双向飞地是以上两种模式的互联，是跨行政区的两地通过签署双向协议，利用各自优势，创新管理运营机制，推动两地要素流通配置，满足两地经济发展需要，实现共建共享。为更好地发挥科创飞地对集聚科技创新资源、创新型企业等方面的作用，浙江省可以采取双向飞地的建设模式，重点突破体制机制障碍、强化政策协同、畅通创新资源流动和科技产业化对接的路径。针对跨行政区标准认定不一致，产业、人才优惠政策不同，政务公共服务差距大等问题，两地政府要在政策对接、资源挖掘、标准协同和管理监督等方面进行制度创新，加快两地在园区开发、资本运作、成果转化、标准对接、结果互认等方面协同，从税收、人才招引、用地等方面全方位地支持科创飞地建设，发挥其对科技创新的支撑作用。如上海嘉定区、浙江温州市扩大长三角“一网通办”品牌效应，打造区域政务服务新空间，探索形成以跨省办成“一件事”为目标的主题式套餐服务，努力实现让企业在温州能办上海的事、在上海能办温州的事（施力维、周琳子，2021），从而打破阻碍要素资源流动的地区间行政壁垒，实现交通、医疗、创新和教育等资源要素的跨界自由流动。

（二）优化科创飞地运营模式，发挥多元主体功能

“飞地经济”是政府、资本、企业、社会和地区自然禀赋等多种自然元素共生、协同作用的必经发展历程（胡俊青、成鸿静、刘莹，2022）。加快科创飞地经济市场化发展要处理好政府和市场的关系，坚持“政府管宏观、企业管微观，政府定方向、企业定项目”，让政府“搭台”、企业“唱戏”，促进创新飞地有效有序运行。双方政府要实现自身职能转换，主导建设公平开放的市场环境（丁伟伟，2019）。进一步优化“政府引导+基金主导+企业化运营”模式，由政府负责监管、专业的飞地运营管理公司进行运营管理，政府为区域合作提供政策、制度、法律等方面的全方位高效服务；园区运营企业负责合作的具体实施。

（三）主动融入长三角寻求更大区域创新跨界合作

科创飞地需要进一步拓展范围，不能仅局限于浙江省内科技合作。长三角地区科技创新资源富集，长三角三省一市在创新主体（高校、科研机构、创新型企业）、科研设施（大科学装置等）、科技人才等方面各具特色，实现优势互补、协同创新、共谋高质量发展的前景十分广阔（曹贤忠、曾刚，2022）。随着长三角一体化发展上升为国家战略，长三角地区乃至全国范围内跨省、跨地之间通过科创飞地进行科技合作的案例也越来越多（见表2－10），也取得了一定的成效。未来，应当协同长三角区域一体化发展，着力推进浙江省科创飞地建设，促进省市之间不同地区、不同平台、不同主体科创资源要素的互联互通，借助山海协作、对口帮扶等机制创新合作模式。一方面，推动区域之间高等院校、研究机构、开发公司、创新企业之间的合作，进一步完善“跨界产学研一体化合作”网络，实现飞入地与飞出地之间大院大所、创客机构等专业化联系，形成功能完善、紧密联系的创新科技网络。另一方面，尽早搭建从创新孵化到产业化

的链式服务平台。既要支持科技领军企业牵头，联合产业链上下游大中小企业等优势科研力量组建创新联合体，保障产业链安全稳定，又要联动各类小微类初创企业实施重大场景驱动科技成果转化行动，带动区域高质量发展。

表 2－10　　位于浙江省的省外科创飞地

飞地名称	飞入地	飞出地	主导产业	实践经验	地域范围
浙江（衢州）中关村创新飞地	衢州市	北京中关村	集成电路、生物医药	借助中关村的优越区位、密集的高端人才和创新资源，促进中关村企业与衢州开展合作，项目研发孵化成功后，产业化引导回衢，拉长产业链条，形成产业集群效应	跨省合作
上海张江（衢州）生物医药产业孵化基地	衢州市	上海张江高新技术开发区	生物医药	围绕人才、项目、嫁接、服务四大关键环节，逆向开拓“飞地”新平台，构架“飞地”与“实地”链接通道，为衢州生物医药产业发展营造出“研发—孵化—产业”的立体化、链条化发展格局	跨省合作
衢州绿海飞地（深圳）产业园	衢州市	深圳前海区	企业总部、高端金融	通过创新飞地平台打通衢州与深圳前海的产业链、资金链、人才链、创新链，跨区域整合资源和政策优势，推动衢州产业转型升级，实现跨越式发展	跨省合作
漕河泾海宁分区	海宁市	上海漕河泾新兴技术开发区	泛半导体产业	建立“漕河泾科创”孵化平台，借助上海漕河泾开发区作为首个“亚洲最佳孵化器”的丰富资源，海宁分区打通沪浙创业资源，大力推进新型双创平台建设和海宁泛半导体产业园	跨省合作

资料来源：笔者根据浙江省科技厅、上海市科技局等官网公布的信息整理。

第四节　浙江省内沿海与内陆的医疗协作

伴随经济社会快速发展，人民群众对高质量的卫生健康需求日益旺盛。城乡医疗资源配置未能动态匹配人口迁徙，城乡专科门诊设置与医联体制度建设未能及时响应人民的高质量医疗需求，省域医疗资源的区域差异更是影响浙江高质量建设共同富裕示范区。2023 年 3 月中共中央办公厅、国务院办公厅印发《关于进一步完善医疗卫生服务体系的意见》，提出“推动医疗卫生发展方式转向更加注重内涵式发展、服务模式转向更加注重系统连续、管理手段转向更加注重科学化治理，促进优质医疗资源扩容和区域均衡布局”。因此，加快医疗卫生事业区域均衡发展，是促进经济社会全面可持续发展的必然要求。2021 年 3 月，浙江省发展改革委和省卫生健康委印发《浙江省省级医疗资源配置“十四五”规划》，指出“共同富裕示范区建设等重大战略部署对省级医疗资源优化布局提出新要求、长三角一体化对医疗资源区域竞合提出新挑战、数字化改革与健康科技创新发展迎来智慧医疗新机遇”。浙江实施山海协作工程以来，已经为建设共同富裕示范区的医疗资源空间均衡布局累积优势，未来可进一步构建适应型医疗跨域协作机制。

一、浙江医疗资源区域差异

如表 2 - 11 和表 2 - 12 所示，2016 ~ 2021 年杭州市与宁波市的医疗卫生机构数量增长超过 600 家，而衢州市和丽水市无增长；杭州市每千人拥有的卫生技术人员数量稳居全市第一，除台州外，浙江省其他各市平均每千人拥有的卫生技术人员均有增长。总体看，浙江省内医疗卫生水平存在区域差异，杭、甬地区发展较好，而丽、衢、舟等山区及海岛发展较为落后。

表 2-11　　2016 年和 2021 年浙江省及各地级市医疗卫生机构数　　单位：家

地区	2016 年	2021 年
浙江省	31548	35120
杭州市	4691	5633
宁波市	4115	4787
湖州市	1391	1596
嘉兴市	1447	1788
绍兴市	2531	2864
温州市	5563	5880
衢州市	1838	1787
丽水市	1701	1694
台州市	3540	3805
金华市	4034	4571
舟山市	697	715

资料来源：2017 年和 2022 年的《浙江统计年鉴》。

表 2-12　　2016 年和 2021 年浙江省及各地级市平均每千人拥有卫生技术人员（按常住人口计算）　　单位：人

地区	2016 年	2021 年
浙江省	7.13	8.85
杭州市	11.01	11.66
宁波市	7.54	8.71
湖州市	8.08	8.51
嘉兴市	10.10	11.96
绍兴市	7.80	8.29
温州市	6.46	8.10
衢州市	7.71	8.88
丽水市	7.84	8.92
台州市	6.76	2.77

续表

地区	2016 年	2021 年
金华市	7. 32	7. 61
舟山市	7. 66	9. 14

资料来源：2017 年和 2022 年的《浙江统计年鉴》。

二、浙江医疗协作的历程与现状

（一）山海提升工程背景

2003 年，时任浙江省委书记的习近平同志作出了“发挥八个方面的优势”“推进八个方面的举措”的决策部署，简称“八八战略”。2018 年，一场在衢州举行的“八八战略”推进会，让山海协作工程再次成为关注焦点，会议提出要以习近平新时代中国特色社会主义思想为指导，打造山海协作工程升级版，实现更高质量的区域协调发展（车俊，2018）。2021 年 8 月，浙江省卫生健康委颁布《关于实施医疗卫生“山海”提升工程助推山区 26 县跨越式高质量发展意见的通知》，提出按照“一年出成果、两年大变样、五年新飞跃”总体要求，深入实施医疗卫生山海提升工程，13 家省市三甲医院帮助山区县 26 家县医院实现“3342X”目标能力提升，健全完善优质医疗资源扩容下沉长效机制，到 2025 年 26 家受援医院全面达到国家县级医院医疗服务能力推荐标准。

（二）山海提升工程内容

“山海协作”是在“八八战略”再深化、促进县域医共体医疗卫生管理水平和服务能力提升的大背景下，本着“共享资源、协同发展、深化合作、注重实效”原则而建立的。“十四五”期间，浙江的优质医疗卫生服务将向“山”与“海”不断延伸，集中 13 家省市级三甲医院的医学人才、医疗设施等重点帮扶 32 个山区和海岛县（市、区）提升医疗服务能力。

（1）支持服务能力提升。聚焦山区海岛群众的急难愁盼问题，浙江通过开展跨地区医疗结对帮扶，在县域建立医院分院，传授急救等医疗技术，培养后备学科人才队伍，提升医院管理和公共卫生服务两项能力，推进基层医疗卫生服务水平大幅度提升，带给群众实实在在的安全感和幸福感（见表2-13）。

表2-13　　支持服务提升能力的具体内容与实例

具体内容	实例
深入推进县域胸痛、卒中、创伤三大救治中心能力建设	浙大二院和遂昌县人民医院医共体王村口龙阳片区（分院）深入推进县域胸痛、卒中、创伤急救三大医疗救治中心建设
做强做优县域影像、病理、检验三大共享中心	浙大二院和遂昌县人民医院医共体王村口龙阳片区（分院）做强做优县域影像、病理、检验等三大医技共享中心
围绕县域疾病特点和转外就医较多的病种，重点帮扶受援医院临床专科不少于4个	（1）温州医科大学附属第二医院以一对一导师帮扶的形式，确定结对医院的重点托管临床专科，把“输血”变成“造血”，培养后备学科人才队伍。先后派遣主任医师和专家团队前往结对医院进行指导，持续强化县域医共体牵头医院的引领带动作用。例如在洞头区人民医院康复科指导开展小针刀治疗和超声引导下精准注射治疗等技术，在青田县人民医院开展3D腹腔镜微创技术来治疗胃肠肿瘤。（2）苍南县第三人民医院医共体金乡分院更是在附属第二医院专家的指导下开展混合痔手术，这是金乡分院外科手术室在关闭十年后开展的第一例外科手术
提升医院管理和公共卫生服务两项能力	（1）54家省市级三甲医院与122家县级医院实行紧密型合作，浙江省基层医疗卫生服务能力得到显著提升，全省县域内就诊率逐年平均提升1%～2%，目前已达88.9%；（2）浙大二院和遂昌县人民医院医共体王村口龙阳片区（分院）全面提升医院管理能力及公共卫生服务能力，构建县域医防融合服务体系
鼓励各地在完成省定目标任务基础上，结合实际探索自主合作内容	浙大二院和遂昌县人民医院医共体王村口龙阳片区（分院）大力提升原有的“消化内镜诊疗中心”等“四大中心”重点专科能力；助推护理、康复医学、营养药膳科等学科发展，促进快速康复能力建设，同时通过专家工作室形式提升泌尿外科、眼科、脑科中心等多学科医疗服务水平

资料来源：根据《浙江省卫生健康委关于实施医疗卫生“山海”提升工程助推山区26县跨越式高质量发展意见的通知》和笔者的实地调研整理而得。

（2）加大人才下沉力度。浙江为有效破解城乡卫生资源不均衡这一长期存在的结构性问题，加大人才下沉力度。通过完善政策、创新机制，以“人才下沉、资源下沉”为手段，努力引导优质医疗卫生资源流向基层，支持基层医疗卫生机构“服务能力提升，服务效率提升”，强化基层医疗卫生体系建设（见表2-14）。

表2-14　加大人才下沉力度的具体内容与实例

具体内容	实例
各支援医院党政主要负责人到受援医院调研指导工作每年不少于2次。支援医院下派专家每月在岗人数不少于12人，均应具有中级以上职称，其中高级职称人数占比不少于三分之二。派出人员担任受援医院科室主任的，连续工作不少于1年；派出其他医务人员在受援医院连续工作不少于半年；派出人员担任受援医院院领导的，连续任职不少于2年；所有下派专家在受援医院每周工作不少于4个工作日。同时，委派医务、院感、护理等职能科室人员，加强对受援医院管理工作的联系指导	（1）聚焦32个山区县和海岛县，强化基本医疗服务托底保障，综合实力较强的省级三甲医院至少负责1个山区海岛县下沉工作。根据当地疾病谱、转外就医较多的病种，结合本地需求、功能定位、发展实际，在每家县级医院共同确定不少于4个托管重点专科，围绕重点专科下派下沉专家及团队，帮扶县级医院精准提升服务能力。（2）每家省市医院下派至32个山区县和海岛县（市、区）的专家人数将不少于12人，并以高级职称为主，工作时间不少于半年，其中担任县医院科主任或院领导的，分别不少于一年和两年。（3）加强浙大二院“山海”分院后备人才队伍储备，提升“山海”分院医务人员临床诊疗能力、教学能力、科研能力和公共卫生服务能力，打造一批理论功底扎实、实际操作能力过硬、具备一定科学素养的医学创新团队，浙大二院与浙江大学医学院合作举办青年骨干人才高级研修班，即“山海・飞鹰”计划。（4）通过浙医二院与遂昌的“山海”协作和遂昌的医共体建设平台，把浙江省消化内镜专委会团队拉到乡村，直接把肠癌知识和肠镜检查服务送到最基层，为促进老区健康共富尽一份力

资料来源：根据《浙江省卫生健康委关于实施医疗卫生“山海”提升工程助推山区26县跨越式高质量发展意见的通知》和笔者的实地调研整理而得。

（3）强化科学规划布局。针对医疗卫生资源分布不均衡、服务可及性有待提高，以及基层医疗资源配置较为薄弱、社区医疗卫生体系有待完善等问题，浙江省希望通过科学规划布局，支持县域推进县级医院扩建工作，逐步提升县域基层医疗“输血”“造血”能力，建立基层医疗卫生网络，努力打造合理医疗卫生服务圈（见表2-15）。

表 2－15　　强化科学规划布局的具体内容与实例

具体内容	实例
支持山区 26 县推进县级医院新改扩建项目，加强县域基层医疗卫生人才队伍建设，按照“输血＋造血”要求制定受援医院托管重点专科人才培养方案，强化进修培训、一对一导师制等制度，进一步增加医疗资源供给，切实解决县域医疗基础设施不足、卫生人才短缺、服务能力不强等问题，满足当地百姓就近看病、看得好病的需求	（1）“十四五”期间，浙江大学医学院附属第二医院将重点帮扶龙泉市、衢江区、岱山县等山区海岛县。（2）在浙大二院入驻专家团队的帮扶下，遂昌县人民医院已开展新技术新项目 16 项，基层义诊 10 余次，远程会诊 10 余次，完成各类手术 4685 台，同比增幅 6.19%，其中Ⅲ、Ⅳ类手术 1735 台，同比增幅 7.25%，管理水平、学科建设、诊疗水平有了稳步提升，在 2021 年浙江省公立医院综合改革评价中位列 81 家县级医院第 48 名、丽水市第二名，在 2019 年度全国二级公立医院（西医类）绩效考核中位列浙江省参与排名的 56 家综合医院第 20 名，丽水市第一名；此外，浙二专家还累计开展 MDT、教学查房、专题学术讲座、病例讨论共计 70 余次。（3）2023 年，浙大邵逸夫医院武义院区在医共体东干院区设立了呼吸与危重症医学科联合病房，由驻院专家定期下沉到东干院区，开展病房管理、学科建设、技术交流、教育培训等工作。同时，全科医学驻院专家也会定期前往坦洪院区及桃溪院区坐诊，给基层医生开展慢病管理培训，为乡村基层群众带来便利

资料来源：根据《浙江省卫生健康委关于实施医疗卫生“山海”提升工程助推山区 26 县跨越式高质量发展意见的通知》和笔者的实地调研整理而得。

（三）山海提升工程的实施成效

1. 帮扶覆盖面从小范围到全面大范围

在山海提升工程推动下，浙江省内医疗机构科室帮扶覆盖面得到了显著扩大。一些偏远地区的医疗机构随着山海提升工程的实施，越来越多的专科医疗科室得到建设和完善，涵盖了心血管科、神经科、肿瘤科、妇产科等领域，这使得患者可以在当地就近接受到更全面的医疗照顾（郑文等，2022）。同时，山海提升工程致力于解决医疗资源的不均衡问题，特别是优质医疗资源下沉到基层医疗机构。通过在山区海岛乡镇和农村建设卫生中心、社区卫生站等基层医疗机构，配备先进的医疗设备和合格的医务人员，使基层居民能够获得更便捷、高质量的医疗服务。

2. 医院自身创新能力得到全面提升

2023 年是“八八战略”实施 20 周年，浙江省“山海医疗协作”提升工程取得了显著成就。城乡区域卫生健康差距明显缩小，全生命周期健康服务不断优化，公共卫生体系全面加强。一是山区海岛县医疗卫生服务能力有了明显提升，山区海岛县群众就医满意度、获得感显著改善。山区海岛县的县域就诊率提高到了88.82%[①]。山区海岛县群众还可以通过远程医疗协作网、"云诊室"等途径，在线上问诊更多省市专家（王晶等，2020）。二是县医院医疗技术水平显著提高。山区海岛县三级医院数量从5家增加到12家，衢州地区县级三级医院实现零的突破。三大救治中心和三大共享中心全面建成，心肌梗死、脑卒中等严重影响群众生命健康的危急重症救治能力和严重创伤患者抢救成功率大大提升。三是学科建设和科研创新水平不断提升（王赠等，2022）。浙医一院感染性疾病、浙江大学医学院附属儿童医院儿童健康与疾病、温州医科大学附属眼视光医院眼耳鼻喉疾病三个学科获批国家临床医学研究中心，实现"零"的突破。浙医一院、浙医二院等10家省级医院成功承担并启动委省共建1个国家医学中心、7个国家区域医疗中心和10个重点培育专科的建设任务，国家儿童区域医疗中心落地运行。浙医一院等7家单位进入全国科技实力百强医院，新增2家，全国百强学科数从153个增加至212个，引进高层次人才612人，国家级人才累计达285人[②]。

三、浙江"山海医疗协作"的新挑战

（一）人口老龄化与少子化的医疗新形势

《浙江省卫生健康事业发展"十四五"规划》指出，卫生健康事业发展现在面临诸多风险挑战，经济发展的不确定性等因素对卫生健康事业发展带来深刻影响。随着工业化、城镇化、人口老龄化、少子化和生态环

① 浙江启动实施医疗卫生"山海"提升工程［N］. 浙江日报，2021-03-30.

② 纪驭亚. 全国医院科技量值百强榜发布 浙江省7家医院入榜［EB/OL］.（2019-12-26）［2023-10-08］. http://zj.cnr.cn/zjyw/20191226/t20191226_524913191.shtml.

境、生活方式变化，疾病谱不断变化，慢性非传染性疾病持续高发，传统和新发传染病疫情相互叠加，“一老一小”等多重健康需求迸发。山海医疗协作工程中老年人和儿童的医疗保健问题尤为突出，一些偏远地区高龄病人和留守儿童的医疗需求无法得到有效满足，缺乏长期护理、康复治疗和风险疾病管理（江宜航、徐谷明、张海生，2013），山海医疗协作为医疗欠发达地区提供的智慧医疗协作，在老人和儿童众多的地区尚未能起到良好的积极作用。

（二）慢性疾病等重要科室覆盖率较低

山海医疗协作存在慢性疾病等重要科室的覆盖率较低突出问题。这意味着在一些偏远地区或基层医疗机构，患有慢性疾病的患者往往面临着医疗资源匮乏和专业医疗团队不足的情况。慢性疾病需要长期的治疗和管理，覆盖率低意味着许多患者无法获得及时、有效的医疗服务，这给他们的健康带来重大挑战。慢性疾病如高血压、糖尿病、心脏病等在老年人群中较为常见，老年人往往居住在山区或农村地区，这些地方医疗资源相对稀缺。慢性疾病的治疗需要特定的设备和专业知识，缺乏相应的重要科室会导致患者难以得到全面、专业的医疗服务。因此，许多患者只能选择长途跋涉到大城市寻求更好的医疗资源，他们的就医过程存在诸多困难和不便。此外，患有慢性疾病的人口数量庞大，且重要科室覆盖率较低，这也给公共卫生和社会医疗资源的合理分配带来了挑战。医疗资源的不平衡分布导致了城乡之间的差异，加剧了慢性疾病患者的不公平待遇。因此，山海提升工程需要进一步努力改善医疗资源的分布和提高覆盖率，以确保各类患者能够获得及时、全面的医疗服务。

（三）应急管理与疾病防控能力较弱

山海医疗协作内容还忽视了应急管理和疾病防控能力跨域建设，此问题在新冠肺炎疫情暴发期间尤为凸显，集中表现在疫情信息传递和协调部署的效率较低。同时，疫情防控期间，一些地方的疾病防控能力相对较弱，包括疫情监测和早期预警能力、病例诊断和隔离能力、物资储备和供应链管理等方面存在一定的不足。为提高浙江省整体应急管理和疾病防控能力，需要进一步加强相关体制机制建设、提高应急响应能力和协调能力，加强防控知识的宣传和教育，有效应对各类突发公共卫生事件挑战。

四、浙江省内医疗协作再提升路径

（一）经验借鉴

1. *新加坡跨区域医疗服务*

新加坡通过重组多家医院形成了相互竞争的东、西部两大医院集团，分别是“新加坡保健服务集团”和“新加坡国立健保集团”。资源层面上，跨区域整合了东、西部的医疗卫生资源，全科医疗服务和专科医疗服务之间合理分工，建立了有效的转诊制度，实现了集团内部各医院间大范围合作与共享（刘军军、王高玲，2019）。

新加坡采用现代企业化管理模式管理医疗机构，实行法人治理，医院集团各成员单位组建董事会。在运营和管理上集团有自主权，政府对医疗集团的设备采办、药品耗材、医疗费用等方面具有控制权，也就是说医院只负责提供医疗卫生服务，不具有药品设备等物资采购权，以此将医疗服务提供者和购买者分开（周玲，2022）。同时，通过总量控制方式，综合考虑社会经济发展、医疗技术提升、通货膨胀等因素，根据医院类型、诊疗人次、人才队伍构成等因素，进行动态的资金补偿以提高资源利用效率。

医疗集团全面推进医院信息化建设，信息系统内不仅有患者的病历资料，还包含患者的家庭经济情况以及医保账户等相关信息，医疗集团内部成员单位在信息系统上实现互联互通，共享系统内部数据。政府也介入医疗机构的信息化建设，要求医疗机构病床费用、检查费用、药品费用、护理费用等信息实现共享，减低医疗机构和患者之间的信息不对称导致的医疗费用上升，提高了医疗服务质量。

2. 中央政府对西藏、新疆的医疗援助

为了改善中国新疆、西藏等西部地区医疗服务水平，我国中央政府实施了一系列援助政策。中央政府通过派驻医疗专家和技术人员到西部地区，为当地医疗机构提供技术支持和培训，提高医务人员的专业水平，同时中央政府加大对西部地区医疗设施的投入，修建新的医院、升级现有医疗设施，并配备先进的医疗设备和器械，并推动建立医疗服务网络，提供远程医疗服务和会诊制度，通过远程医疗技术将优质医疗资源引入西部地区。另外，中央还出台相关政策和措施，加大对西部地区贫困居民的医疗救助和医疗费用补偿力度。通过中央政府的援疆援藏医疗工作，西部地区医疗服务水平得到了明显提升。医疗设施和医疗技术的改善使得居民能够在当地就医，减少了远程就医的需求；人才支援和远程医疗网络的建设则提高了医疗服务的可及性和质量，使更多人受益于优质的医疗资源；医疗救助政策的实施则保障了贫困人口的基本医疗需求（王美华，2022）。这些措施有效地改善了西部地区医疗服务的均等化和可及性，提升了居民的医疗保障水平。

3. 上海－昆山跨区域医疗合作

上海市和江苏省苏州市昆山市开展的跨区域医疗合作存在如下特征：（1）合作内容方面。上海市和昆山市通过不同类型的医联体促进区域间医疗资源的协同化均等化发展。两地跨区域医疗合作主要涉及医疗技术、人才培养、科研合作等方面，打破“倒三角形”的医疗资源分布情况，促进上海市优质医疗资源下沉，通过跨区域医疗发展联动，进一步提高昆山市的基层医疗服务能力。（2）合作类型方面。两地形成人、财、物等资源统一管理的利益共同体，各医疗机构打破体制障碍，成立管理委员会，将人、财、物等资源进行统一管理。2023 年底，尚仅在人才培养、技术提升、品牌方面合作，不涉及人、财、物的管理权。（3）业务合作方面。上海市优质的医疗机构为其合作单位提供人才培养绿色通道、专家定期坐诊手术、远程会诊等合作资源，形成“强带弱”的合作模式，三级医院帮助二级医院和社区卫生服务中心，聚焦质量控制、就诊流程规划、科研层次提升等方面，努力提升二级医院和社区卫生服务中心的诊疗水平，完善分级诊疗制度，引导患者合理分流；同级医疗机构根据不同发展战略定位和专学科建设情况，通过建立专科联盟等形式强强联合，提升跨区域范围内专科服务能级（汪语晨等，2021）。

（二）优化浙江“山海医疗协作”建议

鉴于卫生健康事业与医院公益属性，本书提出以下建议。第一，政府要通过完善人才优惠政策、提高科研资助资金等方式加大财政投入，为浙江省医疗合作打好基础。第二，积极引进高级医疗专家和技术人员，通过人才交流和培训项目，提升浙江省医务人员的专业水平（李世超，2023）。借助浙大一院这一国家医学中心平台，聚焦全生命链条，以医院为核心，前端连着基础研究，后端连着转化应用，通过“面上追赶、线上并行、点上突破”策略，实现在医疗领域的跨越式发展（郑文，2023）。第三，增加对基层医疗机构的硬件投资，提升设施和设备水平。同时，应确保医疗设施的合理分布，特别是在偏远地区和农村地区，提高医疗服务的覆盖范围和可及性。第四，借鉴先进的信息技术和远程医疗模式，建立健全的远程医疗网络，实现远程会诊、远程医学教育和远程医疗服务（钮富荣，2023），有助于解决地域医疗资源不均衡问题。第五，形成有效的监督反馈机制，提升政府作为的实效，建立合作项目监测和定期评估制度，将其结果作为改进合作方式和责任领导考核的重要依据。

第五节　浙江省陆海统筹产业发展实绩

1996 年，国家海洋局提出要根据海陆一体化的战略，统筹沿海陆地区域和海洋区域的国土开发。2002 年，浙江省正式实施山海协作工程，以项目合作为中心，以产业梯度转移和要素合理配置为主线，通过发达地区产业向欠发达地区合理转移、欠发达地区剩余劳动力向发达地区有序流动，从而激发欠发达地区经济的活力，推动经济加快发展，提高人民生活水平。2010 年，国家“十二五”规划首次提出陆海统筹，强调要坚持陆海统筹，制定和实施海洋发展战略，提高海洋开发、控制和综合管理能力。2012 年，党的十八大报告首次正式提出建设海洋强国的目标任务。2017 年，党的十九大报告再次强调要坚持陆海统筹，加快建设海洋强国。陆海统筹越来越明确，日益聚焦“区域经济协调发展”“海岸带与海洋综合管理”两大主题。2021 年，《浙江省海洋经济发展“十四五”规划》指出，浙江将构建全省全域陆海统筹发展新格局，推动构建“一环、一城、四带、多联”的陆海统筹海洋经济发展新格局。本书将回顾浙江历次陆海统筹发展政策，检视浙江山海区域产业统筹发展绩效，继而持续推动省域高质量均衡发展。

一、研究方法与案例选择

本节主要诠释山海协作背景下浙江陆海产业协同的层次演进，研究方法采用案例分析，以浙江省及各市、县（区）的陆海产业协同为例，首先分时期、分产业门类陈述陆海产业统筹案例，然后寻找普遍性和特殊性，总结浙江海陆产业统筹过程的层次演进关系。本节案例源于浙江省商务厅等政府机构官网或权威媒体报道，数据来源为浙江省统计局及浙江各级政府机构的相关年报、公报等。

二、2002～2011 年浙江海陆产业协同

浙江早期海陆产业协同，普遍以小尺度范围内的要素整合、技术合作、人员交流等形式进行，主要方向为同一发展层次内部的横向扩张，缺

少大尺度范围内的要素整合与结构创新。2002 年 3 月，浙江省人民政府印发《关于实施“山海协作工程”帮助省内欠发达地区加快发展的意见》，指出坚持政府推动、企业为主、市场运作，以项目、劳务合作为重点，遵循市场经济规律，搞好组织协调和牵线搭桥，积极实施山海协作工程，逐步形成多渠道、多形式、多层次、全方位的区域经济合作格局，促进沿海发达地区与浙西南山区欠发达地区的协调发展，共同繁荣。2009 年，浙江省政府工作报告提出深入实施山海协作工程，提高欠发达地区发展能力。以低收入农户集中村为重点，加大对困难农户的结对帮扶力度，扶持低收入农户发展生产，大力发展来料加工业，支持革命老区、民族地区、偏远海岛和贫困山区困难群众脱贫致富奔小康。坚持保护为先，合理开发利用山区资源，大力发展特色林业和森林旅游等产业，加快建设“山上浙江”。

（一）第一产业

浙江省农业农村厅公布的信息显示，2003 年起，该厅对口援助丽水市庆元县贤良镇农业建设，通过机关党员与贤良村党支部贫困党员一对一结对帮扶，在 4 年时间里投入扶贫资金及物资 263 万元，组织实施了山地养羊、吊瓜栽培、茶叶种植、标准化香菇生产等 20 多个扶贫项目。2006 年，温州市鹿城区组织市农科院专家到仰义乡钟山村开展“联百乡结千村帮万户”结对帮扶活动，就基地种苗、种植生产管理、科学施肥及病虫害防治等问题对种植户进行了技术指导，帮助推进新农村建设。同年，庆元县根据竹产业东西部乡镇发展不平衡的特点，开展东西部乡镇毛竹产业结对帮扶工程，实行“西竹东植”，通过西部乡镇带去资金、技术、经验等，在东部乡镇建立毛竹高效经营示范基地等形式，把西部乡镇先进的毛竹高效经营技术和经验传授给东部乡镇，实现东西部乡镇竹产业的和谐发展。表 2－16 列举了 2002～2011 年浙江省部分农业协作案例。

表 2－16　　2002～2011 年浙江省早期农业协作案例

年份	协作方	协作内容
2003	浙江省农业厅—庆元县	机关党员与村贫困党员结对帮扶助力农业扶贫
2006	浙江省科技厅—江西省	签约农业帮扶项目
2009	温州市农科院—鹿城区	“联百乡结千村帮万户”结对帮扶
2009	庆元县东部—西部乡镇	毛竹产业结对帮扶工程
2009	什邡市—庆元县	食用菌产业结对帮扶

资料来源：笔者整理自各地政府门户网站、新闻报道等。

2004 年，杭州市桐庐县与宁波大学洽谈，加快县水产养殖基地建设，进一步深化双方合作。2007 年，舟山市普陀区以国际水产城为中心，水产所与企业、个体、社区、渔村结成帮扶对子，先后开展送法到船头、培训到渔村等活动；同时集中组织渔业经纪人培训，活跃订单渔业中介市场，拓宽订单渔业发展通道。2008 年，象山县新桥镇海丰村通过对口扶贫工作进行了村自来水库清淤加固、村海淡水养殖池塘清淤、村农民会所建造等工作。同年，象山工商分局积极引导帮扶当地 102 位渔民组建成立象山石浦铜钱礁渔业专业合作社，探求解决渔民自主经营规模小、力量弱，应对风险能力低的问题，解决分散的小规模经营与水产品大市场之间矛盾，推进名优海水鱼类的产业化经营，增加渔民收入。2009 年，岱东镇探索渔区“双网格双服务”模式，在生产前后方构筑服务网络，在全镇营造“关注渔业、关心渔区、关爱渔民”的良好氛围（郑元丹、郑英军，2011）。表 2－17 列举了浙江省部分渔业协作案例。

表 2－17　　2002～2011 年浙江省渔业协作案例

年份	协作方	协作内容
2004	宁波大学—杭州市桐庐县	水产养殖基地建设
2007	普陀区水产城—各经营主体	技能培训与拓展市场结对帮扶
2008	宁波市—象山县海丰村	海淡水养殖池塘维护

续表

年份	协作方	协作内容
2008	象山县—当地渔民	成立象山石浦铜钱礁渔业专业合作社
2009	岱东镇—当地渔区	“双网格双服务”模式

资料来源：笔者整理自各地政府门户网站、新闻报道等。

（二）第二产业

2004年，第五届金华工业科技合作洽谈会提出，要深化与中国科学院、浙江大学等大专院校和科研院所的长期合作关系，推进产学研结合；以“工科会”为平台达成一批科技合作和招商引资项目，引进一批技术、项目、资金和人才；通过举办活动，打响“工科会”品牌，扩大金华的影响，使“工科会”成为集科技合作、招商引资、经贸洽谈、人才引进于一体的综合性盛会和有效配置各种生产要素的综合性平台。2006年，缙云县与浙江工业大学签订科技经济合作协议书，在科技交流、高新技术产业化、共建研究开发机构和人才培养等方面进行合作。2007年，衢州市与浙江工业大学签订全面合作协议，全面展开网上信息交流与合作，共建了浙江工业大学衢州技术转移中心、衢州中专综合性公共实训基地和衢州市技工学校先进制造业实训基地，联合举办了“希望之光”衢州首期科技乡镇长培训班。2009年，衢州市举办第七届工业科企合作洽谈会，发布科技成果，洽谈展示项目，市政府与中国科学院上海有机化学研究所、浙江大学签订科技合作，引进高层次紧缺人才。表2－18列举了2002～2011年浙江省部分工业协作案例。

表2－18　　　　2002～2011年浙江省工业协作案例

年份	协作方	协作内容
2004	中国科学院、浙江大学—金华市	深化与大专院校和科研院所的长期合作关系
2006	浙江工业大学—缙云县	高新技术产业化、共建研究开发机构和人才培养

续表

年份	协作方	协作内容
2007	浙江工业大学—衢州市	技术转移中心、公共实训基地、培训班
2009	中国科学院、浙江大学—衢州市	签约合作，引进高层次紧缺人才

资料来源：笔者整理自各地政府门户网站、新闻报道等。

2002 年，浙江省政府工作报告提出要加快形成具有竞争优势的制造业基地。2003 年，浙江省政府提出关于推进先进制造业基地建设的若干意见，鼓励企业积极采用国际标准和国外先进标准，制定具有国际竞争力、高于现行国家标准的企业内控标准；加快形成垂直整合、水平分工的发展格局，支持形成各具特色的企业联盟，提高中小企业国际合作水平。2007 年浙江省政府工作报告指出突出企业主体地位，加大对自主创新的引导和扶持力度，加快建设先进制造业基地以及对内对外的交流合作。

（三）第三产业

2007 年起，金华市大力建设金华—义乌—永康物流中心与长三角南翼重要陆路物流枢纽，引进金融物流项目，推动金义聚合主轴线。2009 年，东阳市以交通区位优势为主要考虑因素，建设城北工业新区长松岗工业功能区物流中心。同年起，宁波市逐步创新“双主体”运营模式，打破传统的物流服务交易模式，推出 GPS 物流监控平台、企业信息联网、物流金融、海运通、陆运通、空运通、在线交易支付、在线投保、联通四方物流通等物流特色服务，引进资金、人才、技术，培育第四方物流市场。表 2 - 19 列举了 2002 ~ 2011 年浙江省部分物流服务业协作案例。

表 2 - 19　　2002 ~ 2011 年浙江省物流服务业协作案例

年份	协作方	协作内容
2007	金华—义乌—永康	物流中心与物流枢纽、聚合主轴线
2009	宁波市物流企业—银行	“双主体”运营模式，培育第四方物流市场

资料来源：笔者整理自各地政府门户网站、新闻报道等。

2004年，杭州市下城区政府及有关部门、企业与浙江大学、浙江工业大学等高校、科研机构签订了12个科技合作协议。同年，丽水市人民政府与杭州电子科技大学签订了科技合作协议，加强市校合作，促进院校科技成果转化。2005年，杭州市举办西湖博览会“2005杭州科技合作周”余杭区科技合作项目洽谈会，邀请了华中科技大学、浙江大学、西安交通大学、西安电子科技大学、上海交通大学、同济大学、中国科学院半导体研究所等十几家著名高校和科研院所，向区内80多家企业推介了300多项科研成果，并有17个项目在会上签约。截至2006年，余姚市举办“百家企业进浙大”“百名教授进余姚”等活动，振东光电、兴邦高压电器等企业与浙大结成技术联盟。截至2008年，杭州电子科技大学与丽水市遂昌永新化工厂合作的乳化炸药自动化生产线、多家企业的机电一体化项目以及缙云灯具产业的合作取得明显的经济和社会效益。2008年，北大与绍兴市就北大与浙江的科技合作进行了会议与磋商。2009年，北仑区帮扶高新技术企业，开展“高新技术企业认定”宣传培训工作，强化中介服务，强化政策落实，及时解决企业难题，鼓励创新发展。2009年，丽水市庆元县与浙江清华长三角研究院签订共建生态科研中心合作协议，切实打造“中国生态环境第一县”。表2-20列举了2002~2011年浙江省部分高新技术产业协作案例。

表2-20　2002~2011年浙江省高新技术产业协作案例

年份	协作方	协作内容
2004	浙江大学、浙江工业大学—杭州市下城区	科技合作协议
2005	著名高校和科研院所—杭州市余杭区	西湖博览会“2005杭州科技合作周”
2006	浙江大学—余姚市	“百家企业进浙大”“百名教授进余姚”
2008	杭州电子科技大学—丽水市遂昌永新化工厂	乳化炸药自动化生产线、机电一体化项目、缙云灯具产业

续表

年份	协作方	协作内容
2008	北京大学—绍兴市	科技合作
2009	北仑区—高新技术企业	“高新技术企业认定”宣传培训工作与中介服务
2009	浙江清华长三角研究院—丽水市庆元县	生态科研中心

资料来源：笔者整理自各地政府门户网站、新闻报道等。

三、2012 年以来浙江海陆产业协同

浙江省海陆产业发展充分发挥科技创新引领作用，建设产业飞地、推进产业合作，不断优化产业结构，浙江全省范围内都在海陆产业协同方面从政策到实践积累了大量经验。为更好地认识现阶段浙江省海陆产业协作格局，本书遵循“突出重点、兼顾特色”的原则，梳理了 2018 ~ 2023 年浙江省本级涉及海陆产业协作的相关政策法规（见表 2 - 21）和现阶段海陆产业的协作实践。

表 2 - 21　2018 ~ 2023 年浙江省本级海陆产业协作相关政策法规

序号	文件名
1	《工业和信息化部浙江省人民政府共同推进“中国制造 2025”浙江行动战略合作协议实施方案》
2	《浙江省人民政府办公厅关于加快发展海河联运的若干意见》
3	《浙江省大湾区物流产业高质量发展行动计划（2019—2022）》
4	《浙江省推进高水平交通强省基础设施建设三年行动计划（2020—2022 年）》
5	《浙江省义甬舟开放大通道建设“十四五”规划》
6	《浙江省全球先进制造业基地建设“十四五”规划》
7	《中国（浙江）自由贸易试验区条例》

资料来源：笔者根据浙江省人民政府官网整理。

（一）第一产业

浙江省积极推进农业农村改革，深入实施乡村振兴战略和新时代浙江“三农”工作“369”行动，以“三农”的稳和进为全省大局提供坚实支撑。农业农村经济呈现了持续快速发展态势。2012 年，浙江省农业厅印发《浙台农业合作示范基地认定办法》以引进我国台湾地区现代设施农业及新型实用技术、优良品种、现代管理理念、经营模式和人才为主导，建设浙台农业合作示范基地。湖州德清县先锋农机专业合作社由 16 家规模粮食家庭农场、农业公司、种植大户组成，通过整合主体间的农机资源，为农户提供粮食生产全产业链服务，入选 2022 年全国农业社会化服务典型。杭坪镇人民政府与金华市农业科学研究院签订了战略合作协议，深化院地交流合作，携手推进共同富裕，通过“发挥优势加强合作、跨界合作实现共赢”，进一步夯实“三农”产业支撑，强化科技赋能乡村。东阳市以“订单农业”激活村企合作“共富密码”，通过“供销社 + 两委”的多元化合作模式，在巍山古渊头村打造“共享菜园”示范基地，由村级合作社引导农户通过土地流转进入村经济合作社平台，推动公司、基地、村经济合作社和农户融合发展，带动农民增收致富。总体而言，现阶段浙江省的农业山海协作以资本、技术等生产要素的流动整合为主，通过农业经济合作平台，融合村镇、政府、企业、科研院所，打造一体化经营模式。表 2 – 22 列举了 2012 年以来浙江省部分农业协作案例。

表 2 – 22　　2012 年以来浙江省农业协作案例

年份	协作方	协作内容
2012	台湾—浙江省农业厅	合作示范基地
2022	德清县—农业主体	先锋农机专业合作社
2022	金华市农业科学研究院—杭坪镇	深化院地交流合作，夯实“三农”产业支撑，强化科技赋能乡村
2023	东阳市—供销社	“订单农业”“供销社 + 两委”多元化合作模式

资料来源：笔者根据各地政府门户网站、新闻报道等整理而得。

2018年，平湖市与上海理工大学合作实施院地合作项目《水产养殖塘水质综合调控和尾水污染控制技术研究》，将科研院校关于渔业绿色发展的新技术、新模式创新应用到实际养殖生产中，助力传统渔业的现代化生态化改造，加快产业转型升级。2019年，嘉兴嘉善县与浙江省淡水所签约，在生态高效养殖、新品种引进推广、平台建设、渔业绿色发展等方面加强合作联系，促进渔业科技成果转化应用，助推渔业健康养殖示范县和水产健康养殖示范场创建，以及渔业转型发展先行区、现代渔业示范园区和美丽渔场等创建工作，培育渔业科技示范户和新型渔民，提高渔业现代化管理水平，为构建环境友好、资源节约、管理高效的现代生态渔业提供全面的科技支撑。2020年，云和推进云和渔业产业化发展，以管理规范化、经营规模化、生产标准化、产品安全化、营销品牌化“五化”目标，积极培育现代渔业经营主体，扎实推进渔业专业合作社规范化发展。同年，舟山普陀区与东营市海洋与渔业局开展渔业领域合作交流，进一步构建和谐有序的海上环境，拓宽“海上枫桥”覆盖面，促进普陀区渔船管理和渔民海上互助。2022年，霞关渔业合作社“抱团”聚力，投运全县首个整合渔业专业合作社。表2－23列举了2012年以来浙江省部分渔业协作案例。

表2－23　2012年以来浙江省渔业协作案例

年份	协作方	协作内容
2018	上海理工大学—平湖市	水产养殖塘水质综合调控和尾水污染控制技术研究
2019	浙江省淡水所—嘉善县	传统渔业的现代化生态化改造
2020	东营市海洋与渔业局—舟山普陀区	构建和谐有序的海上环境，拓宽“海上枫桥”覆盖面

资料来源：笔者根据各地政府门户网站、新闻报道等整理而得。

（二）第二产业

深层次校地合作是现阶段海陆工业协同的重要表现形式。在新时代高校建设与社会建设背景下，校地合作促进了高校和地方政府资源要素的优化组合和更好流动，弥补了各自资源要素的短缺，达到共赢（王兵、张慧，2022）。2016 年，温州平阳县和中国计量学院签订协议，共建中国计量学院·平阳工业设计研究院，建设文创产品设计中心、机械机电产业研发中心、时尚产业研发中心三大平台，为传统制造企业转型升级和提升竞争力，提供产品设计技术支撑和设备服务。2018 年，浙江桐乡市与湖北工业大学签署校企合作协议，重点通过国家技术转移联盟桐乡工作站和浙江理工大学国家技术转移中心桐乡工作站两大平台，不断挖掘高校与该市企业合作机会，不断推动校企产学研合作。2019 年，浙江余姚工业园区与上海漕河泾经济技术开发区签订战略合作框架协议，聚焦机制创新、产品升级、城市更新、服务集成等领域，加快发展生产性服务业和战略性新兴产业，培育科技创新型企业，推进区域经济高质量发展。2020 年，宁波与哈尔滨工业大学签署合作协议，统筹推进具有科技创新、人才培养、成果转化、企业孵化等综合功能的哈工大创新研究院建设，立足长三角，辐射全国，有效推动区域经济高质量发展。2021 年，金华与巴中合作共建工业协作示范园，聚焦农业农村创新发展、传统工业转型升级、新型服务业协同合作，全面促进两地全方位、宽领域、深层次交流合作。表 2－24 列举了 2012 年以来浙江省部分工业协作案例。

表 2－24　　2012 年以来浙江省工业协作案例

年份	协作方	协作内容
2016	中国计量学院—平阳县	中国计量学院·平阳工业设计研究院
2018	湖北工业大学—桐乡市	校企产学研合作
2019	上海漕河泾经济技术开发区—浙江余姚工业园区	发展生产性服务业和战略性新兴产业，培育科技创新型企业
2020	哈尔滨工业大学—宁波市	哈工大创新研究院
2021	金华市—巴中市	工业协作示范园

资料来源：笔者根据各地政府门户网站、新闻报道等整理而得。

2018 年，《工业和信息化部浙江省人民政府共同推进“中国制造

2025”浙江行动战略合作协议实施方案》指出，加快推进制造业与互联网深度融合发展，建设国家“芯火”双创平台。2019 年，吴兴高新区推动制造业项目分工合作，强化集聚效应，不断向高新区释放制造业项目间的关联效应。2020 年，宁波政银企三方合力，签约首单制造业资金合作计划，有效缓解制造业企业融资难、融资贵问题，而较低的负债水平和较高的创新研发投资有助于强化主要关系（钱爱民、吴春天，2023）。2023 年，金华武义县政校合作，依托上海第二工业大学和武义县政府双方优质资源，建立武义智能制造产业技术研究院，聚焦机器人、工业互联网平台搭建、智能产品研发设计等领域，加速制造业“智能 +”升级。表 2 – 25 列举了 2012 年以来浙江省部分制造业协作案例。

表 2 – 25　　2012 年以来浙江省制造业协作案例

年份	协作方	协作内容
2020	宁波政府—银行—企业	制造业资金合作计划
2023	上海第二工业大学—武义县	智能制造产业技术研究院

资料来源：笔者根据各地政府门户网站、新闻报道等整理而得。

（三）第三产业

2012 年以来，浙江省沿海县市和山区县市聚焦服务业中的海陆产品物流、休闲文化、高新技术服务业，深度推进山海协作工程（见表 2 – 26）。

表 2 – 26　　浙江省第三产业协作案例

地区	协作内容
杭州市	全要素数字贸易生态：数字贸易、数字产业、数字金融、数字物流、数字治理；面向未来发展“智能物联、生物医药、高端装备、新材料、绿色低碳”五大产业生态圈
宁波市	全球海洋中心城市建设；海陆空一体化综合运输体系；“高质量海洋产业汇聚地、高水平海洋科创策源地、高效能海洋治理示范地；综合性港航物流战略枢纽；高品位海洋文化交流中心”

续表

地区	协作内容
温州市	跨境电商生态圈，“海陆空铁”立体物流；温州湾新区“全国民营经济高质量发展示范区、长三角先进制造集聚高地、浙江东南沿海科技创新高地、温州都市区产城融合新城区”
湖州市	海铁联运
嘉兴市	海河联运、海铁联运，高能级海陆空枢纽与重大交通工程建设
绍兴市	加快打造全域开放、海陆联动的大通道枢纽城市；打造“海陆空铁”现代化综合立体交通走廊
金华市	国际陆港枢纽；联通全球的现代物流枢纽
衢州市	物流“海陆空联运”绿色通道
舟山市	现代化“海陆空”立体交通运输体系；滨海城市旅游产业；“海陆联动”养殖；海洋经济转型创新
台州市	临港经济发展平台
丽水市	山海协作产业园

资料来源：笔者根据各地政府门户网站、新闻报道等整理而得。

1. 海陆产品物流服务业

海陆产品物流服务业朝精细化分工和一体化运输服务方向发展。以多式联运为主要组织方式，充分利用运输资源，促进了运输方式合理分工，提高了一体化运输服务水平，降低了运输交易成本和社会物流成本，促进了交通运输绿色发展，提升了经济社会综合效益与产业竞争力（樊一江、谢雨蓉、汪鸣，2017）。

杭州市开展“5433”工程，建成国际性区域交通枢纽，下一步计划打造国际性综合交通枢纽城市；宁波不断强化枢纽带动，持续激发港口硬核力量，完善“海陆天网”四位一体互联互通布局，全面提升枢纽能级，打造辐射全国、链接全球的现代物流服务体系；温州市温州湾新区依托我国东南沿海大通道和全省第二条开放大通道交叉点，积极布局浙南、闽东、赣东“海陆空铁”立体交通枢纽节点；嘉兴市全力推进通苏嘉甬铁路、沪平盐城际、中心城区至县（市）4 条快速路射线建设，支持海河、海铁联运，制定财政补助政策，开通运行首条海铁联运班列；绍兴市加快建设杭甬运河二通道，加快谋划曹娥江大闸出海口船闸，积极发展公水、海河、铁水等多式联运；金华市按照“东联西进北上南出”的开放布局，建成华东国际联运港、义乌国际陆港、金义智慧物流港3大物流产业集聚区，基本形成“集群发展、多点支撑”的物流基础设施空间发展格局，物流设施规模浙江全省领先。台州市发布了“海、陆、空”国际货运新线路，中欧班列（台州）新开“台州—老挝”出口线路和“哈萨克斯坦—台州”进口粮食班列，推进台州制造深耕RCEP市场，助推中亚优质粮食进入台州市供给体系。总体而言，浙江省内海陆产品物流服务业协同发展在山海协作支持下，立足面向全球的交通枢纽，迅速发展成为具有鲜明浙江特色的物流服务业。

2. 休闲文化产业

海陆休闲文化产业协同将文化休闲产业开发从陆域重点延伸到海洋。在转变海洋经济发展方式、拓展新的经济增长空间的背景下，已悄然成为沿海城市发展的软实力与城市形象的重要支撑（刘堃，2011）。浙江省遵循《浙江省海洋经济发展“十四五”规划》《浙江省旅游业发展“十四五”规划》《浙江省海洋旅游发展行动计划（2021—2025）》，以及“数字引领创新发展”“陆海一体协调发展”“人海和谐绿色发展”“内外联动开放发展”“依海富民共享发展”五大基本原则，打造全球游客向往的海上“诗和远方”。具体内容包括：“诗画浙江·海上花园”——中国最佳海岛旅游目的地，“诗画浙江·黄金海岸”——国际滨海旅游度假胜地，“诗画浙江·海上丝路”——新时代海洋文化高地。浙江加快发展海洋经济，建设海洋经济强省，有利于充分发挥浙江沿海地区区位优势、贸易优势和港口优势，利用海洋通道大进大出，在更高层次上实现浙江经济两头在外，从而带动全省开放型经济再跃新台阶（刘缉川，2016）。

宁波市“滨海宁波”文化旅游推介会暨“诗画浙江·百县千碗·甬菜百碗”美食品鉴活动以“顺着运河来看海 闻着书香游宁波”为主题，发布了宁波海洋旅游“十景十态”，充分利用“四海”“四韵”滨海旅游资源，打造宁波“一带二湖三湾百岛”海洋旅游空间布局；奉化区围绕

“美丽大花园”“海岛公园”“诗路文化带”等载体，以“微改造、精提升”方式推动旅游快速高质发展；宁海县以“赋能群众、创造财富、环境友好”的理念打造艺术乡村，探索出全域旅游与美丽乡村建设深度融合的新路。温州洞头区秉持全域旅游发展理念，推进国际旅游百亿工程，发展文旅百亿产业。桐乡市以乌镇为核心，将旅游业与一二三产深度融合，从“观光乌镇”发展为“度假乌镇”。衢州开化县探索构建“美丽环境、美丽经济、美好生活”三美融合、主客共享的全域旅游发展新格局。舟山群岛海洋文化产业在市场驱动和政府主导下，形成二者结合的集群化发展趋势，舟山普陀区基本形成以海岛休闲为基础，佛禅旅游、红色研学、康体养生、运动休闲、旅居度假为特色的现代化海洋旅游产业体系。

3. 产业飞地与高新技术产业

自2019年起，浙江省鼓励沿海经济发达市、县（市、区）在环杭州湾经济区、甬台温临港产业带等重点平台，积极为浙西南山区市、县（市、区），特别是国家级重点生态功能区，谋划建设一批模式新、特色明、效益好的山海协作“飞地”。“飞地”主要有消薄飞地、科创飞地和产业飞地三类，以不同的角度由“海”带动“山”，提升区域协同发展效率。

从“三园三馆”到科创飞地、产业飞地，义乌、莲都深化山海协作，形成从“飞楼”孵化到“飞地＋基地”的枢纽型飞地格局，以“飞地”双方的小循环助力国内大循环，为全国统一大市场建设作出先行示范（施含嫣，2020）；仙居—绍兴滨海新区开展产业飞地建设，全面融入台州临港产业带建设，引育高层次人才、打造高能级研发平台、深化产学研对接；金华磐安县加强与义乌、金义、东阳的沟通衔接，推进“产业飞地”建设，做好特色生态产业平台相关工作；南太湖新区携手丽水庆元县共建“产业飞地”聚焦新能源汽车及关键零部件等主导产业，突出重大项目招引和“双链长”制培育，构建跨区域产业联动机制和产业链体系，形成良性互促模式。还有宁波北仑区和丽水云和县以“产业飞地”孕育产业发展新机遇，浙大之光平湖数字经济产业园加快建设平湖—青田“产业飞地”，金磐打造“产业飞地·金融之家”等案例。

在产业飞地的大力助推下，浙江省围绕环杭州湾建设具有全球影响力的数字产业集群，打造世界级数字湾区；支持杭州打造全国数字经济第一城、宁波创建国家数字经济示范应用城市；鼓励各地加快数字经济特色布局，形成“一湾引领、双城联动、全域协同”发展格局；深化山海协作，谋划建设一批产业飞地、科创飞地和消薄飞地，推动资源要素跨区域流通，助力山区、海岛跨越式发展。在此基础上，杭州市扩大“一带一路”数字经济国际合作，鼓励参与“数字丝绸之路”建设；宁波市深入谋划共建“一带一路”的思路举措，立足链接国内国际双循环，更好发挥经贸合作在国际关系中的“压舱石”和“推进器”作用；推动甬舟一体化、共建海洋中心城市，围绕石化、塑机、生物医药等共性产业，开展产业链对接，加强协同创新，联合组建新材料船舶研究中心，中国科学院宁波材料技术与工程研究所岱山新材料研究和试验基地、海洋生物产业中试研发基地均建成运行，甬舟人才一体化发展飞地（宁波邱隘）建成并吸引了17家舟山高层次人才企业入驻。温州平阳打造包含数字渔业大数据展示、生产经营诚信、智能养殖、溯源管理等功能的“智慧渔场”平台。浙江省人民政府2023年工作报告显示，数字经济核心产业增加值占浙江省生产总值比重从9.5%提高到11.7%，高新技术产业增加值占规上工业增加值比重从40.1%提高到62%。

总体而言，产业飞地建设以政府为主导，具有明确的产业发展定位，实现了多种生产经营要素的聚集，极大促进了产业发展，是海陆产业协同下的重大成果，对于区域经济技术发展变革产生了重要的推动作用。

四、浙江海陆产业统筹发展的纵深演进

纵观浙江省山海协作进入21世纪以来的发展，海陆产业协同趋于更深维度、更大广度、更强力度的方向发展，不断提高对知识、技术要素的重视，以现代化产业迭代或结构转型升级等，促进区域协调发展。东西部

协作从单向的扶贫解困发展到产业合作互助，从“输血”式单一扶贫发展到“造血”型协作发展，取得了显著成效（郑百龙、林戎源，2019）。第一产业从早期的劳动力培训、土地流转、合作社等形式朝现代管理模式和一体化经营发展；第二产业的主要协同方式始终为校地合作，但合作重点从早期的技术转让、专家指导等发展为围绕区域产业重点，通过学科研究带动解决产业共性问题，服务地区经济发展与双方长期、深入、多维联系；第三产业在校地合作、项目签约等形式的基础上朝互联网、大数据、人工智能方向飞速发展，立足全域交通体系和发展轴线，聚合人才、信息、技术等生产要素，建设产业飞地促进产业飞跃式发展；同时，拓展陆域产业空间向海发展，平衡山海协作发展中心，探索新时代创新实践道路（见表2－27）。

表2－27 山海协作背景下浙江省海陆产业协作演进层次

产业部门	2002～2011年	2012年以来
第一产业	劳动力培训、土地流转、合作社	现代管理模式、一体化经营
第二产业	浅层次校地合作、技术转让、专家指导	深层次校地合作，以学科研究带动解决产业共性问题，服务地区经济发展
第三产业	浅层次校地合作、项目签约	互联网、大数据、人工智能，立足全域交通体系和城市发展轴线聚合生产要素，建设产业飞地，陆域产业空间向海发展

构筑陆海产业统筹发展新格局，优化海陆空间布局，是推进蓝色经济区建设的基础环节（徐加明，2012）。因此，要立足现有产业特点，找准当前产业层次，以产业统筹为基础，加大海洋优势产业和高效生态产业的培育力度，加快海洋第一产业、优化发展海洋第二产业和大力发展海洋第三产业，推动陆海产业集聚发展和联动发展。同时，浙江省要把区域优势转化为区域竞争优势和产业融合优势，使之成为崛起于东海沿岸的新的经济增长极，从而最终实现构建现代海洋产业体系的路径转换。

第六节 浙江共同富裕水平演化及其空间分异

共同富裕是社会主义的本质要求，是中国式现代化的重要特征和人民群众的共同期盼（任保平，2021），核心在于必须坚持以人民为中心，解决地区、城乡收入差距，促进人与社会的全面发展进步，增强人民公平感、幸福感与获得感（方世南，2021）。21 世纪以来，中国适应发展阶段新变化和坚持以人民为中心的发展思想，着力加快脱贫攻坚。2020 年 832 个贫困县全部脱贫摘帽，推动共同富裕取得了新成效。1997 年浙江省在全国率先消除贫困县，先后于 2002 年消除贫困乡镇和 2015 年全面突破家庭人均年收入低于 4600 元的贫困困境，成为国内城镇和农村居民人均可支配收入水平最高、城乡收入比最小的省份之一（刘道学、周咏琪、卢瑶，2022）。然而，根据以推动高质量发展为主题着力促进城乡融合和区域协调发展的总体要求，浙江未来亦仍需继续聚焦缩小城乡收入及公共服务能力的差距和区域发展不平衡。

学界探索共同富裕主要聚焦于理论内涵、测度指标及实现路径。首先，共同富裕内涵研究主要从“富裕”“共同”及其实现过程展开。“富裕”不限于物质的丰裕，更着眼于精神生活的富足和精神境界的提升；“富裕”已然是社会发展过程中更均衡分布的物质财富创造、更完善构建的精神文明实现以及更公平共享的社会环境等（李莹洁，2022）。“共同”是指地区、行业、人群、阶层的全面覆盖，主要体现为人民群众作为推进共同富裕的主体及其能动性（龙丹婷，2023）。同时，实现共同富裕作为一个动态过程，其初期目标不排斥财富差异且反对平均主义，高级阶段目标是满足人民群众不断变化的需要和实现人的自由发展。其次，共同富裕的测评体系研究，主要探究定量测度全国、经济区及省域共同富裕演化，形成二元指标（叶志鹏、郑晶玮、李朔严，2022；刘培林等，2021）、三元指标（宋群，2014；罗蓉、何黄琪、陈爽，2022）和针对特殊研究对象的指标（张琦、李顺强，2022），尤以“共同性”和“富裕性”为一级指标并采用熵权法与专家咨询法为二级指标赋权（中国宏观经济研究院课题组等，2023）。最后，共同富裕实现路径研究分别从城乡融合（马骏，2023）、新型城镇化（杨胜利、王金科、黄良伟，2023；张琦、李顺强，2023）、基本公共服务均等化（李实，2021）、跨地区—城市群—都市圈等区域合作（柳建文，2023）、产业升级和增加居民收入等（李超、黄晓雅，2023）层面探究其基本路径。

在高质量发展中促进共同富裕，重点是提高发展的平衡性、协调性和包容性，促进基本公共服务均等化，加强对高收入的规范和调节，促进人民精神生活共同富裕，促进农民农村共同富裕①。这要求学界与政府加强分析共同富裕发展的阶段、水平演变及地区差异，以扎实推进共同富裕。然而，已有实证成果仍多侧重全国（万海远、陈基平，2021）、西部地区（吴桐、张跃平，2023）、长三角（李光亮、谭春兰、郑沃林，2022）、连片特困地区（罗蓉、何黄琪、陈爽，2022）、个别省域共同富裕发展的总体评价（蔡银潇，2023；刘升、刘广菲，2023），尚未从时空视角以地级市为样本分析省域内共同富裕水平及其空间差异，较少实证考察共同富裕的多尺度不平衡和不充分问题。基于此，本书选择浙江各市为分析对象，实证解析其共同富裕水平演变及空间分异特征，以期为推进我国高水平共同富裕的空间协同提供实证支持。

一、区域共同富裕水平测量模型与数据

（一）内涵与衡量指标

区域共同富裕呈现出动态演进的特征，其评价指标设定的科学性、系统性、显著性与可获得性是关键。鉴于共同富裕反映了“公平与效率”

① 习近平．扎实推动共同富裕［J］．求是，2021（20）：1－5.

"共享与发展"的人类社会重要命题，两者间是相互交织且不完全替代关系，故共同富裕评价需采用多维指标（李光亮、谭春兰、郑沃林，2022）。同时，《浙江高质量发展建设共同富裕示范区实施方案（2021—2025 年）》对浙江省共同富裕建设提出了"四大战略定位"以及相应要求。为此，本书从共同富裕内涵与特征出发，借鉴相关研究成果（张琦、李顺强，2022）和参考《浙江高质量发展建设共同富裕示范区实施方案（2021—2025 年）》，主要从共同发展、高质量富裕发展的两个维度，构建共同富裕的测度指标体系，涵盖医疗健康、教育水平、文化享受、生态宜居、区域协调、生产力发展、创新动力、产业结构、消费水平和对外开放的 11 个一级指标及 25 个二级指标（见表 2－28）。

表 2－28　　共同富裕的评价指标体系

维度	一级指标	二级指标	单位	属性	权重
共同发展	医疗健康	每千人拥有执业（助理）医师数	人	+	0.286
		每千人医疗机构床位数	张	+	0.176
		卫生健康支出占一般公共预算支出比重	%	+	0.538
	教育水平	每千人拥有专任教师数	人	+	0.514
		教育支出占一般公共预算支出比重	%	+	0.486
	文化享受	人均拥有公共图书馆藏量	册	+	0.397
		农村居民人均教育文化娱乐消费支出	元	+	0.326
		城镇居民人均教育文化娱乐消费支出	元	+	0.277
	生态宜居	人均公园绿地面积	平方米	+	0.588
		年均 PM2.5 浓度	微克/立方米	－	0.412

续表

维度	一级指标	二级指标	单位	属性	权重
共同发展	经济协调	人均 GDP 差异系数	—	-	0.474
		城乡居民人均可支配收入比	%	-	0.526
	社会保障	社会保障和就业占一般公共服务比重	%	+	0.300
		基本养老保险参保率	%	+	0.303
		基本医疗保险参保率	%	+	0.396
高质量富裕发展	生产效率	人均 GDP 增长率	%	+	0.108
		全员劳动生产率	元/人	+	0.892
	创新动能	人均专利申请授权数	件	+	0.533
		研发投入占 GDP 比重	%	+	0.467
	产业层次	第三产业增加值占 GDP 比重	%	+	0.805
		高新技术产业增加值占 GDP 比重	%	+	0.195
	消费水平	人均社会消费品总额	元	+	0.497
		全体居民人均消费性支出	元	+	0.504
	对外开放	出口额占 GDP 比重	%	+	0.256
		外商直接投资额占全省比重	%	+	0.744

注："属性"列的"+"和"-"分别指该指标为正指标和逆指标。

（二）研究方法

1. 熵权 TOPSIS 法

熵权法是根据各项指标观测值所提供的信息大小来确定指标权重，可避免主观赋权带来的随意性问题。斯图尔特（Stewart，1992）指出，TOPSIS 作为多目标决策方法，可评估方案系统中任何一个方案距离正理想解和负理想解的综合距离。若一个方案距离正理想解越近，距离负理想解越远，则此方案更好。本节具体计算步骤与公式参考（陈明星、陆大道、张华，2009）的研究。运用熵权 TOPSIS 方法对指标进行赋权，量化表征浙江省共同富裕水平，并识别其中关键的要素指标。

2. 探索性时空分析法

探索性时空数据分析（ESTDA）基于传统探索性空间数据分析方法（ESDA）进行了改进。传统的探索性空间数据分析方法用于探测地理事物空间分布的非随机性或空间自相关性，即能够分析各区域空间数据不同属性值之间的空间关系（陶长琪，2012）。探索性时空数据分析方法则在其基础上加入时间维度，可用于描述 2011 ~ 2021 年浙江省市域单元共同富裕发展的时空动态结构，分析其时空演化规律与模式。其中具体运用到包括全域空间相关性、局域空间相关性、LISA 路径与 LISA 时空跃迁等核心方法。

（1）全域空间相关性。全域自相关主要是用于刻画属性值的空间关联及空间分布情况，一般以全局莫兰指数为表征，具体公式为：

$$\text{Moran's I} = \frac{n\sum_{i=1}^{n}\sum_{j=1}^{n}W_{ij}(Z_i - \bar{Z})(Z_j - \bar{Z})}{\sum_{i=1}^{n}\sum_{j=1}^{n}W_{ij}\sum_{i=1}^{n}(Z_i - \bar{Z})^2} \tag{2-5}$$

式（2 -5）中：n 为研究样本城市个数，Z_i 为共同富裕指数值，W_{ij} 为邻接空间权重矩阵。Moran's I 取值范围 $[-1,1]$。其中，$0 < \text{Moran's I} < 1$，表明共同富裕在空间上为正相关的空间集聚状态；$\text{Moran's I} = 0$，表明共同富裕在空间上呈随机分布状态；$-1 < \text{Moran's I} < 0$ 时，则表明共同富裕为空间负相关的空间集聚状态。

（2）局域空间相关性。局域自相关用于描述局部空间要素分布特征。其中，空间联系局域指标（LISA）可度量相邻区域的空间关联关系，并在空间上表现为高—高（HH）、高—低（HL）、低—低（LL）、低—高（LH）四种类型区域。本研究中局域自相关主要作为 LISA 时空分析的前期处理步骤。

（3）LISA 时间路径。LISA 路径通过对 Moran's I 散点图中的单元坐标进行时间上的连续表达，刻画其行动轨迹，以此揭示研究对象在区域间的时空演化规律（Ye & Rey，2013）。LISA 时间路径具体可分解出路径长度、弯度等几何特征，具体计算公式如式（2－6）和式（2－7）所示。其中路径长度表征局部空间结构，长度越长，空间结构更具动态性，反之则更具稳定性；路径弯度表征局部空间结构的波动性，弯度越大，则空间结构的依赖性越强，即受相邻空间区域影响越大。运用 LISA 时间路径能够解释浙江省局部区域共同富裕发展的空间异质性与动态性及空间相互作用。

$$L_i = \frac{n\sum_{t=1}^{T-1} d(L_{i,t}, L_{i,t+1})}{\sum_{i=1}^{n}\sum_{t=1}^{T-1} d(L_{i,t}, L_{i,t+1})} \tag{2-6}$$

$$C_i = \frac{\sum_{t=1}^{T-1} d(L_{i,t}, L_{i,t+1})}{d(L_{i,t}, L_{i,t+1})} \tag{2-7}$$

式（2－6）与式（2－7）中：n 表示样本城市数量，T 表示研究时段跨度，$L_{i,t}$表示 i 城市在 t 年的 LISA 坐标，$d(L_{i,t}, L_{i,t+1})$ 表示城市在 $t \sim t+1$ 年 LISA 坐标移动距离。

（4）LISA 时空跃迁。LISA 通常应用于分析地理要素的空间依赖特征，而 LISA 时空跃迁则主要是进一步反映空间单元与相邻单元空间关系随时序变化所产生的形态转变特征（Rey & Janikas，2006）。其具体可分为四种形态类型，如表 2－29 所示，其中，类型一和类型二属于单向跃迁类型，类型三为协同跃迁类型，类型四为惰性跃迁类型。据此，本研究主要借助 LISA 时空跃迁方法分析浙江省共同富裕发展时空演化动态性。

表 2－29　　LISA 时空跃迁的划分类型

时空跃迁类型	时空跃迁特征
类型一：仅本空间单元发生跃迁	$HH_t \to LH_{t+1}$，$HL_t \to LL_{t+1}$，$LL_t \to HL_{t+1}$，$LH_t \to HH_{t+1}$
类型二：仅相邻空间单元发生跃迁	$HH_t \to HL_{t+1}$，$HL_t \to HH_{t+1}$，$LL_t \to LH_{t+1}$，$LH_t \to LL_{t+1}$

续表

时空跃迁类型	时空跃迁特征
类型三：本空间单元与相邻空间单元均发生跃迁	$HH_t \to LL_{t+1}$，$HL_t \to LH_{t+1}$，$LL_t \to HH_{t+1}$，$LH_t \to HL_{t+1}$
类型四：本空间单元与相邻空间单元均保持稳定	$HH_t \to HH_{t+1}$，$HL_t \to HL_{t+1}$，$LL_t \to LL_{t+1}$，$LH_t \to LH_{t+1}$

（三）数据来源

本节以浙江省 11 个城市（杭州、宁波、温州、金华、嘉兴、湖州、舟山、台州、绍兴、衢州及丽水）为样本单元。主要数据源于 2012 ~ 2022 年的《中国城市统计年鉴》《浙江省统计年鉴》及浙江省 11 市的统计年鉴及其历年统计公报。为了保证数据完整性，若个别年份部分相关数据存在缺失，则主要通过线性插值法补齐可使用数据。

二、浙江省共同富裕水平的演化特征

（一）省域共同富裕水平的总体趋势

运用 TOPSIS 方法测度 2011 ~ 2021 年浙江省 11 市的共同富裕指数，结果如表 2 – 30 所示。

表 2 – 30　2011 ~ 2021 年浙江省共同富裕和单项指标得分变化趋势

项目	2011 年	2012 年	2013 年	2014 年	2015 年	2016 年	2017 年	2018 年	2019 年	2020 年	2021 年
共同富裕指数	0. 188	0. 223	0. 228	0. 245	0. 251	0. 265	0. 295	0. 291	0. 312	0. 318	0. 355
医疗健康	0. 118	0. 178	0. 153	0. 176	0. 196	0. 224	0. 215	0. 215	0. 245	0. 277	0. 294
教育水平	0. 501	0. 565	0. 534	0. 521	0. 506	0. 493	0. 513	0. 477	0. 472	0. 502	0. 516

续表

项目	2011年	2012年	2013年	2014年	2015年	2016年	2017年	2018年	2019年	2020年	2021年
文化享受	0.224	0.268	0.266	0.293	0.340	0.392	0.453	0.498	0.565	0.548	0.696
生态宜居	0.358	0.436	0.382	0.371	0.438	0.501	0.543	0.592	0.622	0.655	0.690
经济协调	0.599	0.608	0.697	0.697	0.701	0.714	0.715	0.721	0.724	0.769	0.731
社会保障	0.229	0.361	0.422	0.540	0.438	0.459	0.513	0.471	0.478	0.408	0.391
生产效率	0.139	0.139	0.157	0.170	0.181	0.214	0.229	0.250	0.326	0.317	0.391
创新动力	0.191	0.247	0.263	0.257	0.302	0.285	0.265	0.335	0.342	0.431	0.487
产业层次	0.048	0.047	0.047	0.697	0.047	0.047	0.116	0.048	0.052	0.058	0.061
消费水平	0.150	0.213	0.273	0.332	0.389	0.446	0.507	0.562	0.642	0.610	0.728
对外开放	0.208	0.204	0.202	0.201	0.200	0.195	0.195	0.196	0.196	0.204	0.210

注：各项得分均为各城市相关指标2011～2021年的均值。

由表2-30可知：（1）2011～2021年浙江省各城市共同富裕发展呈现显著上升趋势，共同富裕指数均值由2011年的0.188，上升至2021年的0.355，涨幅达88.83%。（2）共同富裕一级指标的贡献度呈现差异化。其中，经济协调的得分长期保持较高水平，其对共同富裕发展具有持续的高贡献度，有力地表征了浙江缩小城乡、区域经济差距取得显著成效，并趋向促进相对高质量的共同富裕；文化享受与生态宜居的得分亦不断提高，其对共同富裕发展的贡献度有所增加，凸显了城乡民众在物质财富达到一定水平后，开始普遍追求精神愉悦富足、人地和谐共存的价值取向。这正契合了新时代共同富裕的多样化内涵与人民需求多元的特征；产业层次与对外开放的得分均值则相对较低且增长缓慢，尚未充分发挥出应有的促进作用，需要进一步提升产业层级和促进对外开放。

（二）省域内共同富裕的等级差异

通过选择2011年、2016年和2021年三个截面，利用ArcGIS10.2中的自然断点法划分浙江省 11 个城市共同富裕指数，进一步刻画省域范围内中观尺度的共同富裕发展演变差异，可知浙江省以杭州、宁波、温州等中心城市为辐射带动引擎的主要地区，其共同富裕水平从低到高，可划分为五个等级（见表 2－31）。

表 2－31　2011～2021 年浙江省共同富裕指数分级

年份	较低水平	中下水平	中等水平	中上水平	较高水平
2011	丽水市、衢州市	台州市、温州市	嘉兴市、湖州市、舟山市、绍兴市、金华市	宁波市	杭州市
2016	丽水市、衢州市	湖州市、台州市、温州市	舟山市、绍兴市、金华市	宁波市、嘉兴市	杭州市
2021	丽水市、衢州市	湖州市、台州市	舟山市、金华市、温州市	宁波市、嘉兴市、绍兴市	杭州市

浙江省各城市共同富裕发展具有显著的梯度分级特征，总体呈现浙北高、浙南低的基本格局。其中，杭州、宁波及温州等三大中心城市及其邻近地区的共同富裕水平发展演化特征是：

（1）杭州处于浙江省较高共同富裕水平梯度。作为长三角区域副中心城市之一、省会城市及杭州都市圈的核心城市，杭州具有城市建设、产业发展、公共服务等方面的突出优势，已成为浙江高质量发展建设共同富裕示范区城市范例。自 2010 年浙江省提出“物质富裕、精神富有”目标和实施“创业富民、创新强省”的总战略以来，杭州市通过深入推动基于区县协作的交通、旅游、科技、文创、人才及现代服务业的“六大西进”行动，促进市区的优质资源向县市辐射和延伸，以加快城区与邻近五个县（市）共建产业集聚平台，进而实现城乡统筹发展和共同富裕。同时。通过行政区划调整，即富阳、临安撤市设区，弱化行政边界刚性约束，实现资源重新配置和促进基础设施互联互通，从而加强杭州城区与市域西南山区的功能联系。与杭州邻近的嘉兴和绍兴共同富裕指数分别从 2011 年的

0.201、0.183 提升至 2021 年的 0.365、0.369，达到共同富裕中上水平。其他邻近城市的共同富裕发展则呈现相对停滞（衢州）或略有下降趋势（湖州）。

（2）宁波的共同富裕发展较为稳定，处于中上水平梯度。宁波是长三角一体化发展的重要节点城市和浙江省第二大中心城市。近年，通过推进宁波都市圈同城化战略和《宁波高质量发展建设共同富裕先行市行动计划（2021—2025 年）》，精准聚焦强化民营经济和制造业与外贸业的优势以及释放经济高质量发展新动能，优化初次分配和坚持就业优先，聚焦山区海岛和推动乡村绿色发展，补齐幼教医等公共服务短板及建设 15 分钟品质文化生活圈等共富“七条跑道”，实现了城市迈入共同富裕中高水平。同时，舟山市 2011 ~ 2021 年保持相对较高的共同富裕发展水平，其均值达 0.261，迈上浙江省中等水平。虽受制于海岛破碎地形而难以高效开展城市建设与经济活动，但舟山依托全省“山海协作”战略工程，加快海岛旅游业发展与海洋经济转型，使其共同富裕获得了长足发展。

（3）温州虽为长三角南大门区域中心城市和浙江省的第三大经济中心城市，但其共同富裕水平相对滞后。其共同富裕指数由 2011 年的 0.134（中下水平梯度）提升至 2021 年的 0.344，达到省域内共同富裕的中等水平。相较而言，温州共同富裕发展水平提升慢于其经济规模实力的增长。自 20 世纪 90 年代起，该市曾受益于“农村工业化 + 乡村城镇化”的著名温州发展模式，本土民营经济得以快速崛起和壮大。然而，进入 21 世纪以来，温州总体发展出现疲软放缓，尤其受 2011 年温州区域性金融危机等不利影响，导致其与杭州和宁波的综合发展差距逐渐拉大（叶志鹏、郑晶玮、李朔严，2022）。为此，温州亟须根据高质量发展目标要求，对发展动力不足、产业转型困难及文教卫等公共服务能力偏弱等进行综合施策（谢宜泽、胡鞍钢，2022），提升核心—腹地的整体共同富裕发展。

三、浙江省共同富裕水平变化的空间分异

（一）全局空间自相关

通过进一步对2011～2021年浙江省各市共同富裕指数全局自相关性进行分析，得到其Moran's I变化结果（见表2－32）。浙江省各市Moran's I统计值大于0，并通过了显著性检验。全局Moran's I从2011年的0.239波动下降至2021年的0.174，表明浙江省共同富裕水平发展具有显著的正空间相关性，且近年来呈现出相对扩散的态势。

表2－32　2011～2021年浙江省共同富裕的Moran's I变化情况

项目	2011年	2012年	2013年	2014年	2015年	2016年	2017年	2018年	2019年	2020年	2021年
Moran's I	0.239**	0.172**	0.199**	0.271***	0.184**	0.199**	0.149*	0.188**	0.207**	0.152**	0.174*
P值	0.017	0.037	0.02	0.009	0.02	0.015	0.066	0.011	0.025	0.015	0.054
Z值	2.592	2.049	2.466	2.895	2.519	2.524	1.686	2.583	2.347	2.525	1.697

注：*、**、***分别表示统计量在10%、5%、1%水平显著。

（二）局域空间自相关

获取2011年和2021年浙江省11个城市共同富裕指数局部Moran's I散点图中的LISA坐标位置，计算各城市LISA时间路径的相对长度与弯曲度（见表2－33），并以此来揭示浙江省共同富裕发展的局部空间结构动态性和空间依赖方向波动性等时空差异特征。

表2－33　浙江省各市共同富裕LISA时间路径相对长度与弯曲度

城市	路径相对长度	长度排序	弯曲度	弯曲度排序
金华	2.060	1	21.927	1
杭州	1.481	2	7.655	6

续表

城市	路径相对长度	长度排序	弯曲度	弯曲度排序
舟山	1.276	3	7.788	5
丽水	1.065	4	15.977	2
嘉兴	0.845	5	5.274	10
绍兴	0.836	6	7.070	7
湖州	0.832	7	11.385	4
衢州	0.795	8	15.742	3
宁波	0.705	9	6.250	8
温州	0.589	10	2.718	11
台州	0.516	11	5.714	9

浙江省各城市共同富裕 LISA 时间路径长度均值为 1。其中，时间路径长度大于均值的城市共计 4 个，分别为金华（2.060）、杭州（1.481）、舟山（1.276）与丽水（1.065），占样本城市总量的 36.36%，表明 4 城市的共同富裕发展存在较强的局部空间结构动态性。其主要原因是，金华借助电子商务热潮结合乡镇工业，拓展乡村产业，增加农村居民收入，促进城乡协调；杭州共同富裕发展需加强其南部山区 4 县（市）的协调合作，因而其共同富裕发展具有较强的波动性；舟山、丽水分别作为海岛城市和山区城市，具有临海、生态环境优势，加之浙江省山海协作工程的大力推行，城市经济社会发展的后发优势逐渐凸显，推动了产业结构调整和升级、人民生活水平提高，亦呈现较强的局部空间结构动态性。与此不同，时间路径长度最短的城市为台州（0.516），表明该城市共同富裕水平在研究时段内呈现出相对稳定的空间结构。

浙江省各城市共同富裕 LISA 时间路径弯曲度均值达 9.773。该数值充分表明各城市共同富裕发展已形成一定的空间相互依赖关系。其中，路径弯曲度大于均值的4个城市集中分布于浙中及浙西南，包括金华（21.927）、丽水（15.977）、衢州（15.742）与湖州（11.385），占样本城市总量的36.36%。金华位于浙江省的几何中心，毗邻多个城市，作为杭长与金丽温两条高铁线路的交会枢纽，连接起浙东北与浙西南两大经济地带，形成与其他城市间的较强空间联系；丽水、衢州因较易承接杭州等核心城市经济社会发展的空间溢出效应，形成了相对较强的中心—腹地空间依赖关系；需要指出的是，时空路径弯曲度最小的城市为温州（2.718）。该市受制于地缘上的“孤立性”，不仅距沪杭甬等更强功能中心城市较远，且其周边市县的产业能级相对偏弱，故而温州与其周边地区的共同富裕发展尚缺乏密切的空间作用关系。

为了进一步刻画浙江省各市共同富裕的不同类型间相互迁移的过程与特征，通过LISA时空跃迁分析方法，得到的结果如表2－34和图2－6所示。

表2－34　浙江省各市局部莫兰指数的转移概率矩阵

状态	HH_{t+1}	LH_{t+1}	LL_{t+1}	HL_{t+1}	类型	个数	比例
HH_t	0	3（嘉、金）	0	0	一	3	27.27%
LH_t	0	2（湖、台）	0	1（绍）	二	0	0
LL_t	0	0	3（温、丽、衢）	0	三	1	9.09%
HL_t	1（舟）	0	0	2（杭、宁）	四	7	63.64%

2011～2021年浙江省各市共同富裕局部结构相对稳定，多数城市在共同富裕发展过程中未产生显著状态转移。其中，共同富裕发展有7个城市未发生时空跃迁（即类型四），呈现惰性跃迁状态，占样本城市总数的63.64%。4个城市发生时空跃迁（即类型一、类型二、类型三），占总体的36.36%。具体分析如下：

（1）据未发生时空跃迁的结果分析，湖州和台州为稳定的$LH_t \rightarrow LH_{t+1}$类型，杭州和宁波为稳定的$HL_t \rightarrow HL_{t+1}$类型。它们作为两类消极跃

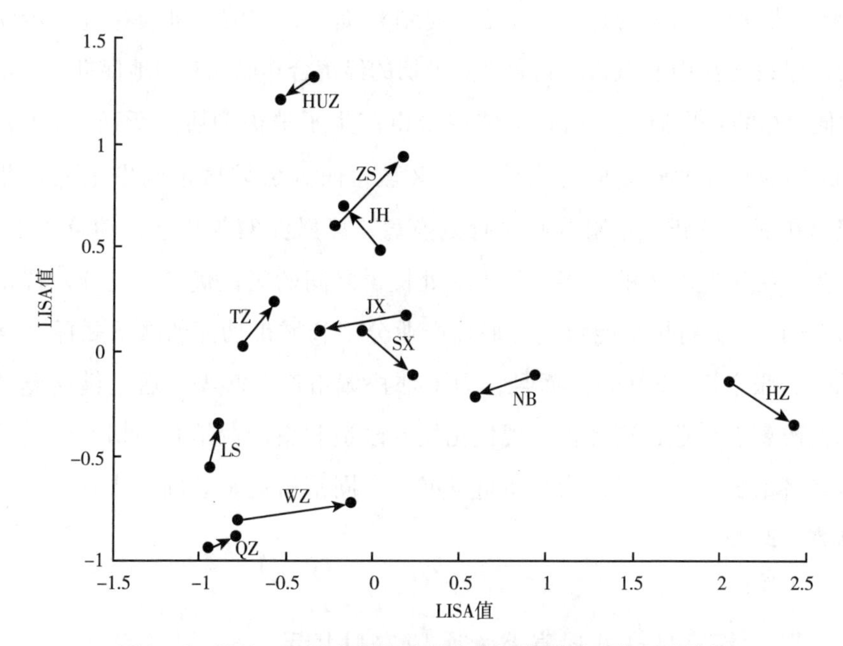

图 2-6 2011~2021 年浙江各城市共同富裕的时空跃迁特征

注：HZ 表示杭州，WZ 表示温州，SX 表示绍兴，TZ 表示台州，NB 表示宁波，JX 表示嘉兴，ZS 表示舟山，HUZ 表示湖州，JH 表示金华，QZ 表示衢州，LS 表示丽水。

迁类型，反映出高值城市与邻域低值城市之间并未形成正向的互动关系，甚至较大可能存在高值城市对低值城市经济的虹吸作用，并形成一定的“马太效应”。同时，也反映了部分城市共同富裕发展存在惰性状态，原因可能是经济要素的空间配置存在路径依赖特征，未能有效组合促进城市间及其内部共同富裕水平的协同提升。另外，温州、丽水与衢州表现为 $LL_t \rightarrow LL_{t+1}$，表明浙东南和浙西南地区共同富裕发展形成了稳定的低值集聚区，共同富裕发展的新动力相对偏弱。

（2）据时空跃迁类型发生变化的结果分析，嘉兴、金华和舟山均为单向跃迁类型。其中，嘉兴和金华表现为自身的高值向低值的消极跃迁（$HH_t \rightarrow LH_{t+1}$）；舟山表现为邻域城市宁波的持续高值，且自身也转向高值状态的积极跃迁（$LH_t \rightarrow HH_{t+1}$）。长期以来，宁波与舟山地域相接，依托港口资源的整合优势，推动了两城产业化与城镇化的快速发展。

《浙江省海洋经济发展“十四五”规划》提出，宁波、舟山将进一步联动，建设海洋中心城市，甬舟之间密切的经济合作联动有力地促进了舟山共同富裕的正向跃迁。绍兴与邻域城市产生了消极型协同跃迁（$LH_t \to HL_{t+1}$），即绍兴逐渐成为高值集聚区域，而其邻域城市则发生低值集聚。在浙江省新一轮制造业“腾笼换鸟、凤凰涅槃”攻坚行动背景下，作为传统工业城市的绍兴，利用地处杭甬之间的区位优势，充分发挥了“双城记”金扁担功能角色，加强产业分工和城市功能的融杭联甬（何鹤鸣、张京祥，2018）。而且，为了加快城市产业转型，通过供给侧结构性改革、企业亩产评价、现代化技术改造和新产业培育，切实转变地区经济增长方式，可以为高质量发展与共同富裕奠定基础（朱培梁、黄佳卉，2022）。

四、持续提升共同富裕水平的空间抓手

2011～2021年，浙江省共同富裕整体水平不断提升，由2011年的0.188上升至2021年的0.355。分维度来看，经济协调、文化享受与生态宜居三个指标对浙江省各城市共同富裕发展具有相对较高的贡献水平；相对来说，产业层次与对外开放得分较低，对浙江省共同富裕发展的促进作用尚未凸显。

浙江省共同富裕发展具有空间异质性，呈现梯度分级特征。总体上形成以杭州、宁波为双核，由东北向西南递减的发展格局。杭州与宁波共同富裕发展长期稳定处于较高水平梯度与中上水平梯度，并且其大多数邻近城市（绍兴、嘉兴、舟山）的共同富裕发展水平亦在稳步提升。浙西南地区城市共同富裕发展相对滞后，温州作为区域第三极明显“缺位”，其他城市因区位劣势发展相对落后于东北部城市。

浙江省共同富裕发展具有显著空间关联特征，并且逐步呈现出空间分散发展态势。时间路径长度反映出金华、杭州、舟山与丽水等城市局

部空间结构波动较大，而台州长期以来保持一个稳定的空间结构。时间路径弯曲度反映出浙西南的衢州与丽水以及浙中的金华共同富裕发展具有较强的空间依赖性，温州则因其城市发展的“孤立”呈现相对较弱的空间依赖性。部分城市表现为惰性跃迁的空间跃迁类型，具有局部锁定与路径依赖特征，尤其浙西南衢州、丽水和温州均为 $LL_t \rightarrow LL_{t+1}$ 跃迁类型，形成稳定的低值集聚区。其余城市共同富裕发展虽产生单向跃迁或协同跃迁，但多以消极型跃迁为主，城市之间形成“虹吸效应”或“马太效应”的互动关系，未能有效实现区域整体共同富裕水平的正向提升。

基于研究结果，本书对进一步推动浙江省未来共同富裕发展，提出三方面政策建议：

（1）继续保持各城市经济增长的中高速发展态势。生产力的高度发达是实现共同富裕的物质与经济基础。浙江民营经济发达，有利于稳定宏观经济、缩小收入差距与催生经济动力，是实现共同富裕关键优势之一。对于各城市来说，尤其是温州、台州等城市应利用好民营经济优势，为区域增加就业渠道和就业机会，扩大中等收入群体比重。同时，应加强技术、制度创新，实现产业转型和创造新的经济增长点。

（2）加强对于浙西南城市的支持力度，实现浙江共同富裕水平的整体跃迁。西南部地区是目前浙江共同富裕发展的冷点区域。丽水、衢州的区位劣势使其整体发展落后于浙东北城市，所面临的区域差距、人群差距和城乡差距的区域挑战相对较大。所以，从省域层面应该加大对该地区的政策扶持和转移支付力度，为其创造良好的外部政策环境。而地方政府层面应该重视地方的生态优势，坚持“绿水青山就是金山银山”的理念，将生态优势转化为经济优势，大力发展绿色生态产业和现代农业，有效促进浙江西南部城市与东北部城市间差距趋于收敛。

（3）以突破路径锁定与孤立式发展为目标，加强不同能级城市间的协作。对浙江省各城市共同富裕进行探索性时空分析发现，部分城市在发展中表现出类型跃迁惰性，表明经济要素在地理空间中呈现黏性。此外浙西南城市之间的联系较弱，多为孤立式的发展状态。浙江省不同能级城市间差距逐渐拉大，对此应先缩小城市间相对差距，减缓差距扩大的速度，促进发展相对滞后城市的产业升级与经济增长。此外，要增强城市之间的互动联系，促进生产要素自由流动，高能级城市应对邻近城市发挥集核辐射带动作用，实现城市之间共同富裕的协同正向跃迁。

第三章

浙江陆海区域协调发展政策的经验

伴随浙江沿海经济快速增长与城市化快速发展，浙江陆域资源供给日益紧张，利用海洋空间缓解陆域人口—资源—环境—发展的不协调问题成为历届浙江省委、省政府及浙江沿海县市政府迫切要务。解决浙江陆域、海岸海洋的统筹利用问题，需要纲领性政策指导。浙江省“十二五”以来，贯彻“陆海统筹”国家战略，建立了系统的、完善的陆海区域协调发展政策。本章首先重点分析生态文明理念下浙江省实施“主体功能区规划”进程中探索兼顾生态环境保护与经济效益的政策实践，其次简析浙江省开展“山海协作工程”政策实践中统筹沿海带动山区发展的经验，最后聚焦乡村振兴、海洋生态保护与人口变化政策实践诠释浙江省“八八战略”提出以来，海陆统筹发展相关政策的可借鉴之处，以启迪未来浙江陆海区域协调发展政策研制。

第一节　陆海协作的陆域均衡发展实践——主体功能区视角

一、主体功能区概念的提出及分类

（一）主体功能区概念的提出及演进

主体功能区概念的提出与新中国成立以来我国区域与空间规划的发展

历程密切相关（谢地、王圣媛，2023）。新中国成立以来，我国国土空间开发经历了从平衡发展（1949～1978年），向东部倾斜的不平衡发展（1979～1990年），向区域协调发展战略全面实施（1990年至今），再向区域协调发展战略、区域重大战略、主体功能区战略并重转变的发展历程（靳利飞等，2023）。主体功能区概念诞生于改革开放后，我国发展重心转向经济的增长，地方发展进程中资源、产业、人口失衡等问题日益凸显，国土空间规划亟须探索可持续发展新路径。

2005年，国家"十一五"规划纲要正式指出，我国要构建以主体功能区为框架的区域发展新格局。2010年，党的十七届五中全会明确提出国家实施主体功能区战略。2011年，国务院正式印发《全国主体功能区规划》指导各省、自治区、直辖市政府贯彻落实新时代国土空间规划方案。党的十八大报告等文件进一步将推进主体功能区战略确定为生态文明建设的重要任务之一，主体功能区战略被赋予指导、引领国土空间开发新格局的国家战略的地位。2015年，国务院印发《全国海洋主体功能区规划》，补充与完善了覆盖全部国土面积的主体功能区规划方案。通过约束性指标管控与多层级传导、差异化用途管制的政策制定，主体功能区以县级行政区划为单位，划分覆盖全国和省级、陆域和海域的生产生活与生态空间，差异化配置资源要素，为空间治理体系的构建提供战略指向和制度保障（黄征学等，2023）。主体功能区战略是形成国土空间开发保护总体格局的基本依据和完善区域治理体系的重要指引（樊杰，2007；陈磊，2022），体现了我国社会经济发展观的变迁与创新（孙姗姗、朱传耿，2006；盛科荣、樊杰、杨昊昌，2016）。

（二）主体功能区的基本概念与分类

主体功能区是我国为规范空间开发秩序，促进区域协调发展，在区域开发适性评价的基础上，由中央和地方政府共同协商划定和推动实施，凸显开发导向并在大区域中承担特定主体功能的区域。国家主体功能区划覆盖全部海、陆国土空间，并具有较强的约束力和较长的目标年限。国土空间开发遵循自然条件适宜性和资源环境承载能力进行主体功能分区，控制开发强度，调整空间结构、提供生态产品。《全国主体功能区规划》中，按开发方式，我国国土空间可分为优化开发区域、重点开发区域、限制开发区域和禁止开发区域四类，如表 3－1 所示；根据开发内容划分，又可以分为城市化地区、农产品主产区和重点生态功能区；按照主体功能区的层级划分，可以分为国家和省级两个层面。

表 3－1　　主体功能区分类及特点

类型	分类标准	特征
优化开发区	国土开发密度高、资源环境承载能力开始减弱的区域，是人口和经济密集城市化区域	（1）承载大量的人口和经济活动；（2）发展条件和基础较好，区域竞争优势明显；（3）进一步发展受到环境容量限制；（4）产业结构优化升级和经济持续增长的压力较大
重点开发区	资源环境承载能力较强、人口和经济集聚条件较好的城市化区域	（1）具有较好的资源环境条件和经济社会发展潜力；（2）对全国和区域经济社会发展具有主导作用；（3）具有承接人口集聚和产业转移的条件和能力；（4）区域基础设施水平需进一步改善
限制开发区	资源环境承载能力较弱，集聚经济和人口条件不够好，关系到全国或较大区域范围生态安全的区域	（1）自然条件差，经济社会发展水平低；（2）具有明显生态保障功能；（3）开发成本和开发后修复成本较高；（4）人类活动超过了当地资源环境承载能力
禁止开发区	依法设立的各类自然、文化保护区域	（1）广泛分布于其他三大区域类型中；（2）具有重要的自然生态和人文价值功能；（3）大多具有较好的旅游休闲开发价值；（4）保护和脱贫之间存在尖锐矛盾

资料来源：《全国主体功能区规划》。

二、浙江省主体功能区战略概况

（一）浙江省主体功能区规划颁布时间

2013年，在《全国主体功能区规划》指导下，浙江省政府印发《浙江省主体功能区规划》，以"以人为本""尊重自然""优化格局""海陆联动"为四大基本原则，推进省内陆域主体功能区划分。2017年，浙江省颁布了《浙江省海洋主体功能区规划》，以提高海洋资源开发能力，发展海洋经济，促进陆海统筹。

（二）浙江省主体功能区类型与分布

浙江省根据省域内发展特点，在国土开发综合评价的基础上，以县级行政单位为基本单元，划分优化开发区、重点开发区、限制开发区和禁止开发区等四类区域，并将限制开发区域细分为农产品主产区、重点生态功能区和生态经济地区，形成全省陆域主体功能区的布局，如表3－2所示。

表3－2　浙江省陆域空间主体功能区分布

区域类型	区域特征	设市区	分布范围
优化开发区	城市化水平较高、经济规模较大、区域一体化基础较好、科技创新能力较强的地区	杭州市	上城区、下城区、江干区、拱墅区、西湖区、滨江区、萧山区、余杭区、富阳市
		宁波市	海曙区、江东区、江北区、北仑区、镇海区、鄞州区、余姚市、慈溪市
		嘉兴市	南湖区、秀洲区、嘉善县、海宁市、桐乡市
		湖州市	吴兴区、南浔区、德清县、长兴县
		绍兴市	越城区、绍兴县、上虞市
		舟山市	定海区

续表

区域类型		区域特征	设市区	分布范围
重点开发区		经济基础较强、具有一定的科技创新能力和较好的发展潜力、城镇体系初步形成的城市化地区	温州市	鹿城区、瓯海区、龙湾区、洞头县、平阳县、苍南县、瑞安市、乐清市
			宁波市	象山县、宁海县、奉化市
			绍兴市	诸暨市、嵊州市
			金华市	婺城区、金东区、兰溪市、义乌市、东阳市、永康市
			舟山市	普陀区、岱山县
			衢州市	柯城区
			台州市	椒江区、黄岩区、路桥区、玉环县、温岭市、三门县、临海市
			丽水市	莲都区
限制开发区	国家农产品主产区	具备较好的农业生产条件的地区，但限制大规模高强度工业化城市开发的区域	嘉兴市	平湖市、海盐县
			衢州市	衢江区、龙游县、江山市
	省级重点生态功能区	生态系统十分重要，关系到全省乃至更大范围生态安全的区域，应限制工业化城市化开发，保持并提高生态产品供给能力的区域	杭州市	淳安县
			温州市	文成县、泰顺县
			金华市	磐安县
			衢州市	开化县
			丽水市	遂昌县、云和县、庆元县、景宁畲族自治县、龙泉市
	省级生态经济地区	生态服务功能较为重要，但有一定的资源环境承载力，在保护生态的前提下可适度集聚人口和因地制宜发展产业的地区	杭州市	桐庐县、建德市、临安市
			温州市	永嘉县
			湖州市	安吉县
			绍兴市	新昌县
			金华市	武义县、浦江县

续表

区域类型		区域特征	设市区	分布范围
限制开发区	省级生态经济地区	生态服务功能较为重要，但有一定的资源环境承载力，在保护生态的前提下可适度集聚人口和因地制宜发展产业的地区	衢州市	常山县
			台州市	天台县、仙居县
			舟山市	嵊泗县
			丽水市	青田县、缙云县、松阳县
禁止开发区		特殊自然资源和文化遗址所在地，具有重要生态安全价值的区域等	分布于优化开发区域、重点开发区域和限制开发区域内	

资料来源：《浙江省主体功能区规划》。

浙江省根据海域自然资源禀赋与社会经济发展需要，将海洋空间划分为优化开发区、限制开发区与禁止开发区，具体分布如表 3-3 所示。

表 3-3　　浙江省海域空间主体功能区分布

区域类型	区域特征	主要分布范围
优化开发区	现有开发强度较高，资源环境约束较强，产业结构亟须调整和优化的海域	杭州市：萧山区 宁波市：北仑区、镇海区、象山县、余姚市、慈溪市 温州市：鹿城区、龙湾区、洞头区、瑞安市 嘉兴市：海盐县、海宁市、平湖市 绍兴市：柯桥区、上虞区 舟山市：定海区、普陀区、岱山县 台州市：椒江区、路桥区、玉环市、三门县、温岭市、临海市
限制开发区	以提供海洋水产品为主要功能的海域，包括用于保护海洋渔业资源和海洋生态功能的海域	宁波市：宁海县、鄞州区、奉化区 温州市：平阳县、苍南县、乐清市 舟山市：嵊泗县

续表

区域类型	区域特征	主要分布范围
禁止开发区	维护生物多样性、保护典型海洋生态系统以及对维护国家主权权益具有重要作用的海域	韭山列岛国家级海洋生态自然保护区、南麂列岛国家级海洋自然保护区、五峙山省级海洋鸟类自然保护区；马鞍列岛国家级海洋特别保护区、中街山列岛国家级海洋特别保护区、渔山列岛国家级海洋生态特别保护区、西门岛国家级海洋特别保护区、大陈省级海洋生态特别保护区、披山省级海洋特别保护区、洞头南北爿山省级海洋特别保护区、温州洞头国家级海洋公园、铜盘岛省级海洋特别保护区、七星列岛省级海洋特别保护区；海礁、东南礁领海基点保护范围，两兄弟屿领海基点保护范围，渔山列岛领海基点保护范围，台州列岛（1）、台州列岛（2）领海基点保护范围，稻挑山领海基点保护范围

资料来源：《浙江省海洋主体功能区规划》。

三、主体功能区促进浙江省陆海均衡发展的效用

（一）浙江省陆海区域生态文明实践同步提升

1. 发展方式绿色转变

浙江省作为“七山一水二分田”的陆域资源与环境容量小省，通过走高投入、高消耗、高污染、高产出的发展道路成为全国经济大省，付出了极高的生态与环境代价。在主体功能区规划实施以来，浙江高度重视绿色发展理念，通过主体功能区规划进一步具体化落实“八八战略”相关要求，强调了走新型城市化与工业化道路并建设“绿色浙江”目标。2015年起，浙江省依次发布《浙江省加快转型升级行动计划》《浙江省绿色制造行动计划》《浙江省数字经济发展行动计划》等政策文件，加快优化开发区与重点开发区产业转型升级，大力推动“互联网+”、新能源汽车、生物医药、智能制造、节能环保、文化创意等产业的发展，产生一批新兴产业发展领头城市。例如，杭州市的互联网+智能制造与共享经济，宁波市的绿色石化产业等。据浙江省统计局数据，2019 年浙江省绿色产业增

加值增长率达到10.6%，高于全省工业增长平均水平。在国家农产品主产区，浙江省大力推广绿色农业技术和有机农业模式，提高农业生态化水平。截至2020年底，浙江省有机农场数超过1300个，有机农产品面积超过90万亩。浙江对所管辖的海域同样进行了主体功能区的划分，以推动长江口及附近海域现代航运、生态养殖、休闲渔业的发展，加强污染监测与灾害防治，提升海洋保护区保护力度，促进陆海协同发展。主体功能区规划使得各区域资源优势得到最大发挥，转变绿色发展模式使得浙江省生态环境得到巨大改善。2021年《浙江省生态环境状况公报》显示，浙江全省规模以上工业单位增加值能耗下降了5.8%，其中千吨以上和重点监测用能企业单位增加值能耗分别下降了6.7%和6.9%，绿色发展之路初见成效。

2. 促进省域“三生空间”协调发展

主体功能区建设的目标之一就是统筹区域协调发展，通过优化国土空间开发格局促进生产空间集约高效、生活空间宜居适度、生态空间山清水秀（杨春梅等，2021）。生产、生活、生态，即“三生空间”并不是固定的，在一定程度上三类空间都能承担“三生”融合、打造复合结构空间的功能（丁陈颖等，2021）。主体功能区通过顶层规划，以县域为单位划分不同区域的主体功能，调整区域“三生空间”比例，在空间的层面上正确处理好发展路径选择、公平与效率、开发与保护的关系（王双正、要雯，2007）。生态空间是生产、生活空间发展的先决条件。《浙江省主体功能区规划》划定68212平方千米的限制开发区域和21109平方千米的重点生态功能区，明确生态红线，在空间上管制生态环境，形成硬约束。生产空间是实现可持续发展的重要支撑。要在生态优先的基础上，转变发展模式，走绿色化发展道路。《浙江省主体功能区规划》要求制定严格的市场准入标准，建立产业推出与转移机制，合理确定建设用地总量和结构，制定耕地与保护区红线，以促进三次产业空间结构调整，指导优化与重点开发区产业转型升级。生活空间的优化是空间开发格局转变的最终目的。在主体功能区规划的基础上，浙江省兼顾海岸带与海岛治理，开展“千村示范、万村整治”“五水共治”“新型城市化”等工程，改善城乡基础设施面貌，推动城乡一体化发展，陆海兼顾提高居民生活质量。按照主体功能区规划的要求实行限制开发的区域，由于“发展权”的让渡，影响了经济社会的发展。为保证区域的“公平”发展，浙江省针对限制类、禁止类主体功能区进行财政转移支付是有必要的，通过“山海协作”等工程确保欠发达县与全省同步推进基本公共服务发展，全省城乡生态环境得到进一步提升。据浙江日报报道，2021 年，全省生态环境公众满意度为 85.81%，实现连续 10 年上升。

3. 企业、个人生产生活方式转变

《浙江省主体功能区规划》引导区域人口分布、经济布局与资源环境承载力相适应，实现生态文明建设目标。在政策与理念的引领下，浙江的企业管理经历了从经济利益优先到经济利益和环境保护、绿色责任并重，再到环境保护、绿色责任成为企业管理内生变量的发展历程（王建明、赵婧，2021）。2013 年《浙江省主体功能区规划》颁布以来，浙江企业的绿色管理实践走向全面深化阶段，借助大数据、云计算、物联网、人工智能等新兴技术，将新目标、新模式、新路径等纳入企业绿色管理的全过程，绿色管理呈现系统化、模式化的发展特征。环境规制会直接影响到居民的绿色生活方式，同时通过提高生产层面的绿色技术创新能力正向影响居民的绿色生活方式（郑桥桥等，2023）。主体功能区优化区域空间布局，探索地域特色高质量发展新道路，为当地居民提供更良好的住房、就业、交通、基础设施与公共服务条件；居民也在生产生活空间格局改变的过程中潜移默化地接受了绿色可持续生活方式的引导，开展垃圾分类、选择绿色交通、购买绿色产品、选择节能减排生活方式的居民数量不断增加，居民环境素质得到显著提高。

（二）陆海国土发展秩序优化

1. 重视海洋经济高质量发展

浙江省经济发展较早体现出“依海”的特点，海洋经济成为浙江高质量发展的“蓝色引擎”。浙江海洋自然资源丰富，海洋产业体系完备，海洋渔业、海洋交通运输业、海洋船舶制造业等传统海洋产业优势明显，但随着海洋生态环境压力的日趋加重，海洋科技创新能力弱、海洋产业结构层次低等问题逐渐凸显，海洋经济高质量发展存在较大的追赶空间（仇荣山、殷伟、韩立民，2023）。《浙江省主体功能区规划》针对浙江海洋经济发展痛点，强调了打造浙江海洋经济发展示范区的战略任务，坚持以海引陆、以陆促海，发挥区域比较优势，构建“一核两翼三圈九区多岛”的海洋经济发展总体格局，深入推进浙江海洋经济发展示范区和舟山群岛新区建设，构筑起以宁波、舟山为中心，温台杭嘉为两翼的海洋经济发展格局。浙江省优化开发区聚焦全省发展龙头区域，依托海洋，大力扶持培育现代港航物流服务业、临港先进制造业、现代海洋渔业等海洋新兴产业，促进海洋产业转型升级；重点开发区推动建设浙江海洋经济发展示范区的主平台，承接人口和产业转移，以海洋产业为支点寻找全省经济持续发展的新增长极；生态经济地区关注浙东海岛生态，保障其海产品与旅游产品供给能力。主体功能区规划落实以来，浙江省海洋经济取得高质量发展。《浙江省海洋经济发展“十四五”规划》指出，2020 年，浙江实现海洋生产总值 9200 多亿元，比 2015 年的 6180 亿元增长 48.9%，年均增长约 8.3%，海洋生产总值占全省地区生产总值的比重保持在 14% 以上，高于全国平均水平 4～5 个百分点，浙江省海洋经济高质量发展势头正劲。

2. 关注海陆生态协调发展

快速城市化进程中浙江省对海洋空间的开发程度不断增强，海岸带与近海海域面临严峻的资源损耗、生态破坏问题。协调海洋空间开发与生态安全之间的矛盾，不能忽视陆海空间的耦合关系。主体功能区规划摒弃“陆海二元论”思想，打破海岸线的界限，将海洋与相邻的依托陆域联合划区，并在分区管制要求中分别针对海域和陆域使用提出针对性措施，实现了陆域规划与海域规划的有效衔接（周鑫等，2020）。统筹海洋空间格局与陆域发展布局，统筹沿海地区经济发展与海洋空间开发，统筹陆源污染防治与海洋生态保护和修复，“陆海一盘棋”的规划方案确保了陆海各类空间功能定位和保护开发方向相协调。《浙江省海洋主体功能区规划》作为浙江省主体功能区规划的重要组成部分，对海域空间的开发与保护针对性与管控性更强，配套政策关注陆海财政转移支付与生态补偿、陆海联动污染防治、海洋产业扶持与转型升级等，以改善海洋生态环境、保障海洋产业合理用海需求、保护海域后备空间资源、提高沿海与海岛居民生活质量。据《浙江省海洋生态环境保护“十四五”规划》统计，至 2020 年，浙江省完成了全省 342.58 千米海岸线的整治修复，全省近岸海域优良海水比例均值达到 42.7%，较“十二五”期间上升 138%；全省 13 个主要入海河流、溪闸断面水质均为Ⅳ类及以上，水质明显改善；5 万吨级以上油码头均已安装溢油监控报警系统，海域污染监视监测系统逐步完善；建立海洋生态保护红线制度，划定海洋生态保护红线 1.4 万平方千米，占省管海域面积的 31.72%。在主体功能区统筹规划下，浙江省陆海生态环境水平不断进步。

3. 体现海陆经济发展公平

山与海，是浙江最直观的地理风貌。浙江省山多地少，海岸绵长。改革开放后，浙江省经济发展取得卓越成就，但省内区域发展差距却被不断拉大。以杭州、宁波、温州为代表的沿海城市面向海洋发展外向型经济，成为浙江经济发展的领头羊；浙西南山区的衢州、丽水和位于浙东北以群岛建制的舟山，由于自然环境的限制，经济发展长期落后于其他地区，三地拥有全省 27% 的地域面积，2005 年却只占据全省 1/10 的经济份额。在经济向高质量发展转型的现在，GDP 不再是衡量区域发展的唯一要素。主体功能区规划将生态环境因素纳入区域发展规划中，根据环境承载力、自然资源状况等确定不同地区的主导功能，形成考核标准不同、各具特色的发展格局。《浙江省主体功能区规划》将山区和海洋统一规划、保护、开发、建设，在山区和海洋空间中发掘浙江经济发展的新增长点。舟山被划分为优化开发区、重点开发区与生态经济区，在保护海洋生态环境的同时发扬海洋资源优势，推动港口运输、海洋渔业发展；衢州和丽水主要被划分为限制开发区与禁止开发区，承担起保护生态环境、建好生态屏障的重任。从2013年起，浙江省逐步减少对衢州、丽水的GDP和工业总产值的考核要求，鼓励两地放心大胆发展生态经济，走适合自己的发展道路。与此同时，《浙江省主体功能区规划》配套实行区域协调财政专项激励政策，2020～2022年，每年投入18亿元专项激励资金，面向衢州、丽水生态屏障地区和国家重点生态功能区。建立生态补偿机制，实现浙江省所有市县均参与生态环保转移支付，转移支付额度到2016年已达到18亿元（余丽生、楼蕾，2022）。据浙江省统计局统计，2023年上半年，浙江省内舟山、衢州、丽水三地均实现可观的经济增长，经济同比分别增长8.4%、7.7%、7.6%，经济增速分别位列全省第一名、第三名与第四名。在主体功能区规划进一步落实的情况下，浙江省内陆海区域经济协调、公平发展势头将更加明显。

第二节　陆海联动的省域陆海一体化发展——以“山海协作”为例

一、“山海协作”提出背景与概念演进

改革开放以来，中国市场经济规模不断扩大，资源在不同空间的流动与配置更加频繁，区域经济差异急剧扩大，社会矛盾增加。缩小区域发展差距、增强发展协同性，是化解新时代社会主要矛盾、实现共同富裕的战略路径（韩康，2022）。山海协作理念在解决区域发展差异问题的探索中不断演进，萌芽于20世纪80年代福建省对山海协调发展的道路摸索中，成熟于21世纪初浙江省区域协调发展的实践探索中。1981年，福建省关注沿海与山区之间的经济发展差距，提出“大念山海经”的概念，因地制宜开发山地与海洋空间；90年代，福建省又提出“沿海山区一盘棋”的山海协调发展战略，实现闽东北、闽西南两大区域经济协作区，开启了山海协作具体实践的探索。2003年，习近平同志在浙

江工作时期，全面启动山海协作工程，立足浙江“山海并立”的自然条件，按照“政府推动、市场运作，互惠互利、共同发展”的原则，通过对口帮扶、专项合作等形式，促进欠发达地区跨越式发展与发达地区加快发展。其中“山”主要指以浙西南山区 26 县与舟山海岛为主的欠发达地区，“海”主要指沿海发达地区，山海协作工程成为“八八战略”的重要内容和决策部署。党的十八大以来，浙江省不断加强生态文明建设，山海协作工程全面升级，更加注重生态文明建设与生态产品转化，成为推动浙江省全域高质量发展的有效举措。山海协作从最初简单的“海”对“山”的支援，发展到目前“山”和“海”在经济、社会、文化等各个领域的合作共赢，体现了山海相融、互惠互补的过程，它的实践经验在全国共同富裕的道路上都有重要的借鉴意义，能够为新时期推动区域空间协调发展、带领地区脱贫致富提供有力的理论依据（王磊、李金磊，2021）。

二、“山海协作”驱动陆海一体化的浙江实践

（一）浙江省山海协作工程的战略深化

1. 山海协作工程起步阶段（2003～2010 年）

浙江的地势被称为“七山一水二分田”，山区占比大，地势从西南向东北倾斜，北起杭州临安市清凉峰镇，南至温州市苍南县大渔镇的“清大线”划出了浙江省“山”与“海”发展水平不平衡的现实困境。山海协作工程是浙江省“八八战略”的重要组成部分，是浙江省破解区域发展不平衡不充分问题、推动山区县跨越式发展的有效举措（蔡建旺，2021）。

2003 年，山海协作工程作为“五大百亿”工程中的重要组成部分并被提出具体要求。浙江省政府专题成立了山海协作工程领导小组，正式印发《浙江省“五大百亿”工程实施计划》等系列文件，将发达地区与欠

发达地区的65个县、市、区结成对口协作关系，如表3－4所示。在起步阶段，政府部门的推动、激励与跟踪协调机制是浙江省山海协作工程开展的主要动力，工程重点关注发达地区对欠发达地区单向且直接的资金、技术、产业、就业等方面的支持，助力欠发达地区脱贫攻坚。

表3－4　　浙江省山海协作工程对口帮扶安排

对口市	对口县
杭州市、绍兴市—衢州市	萧山区—淳安县；余杭区—衢江区；富阳市—龙游县；绍兴县—江山市；上虞市—衢江区；诸暨市—开化县；嵊州市—常山县
金华市内对口	义乌市、东阳市、永康市—磐安县；东阳市—武义县
宁波市、嘉兴市、湖州市—丽水市、舟山市	鄞州区—景宁县；慈溪市、平湖市—青田县；余姚市—松阳县；桐乡市—遂昌县；海盐县—龙泉市；海宁市—莲都区；德清县—缙云县；长兴县—庆元县；宁波经济开发区、北仑区—云和县；镇海区—定海区；象山县—岱山县；海曙区—普陀区；奉化市—嵊泗县
温州市内对口	瑞安市—文成县；乐清市、鹿城区—泰顺县；瓯海区—永嘉县；龙湾区—苍南县
台州市内对口	玉环市—仙居县；温岭市—三门县；市级机关—天台县

浙江欠发达地区的地理障碍加大了物流、交通等成本，导致这些地区生产成本畸高，生产力水平低下。山海协作工程首先通过“五大百亿”工程建设完善省内铁路、高速公路、跨海大桥、港口等交通基础设施，提高欠发达地区土地、环境要素优势与发达地区资金、技术、人才要素优势流通与利用效率，推动发达地区产业梯度转移至欠发达地区，促进欠发达地区产业快速发展（董雪兵、孟顺杰、辛越优，2022）。通过加强政府引导、宣传与服务，山海协作工程引导发达地区企业到欠发达地区投资设厂，利用已有条件，建设山海协作工程示范园区，引进市场前景好、科技含量高、经济效益好、辐射范围广的山海协作项目，通过联合与协作，在欠发达地区形成省内支柱产业的配套基地，扩散产业的协作基地，科技成果的应用基地，农副产品、新型建材、劳动力的供应基地和旅游、休闲、度假

基地。同时，山海协作工程针对欠发达地区劳动力剩余问题，有计划地开展职业培训，并提供有效的劳动力市场信息和良好的就业服务，统一安排欠发达地区劳动力到发达地区就业，促进用工需求和劳务输出的有效对接，加速劳动力转移与人口迁移，帮助欠发达地区快速脱贫致富。山海协作工程的开展使得浙江省欠发达地区产业迅速发展，人民生活水平显著提高。

“十一五”期间，浙江省山海协作工程组织培训低收入群众 28 万人次，组织输出劳务 34 万人次；通过山海协作累计帮扶低收入群众增收 11.7 亿元，帮扶社会事业建设资金 1.92 亿元；累计签订山海协作特色产业项目 6329 个，到位资金 1415 亿元，财政转移支付 1135 亿元，年均增长 28.6%（董雪兵、孟顺杰、辛越优，2022）。

2. 山海协作工程成熟阶段（2011～2015 年）

“十二五”规划期间，浙江省山海协作工程对口合作格局形成，政策支撑体系基本完善，企业协作氛围日益浓厚，地区协作成果十分显著，欠发达地区人民基本生活的需要得到满足，区域产业合作园示范带头作用凸显。山海协作工程走向成熟运作阶段，欠发达地区为追求更好的发展空间，实现全面小康，不再满足于被动接受对口帮扶地区援助，开始积极主动参与区域合作项目，合作内容更加丰富，市场的选择逐渐代替政府的引导在山海协作工程中发挥重要作用。

产业帮扶方面，以市场经济规律为遵循，引导传统产业梯度转移，要素合理配置的同时，注重欠发达地区自身“造血”能力提升，依托地区海洋、山区资源，加快培育现代化绿色农业、战略性新兴工业、生态旅游业、港口物流业、现代船舶制造等重点产业，健全产业合作机制，鼓励欠发达地区主动寻求发达地区的投资合作。劳动力转移合作方面，进一步加强欠发达地区产业化培训机制建立，提高居民职业技能，借助产业转移集聚的契机引导人口向沿海地区集中，优化省域人口分布结构。除传统产业帮扶与劳动力输出外，“十二五”期间浙江省山海协作工程加强了发达地区与欠发达地区在社会事业与公共服务方面的合作，通过财政资金支持、项目援建、智力支持等提升欠发达地区教育、科技、文化、医疗卫生与人才培养水平，缩小省内民生事业差距，提高欠发达地区人民生活水平，激发其内生发展潜力。成熟阶段，浙江省山海协作的范围不再局限于省内对口帮扶支援地之间，工程依托发达地区与欠发达地区共同参与建设的山海协作共建园区，“跳出浙江发展浙江”，将合作项目延伸至环渤海、长三角、海西区、珠三角等沿海发达地区，推动欠发达地区发展全面与国内市场接轨。

截至2015年，山海协作产业合作成果丰硕，共达成合作项目8803个，到位资金2940亿元；培训劳动力72万人次；累计帮扶低收入群众增收30亿元。浙江省欠发达地区经济社会发展取得明显突破，各县家庭人均可支配收入均升至4600元的贫困户标准以上，浙江全省率先实现脱贫，山区26县不再称为欠发达县、市、区，而以“加快发展县”称呼，助力浙江全省迈向高质量发展新阶段。①

3. 山海协作工程高质量发展阶段（2016年至今）

党的十九大报告指出，我们要建设的现代化既要创造更多物质财富和精神财富以满足人民日益增长的美好生活需要，也要提供更多优质生态产品以满足人民日益增长的优美生态环境需要。“十三五”规划阶段，浙江省山海协作工程全面升级，以补齐山区26县发展短板，实现省内共同富裕。

浙江省结合省级山海协作园共建情况调整了结对关系，以促进生态资源的保值增值和生态经济的良性发展、推动生态产业化发展的方式惠及“山”“海”两地人民福祉，同时通过“飞地经济”模式推动区域经济合作迈向新台阶，实现浙江省共同富裕示范区建设。一方面，山海协作成为联动发达地区与欠发达地区一二三产业绿色可持续发展的纽带。新一轮山海协作利用“互联网+‘三农’”帮助26个欠发达县发展现代循环农业，

① 叶慧. 引领新常态　实现新跨越——浙江省推进26县加快发展纪实［EB/OL］.（2015-04-22）［2023-08-08］. http://dangjian.people.com.cn/n/2015/0422/c117092-26886143.html.

建设特色农产品深加工基地，推进农村电子商务发展，打造具有地域特色的特色农产品品牌，如“衢州椪柑”“云和雪梨”等；通过产业协作园致力发展水资源产业、高档特种纸、新材料、节能环保等生态工业及绿色食品精深加工产业，充分发挥产业园生态工业带动作用；挖掘山区26县资源优势，结合当地一二产业发展方向，推动民宿、农家乐、养生养老、休闲度假等乡村生态旅游产业发展。另一方面，实现经济跨越式发展必须依靠模式的创新，浙江省以创新“飞地经济”推动产业高质量协作。“飞地经济”是指协作双方在平等、自愿的基础上，打破区域规划限制，合作建设各种园区平台，以提高生产要素利用率，促进互利共赢的区域合作发展模式。正向飞地由发达地区飞出至欠发达地区建设产业园，协助欠发达地区招商投资和土地开发，以产业转移与对口帮扶为目标；反向飞地由欠发达地区飞出至发达地区投资园区，以招引商业资本、补齐产业短板、引流人才汇聚，促进产业升级、对口协作及帮扶（张衔春、陈宇超、栾晓帆，2023）。飞地园区为欠发达地区主动参与山海协作工程，实现“山”与“海”的合作共赢提供制度条件，发挥了“有为政府”与“有效市场”的共同作用，实现了政府、企业、居民三方力量，形成了广泛的社会合力。

据统计，2022年，浙江城乡居民收入比为1.90，在全国各省区中发展最均衡；山区26县低收入农户人均可支配收入17329元，比上年增长15.8%，增速比全省低收入农户平均水平高12个百分点，迈上了发展快车道（郭占恒，2023）。

（二）浙江山海协作工程推进省域陆海一体化发展的重大成效

1. 促进陆海资源互补

人类经济活动重视沿海地区，沿海丰富的自然资源、便利的交通条件和开放的对外环境被充分开发利用，创造了巨量的财富。而内陆山区资源在人类开发活动中长期处在被忽视的地位，陆海发展差异不断加大。陆海资源也因为地理的阻隔而交流困难。浙江省山海协作工程首先通过“五大百亿”工程完善沿海港口与陆地铁路、公路、内河航道、民航等交通设施，建设浙江省内综合交通系统，打通“大清线”东西两边的要素沟通渠道，畅通优化省内外交通循环，促进了陆海空间各类资源要素的高效流动。山海协作工程初期，沿海发达县区的资金、技术、人才资源流向欠发达县区，以激发欠发达县区发展动力，同时提供大量工作岗位，吸纳欠发达县区剩余劳动力资源，缓解当地就业难问题。人才资源的单向援助是山海协作工程早期资源交流的重要部分，浙江省推进省内1500所中小学开展校际结对实现“组团式”帮扶教育，推动全省综合实力较强的省市级三甲医院下沉实现山区26县结对全覆盖（于佳欣、胡璐、魏董华，2021）。“支医”“支教”“支农”及对口扶贫项目促进了省内基础设施与公共服务的均衡发展，激发了山区26县的内生发展动力。浙江省山海协作深化阶段，陆海资源要素从单向流动转向双向互动。通过陆海产业园区、“飞地”经济等创新发展模式，山区26县的区位优势、资源优势、生态优势、产业优势、比较优势被充分发掘。陆海各县深入分析协作双方的短板需求、长板优势，山区各县在承接沿海发达地区产业转移的同时，依托当地优势，发展出一系列如衢州锂电、文成水饮料、仙居医药、天台橡胶的特色主导产业（夏丹等，2022）。沿海发达县区通过“飞地”打破地理界限，享受了山区26县廉价的劳动力、土地资源与优质的生态资源，为沿海地区产转型升级腾出发展空间。陆海区域充分调动双方资源优势，互惠合作，实现了珠联璧合的发展共赢。

2. 促进陆海产业互动

找准比较优势、促进互助协作，是欠发达地区与发达地区互利发展的前提与基础，也是实现欠发达地区高质量发展的重要路径（应少栩，2022）。浙江省山海协作工程坚持以产业梯度转移和要素合理配置为主线，为山区各县产业“输血”。山海协作工程挖掘26个贫困山区县比较优势，对接省内龙头企业、链主企业单个环节的发展需求，引进龙头企业、链主企业布局山区26县，以承接沿海发达县区的产业转移。《浙江省产业链山海协作行动计划》提出：到2023年，协助山区26县招引重点产业链项目100个以上；到2025年，这个数字要达到200个以上。浙江着眼于“山”

“海”优势共发挥，以项目合作为中心，打造山海协作产业园、生态旅游文化产业园、“飞地”产业园等共建平台，跨越地理空间限制帮助山区特色产业孵化，促进当地产业振兴，以“海”的外源推力激活“山”的内生动力。2022年，浙江山区26县中有25个“产业飞地”签订共建协议，成功引进项目20个；13个“科创飞地”启动建设，完成投资287亿元，孵化项目276个，回流山区26县实现产业化项目99个，36个“消薄飞地”有效带动超过2900个经济薄弱村实现返利近3亿元（杨益波、张娜、任建华，2022）。在一县一策、一镇一业的政策带动下，山区县特色农业、农产品加工业、乡村休闲旅游产业、民宿产业得到发展（沈冰鹤，2022），打造了一批如黑水县全域旅游产业（张萌、关顾阳，2022）、高山村康养产业（林坤伟、姜肖瑜，2022）等特色品牌，实现产业“输血”“造血”功能同增进。浙江省陆海产业依托山海协作工程创新合作方式，实现全方位、多领域、立体化的产业互动，区域产业“输血、造血、活血”政策并举，“陆”“海”空间获得共同发展。浙江省“飞地”经济的创新，不仅让发展地区集聚起更多高端要素，也为发达地区有了更广阔的发展腹地（于佳欣、胡璐、魏董华，2021）。平湖市立足当地完善的区域销售网络，开通“山海快车”，以全程冷链配送方式，为平湖、丽水两地农产品搭建“绿色通道”，带动两地农产品实现销售额456.7万元。桐乡等地建立“扶贫飞地产业园”，强化产业技术和产品营销的对口协作，让经济薄弱村和贫困户种有所获、产有所销、劳有所得（鲁霞光，2018）。丽水借助5G等技术，打破时间、空间的限制，促进医疗产业生态共同体建设（金梁，2022）。在全方位的产业协作下，浙江省陆海空间实现共同发展。

3. 促进陆海生态互通

浙江省山海协作工程通过促进山区欠发达县区生态产业发展与沿海发达县区产业绿色转型，促进全省生态文明建设，践行“绿水青山就是金山银山”的理论。山海协作工程以“生态优先、优势互补、合作共赢”为基础，发掘偏远山区县区位特色、自然环境优势，在发达地区的资金、技术、人才、物流的援助下，发展特色生态农业。慈溪和常山打造千亩丝瓜络山海协作共富产业园，为周边10个村带来总计1000多万元的收入（冯瑄、詹强，2023）。平湖市拓展消费帮扶“互联网+”新模式，帮助松阳、青田等地构建全省领先的智能化、数字化农产品数字供应链服务平台（杨益波、张娜、任建华，2022）。浙江省帮助偏远山区农产品接入现代物流体系，开展“山海共富农优产品展销窗口”，通过政企协作，打通销售渠道，让浙江山区26县500余品类农优产品销往全省乃至全国。2021年以来，浙江省加强顶层设计，创新实施“一县一策”，发掘山区县生态优势，并与浙江发达地区的产业、资金、科技和市场相嫁接，发展生态工业。浙江首批11个先进地区开发区和山区26县开放平台达成合作，双方整合产业链进行共同招商，已有新材料、清洁能源等21个项目落地。山区26县抓住逆城市化、消费升级浪潮，延伸生态农业、工业产业链，结合当地生态优势发展特色生态旅游业，并促进旅游配套产业尤其是链的发展，走出旅游市场良性循环发展道路，提升产业化、品牌化、标准化水平，生态产业发展潜力。例如，淳安县围绕“生态保护前提下的点状开发”、泰顺县围绕“生态旅游全域美丽”、磐安县围绕“特色产业发展”、龙游县围绕“生态工业发展”、景宁畲族自治县围绕“民族地区融合发展”等（杨益波、张娜、任建华，2022）。山区26县在因地制宜中选择三生业态最优发展路径，加快了山区生态优势转化为产业优势的步伐，让山区县发展迎来新机遇，也让浙江省在发展山区短板中寻找新的高质量发展契机。

三、浙江山海协作工程驱动陆海一体化的创新经验

（一）“山海协作”与高校科研成果转化协同模式

山海协作工程为政府政策资源和地方高校人才资源的协同运用提供了实现平台，有利于地方高校科研成果的有效转化。对于山区县而言，地方

高校的人才、技术和研究成果等资源，有利于补充与优化以共建共享为方式、协同跨行政区域的“山”资源与“海”资源的山海协作工程，进而提高地方高校科研成果转化效能，主要包括以下三个实践逻辑：一是能提高地方高校科研成果对接市场和社会需求的精准度；二是高校科研成果转化能够实现山海协作技术的创新、激发山海协作升级版的市场活力；三是高校科研成果转化可以促进高校与地方政府、企业、第三方组织实现深化合作共赢（周建华、付洪良，2021）。从地方高校对“山海协作”升级版打造的贡献度来看，地方高校项目化的研究与实践可以提高成果转化的效率，还能够精准对接社会需求，形成科学研究与成果转化的良性循环生态圈。如丽水学院下设的中国（丽水）两山学院的生态系统生产总值（GEP）核算与生态价值实现机制研究，让绿水青山有了价格标签，对丽水“山海协作”中的山与海资源的运用产生较大的经济和社会价值。由浙江大学、中国科学院生态环境研究中心、中国（丽水）两山学院共同完成的《遂昌县大田村 GEP 核算报告》是全国首份以村为单位的 GEP 核算报告，该报告显示 2018 年大田村 GEP 约为 1.6 亿元（赵欢、邵宇平，2006）。地方高校参与山海协作工程的创新路径可以从融合政策资源与人才资源，将地方高校科研成果转化与山海协作工程的项目建设协同起来，或者借助山海协作工程培育地方高校科研成果转化的良性生态圈等方面探索。

（二）“山海协作”升级版“飞地抱团”模式的创新实践

“山海协作”升级版“飞地抱团”模式是指欠发达地区一些区位条件较差、资源不足的经济薄弱村，通过宅基地、废弃矿山复垦等方式获得的新增建设用地指标，在县域间政府统筹协调下，跨区域置换到发达地区城镇、工业功能区等区位条件较好的地方，建造或购置标准厂房、街面商业用房用于发展物业经济，以此推进强村消薄、区域协同发展。“山海协作”升级版“飞地抱团”模式的实施，推动了区域协调发展，壮大了村级集体经济，助推了乡村振兴战略，打赢了脱贫攻坚战，提高了群众幸福指数，巩固了农村基层政权，具有在全国范围推行的价值和意义（郭占恒，2023）。充分发挥东部沿海地区组织和经济优势，在前期“飞地”抱团基础上，探索山海协作、东西部扶贫的跨省市“飞地”抱团模式，实现资源的集约高效利用，让经济薄弱山区有更大的经济发展空间，进一步提高发展能力，发挥主体作用，实现先富带动后富，区域联动发展。例如杭衢创新“双向飞地”机制，深化山海产业协作，系统谋划山海飞地战略发展方向，提升合作层级，重点打造“科创飞地＋产业飞地”的“双向飞地”，克服山海产业互动难题（熊华林，2009）。随着杭黄、杭衢高铁开通，山海之间可实现更高效的“双向孵化”模式，如衢州已吸引一批杭州数字企业开展当地业务，杭州数字经济发展需要各地场景，一批高新企业从软件研发进入硬核制造、从数字化样板车间走向规模化无人工厂更需要空间支撑，杭、衢各级政府、产业平台、企业代表可共商共议，在衢州海创园基础上深化“双向飞地”合作，构建“研发设计—孵化转化—生产制造—售后服务”的山海产业与创新生态。

（三）“三链”融合助推山区县高质量发展的路径

理论与实践表明，浙江山区26县仅凭自身条件难以支撑经济高质量发展实现共同富裕，需要借助外部推力，深化山海协作被认为是一种促进地区经济均衡发展的有效方式。

第一，深化山海协作助推山区县高质量发展思路日渐清晰，坚持以政府牵头、市场为主原则，明确协作主体关系，以壮大产业链、培育创新链、提升价值链为主要协作内容，完善深化山海协作机制，将山区县发展深度融入产业链中，形成经济增长新动力，助推山区县高质量发展。山区县要多措并举壮大协作产业链，充分利用土地、劳动力、自然生态环境以及绿色生态农业等资源要素优势和生产优势，结合产业发展目标，构建紧密的山海协作产业链和山区县特色产业链。一是通过山海协作精准招商，利用土地使用指标、税收优惠和充裕的劳动力资源等优势，引进规模以上工业生产企业；利用良好的自然生态环境，引进大型休闲旅游项目；利用优势特色农业和绿色生态农业，引进农业种植、加工和流通企业等，充分利用山区县资源要素，打造产业链。二是做强关键链节，补齐产业链短板。针对已有产业链，强化关键链节。

第二，山区县探索深化山海协作下产业创新活动的新型组织模式和运行机制，围绕产业链培养创新链，用创新支撑引领产业链发展。通过深化山海协作，在产业链的关键创新环节整合人才、资金、设备、信息和知识等创新要素，促进“产业链”向“创新链”升级。一是推动山区 26 县落实“产业飞地”全覆盖，并借用“飞地”园区为山区县吸引人才和提供学习技术与管理的机会；二是建立山区县与发达县的科研技术部门和社会组织的沟通网络，将产业发展技术需求与技术供给实时匹配，促进应用研究和成果产业化等创新链条有机衔接；三是通过组织部门统筹安排或与对口协作政府的协商，由发达县有计划地将科技人才和经营管理人才派往协作县挂职锻炼，以技术和智力助力山区县经济发展；四是通过浙江省供销系统落实山区县农产品产销一体化项目，组建销售配送中心，与大型企事业单位与包括超商、土特产公司在内的大型采购商对接铺货；五是借助发达县的创新优势，为山区县培训直播电商、社交电商、跨境电商等人才，培育壮大新业态、新模式，支持和引导山区县的乡镇、村建立网络直播电商。

第三，深度融合提升价值链。产业价值链是产业创造价值的通道，是有形产品或劳务的生产和增值过程，是价值链在产业层面的整合。壮大产业链和培育创新链是提高价值链的基础，二者的深度融合，是推动产业从价值链的低端向高端上升的动力所在。因此，要在市场机制作用下发挥产业链集聚优势，吸引资源要素向产业链靠齐，促进山区县与发达县资金、技术等资源要素通力协作，打造广泛联结、紧密互动的协作产业链。同时，要围绕产业链的产前、产中和产后的链节布局创新链。

（四）形成龙头（链主）企业带动模式

坚持党建引领，深入开展浙江省经信厅基层党组织与山区 26 县结对共建，以机关党建资源力量助力山区县发展，在生态工业领域开展“破百难、助共富”活动，强化对发达地区与山区 26 县结对行动指导。例如，合作处、技创中心组织长三角新能源汽车联盟、阿里云、卡奥斯能源科技有限公司等行业协会、龙头企业走进松阳，并帮助华威门业等重点企业解决新冠疫情期间物流运输等问题。在此基础上，开展制造业高质量发展促进共同富裕示范县（市、区）结对创建工作，遴选 18 对创建联合体，实行制造业高质量发展专项资金激励，引导工业大县与山区 26 县深化合作，探索“先富带后富”新路径、新机制。深入实施新一轮制造业“腾笼换鸟、凤凰涅槃”攻坚行动，加大“腾”的力度，提升“换”的质量，推动山区 26 县引入龙头（链主）企业和本地优质企业培育，实现以点促链、以链带面，注入发展新动能。例如衢州市柯城区招引东巨康光电科技有限公司项目，入选 2022 年省重点产业项目，并实现当年签约、当年建成投产；柯城区还开展延链补链招商活动，先后签约元森光电、洲驰实业等一批投资额超 20 亿元的项目，光电产业实现从无到有、从小到大。同时，由浙江省经信厅牵头组织龙头（链主）企业走进山区 26 县，带动产业链上下游多元化合作，助力县域重点企业培育。截至 2022 年，共组织农夫山泉、卧龙集团等 100 余家雄鹰、单项冠军、专精特新“小巨人”等优质企业走进文成、景宁、青田、泰顺等地开展合作洽谈，累计帮助山区 26 县培育重点企业 116 家。

（五）因地制宜施一县一策

由于地理环境的不同，浙江山区和沿海发达地区有着不同的自然资源和发展优势。消除发展不平衡，瞄准优势特色产业做大做强，才能让山区实现蝶变。针对山区县不同发展基础、特色优势和主导产业，为山区县制定“一县一策”，每个县量身定制发展方案和政策工具箱，推动共性问题共同解决，个性问题个别解决。要实施保护性特色开发策略和特色化供给，根据资源的类型有意识地开展不同的产业项目，在供给过程中建构一套高效的供需对接机制，努力把山海协作工程、推进山区26县跨越式高质量发展打造成为建设共同富裕示范区的标志性工程。完善山海协作交流机制，建议省级山海协作部门适当增加省级交流平台和机会，为加快发展县打造山海协作工程升级版、学习兄弟县市先进经验提供更多的机会。"新型帮共体"的帮扶实现"全域覆盖"。实行"一县一团（省级团组）""一村一组（驻村工作组）""一户一策（具体举措）"的帮扶机制，构建"县村户"系统化帮扶格局。扩充帮扶成员单位的类型和数量，充分利用各自资源优势，谋划一系列全方位全覆盖的帮扶项目。除去以提供资金的形式为主，还可以积极展开扶持有机种植、参股文旅项目等形式，打开帮扶结对工作的新局面。巩固拓展教育、卫生等民生类帮扶的同时可以新增高效生态农业发展、重大项目招引、交通水利建设等产业类帮扶任务，进一步巩固拓展脱贫攻坚成果同乡村振兴有效衔接，从而有效助力"山海协作"工程的深入展开。

第三节　浙江海洋环境保护政策实施成效

海洋是人类生存和发展的第二空间。随着社会经济发展需求的增长，陆域资源不断耗竭，人类对地球资源的利用重心逐渐由陆域转向海洋（龚虹波，2018）。滩涂围垦、海洋工程、海水养殖和海洋旅游等活动日益多样化、频繁化，沿海海域承受着远超其自净能力的污染物排放（余璇等，2020），陆源及海上倾废、海上事故及船舶排放等海洋环境污染问题接连出现（钭晓东，2011），海洋经济可持续发展、海洋资源绿色利用对生态环境保护依赖性增强（李加林等，2022）。

浙江省拥有资源禀赋和国家战略的双重优势（殷文伟、陈佳佳，2021）。在习近平新时代中国特色社会主义思想指导下，浙江省正结合地方实际升级海洋环境治理模式，全力朝着“海洋资源利用更集约节约，海洋生态保护体系更安全有效”的发展目标前进，助力海洋生态文明建设。

海洋的开放性、流动性及整体性给海洋环境保护与治理增加了难度（林初肖、龚虹波，2021）。作为一项长期性、复杂性的系统工程，海洋环境保护过程中相关政策工具的选择和运用是否科学合理，直接影响了政策成效。因此，对达成海洋环境保护目标的政策文本展开深入研究具有重要意义。本书构建政策“工具—控制阶段”二维分析框架，系统梳理并阐明浙江省海洋环境保护政策演进特征，采用内容分析法开展定量研究，探讨相关政策工具的使用状况，旨在为制定更科学完善的海洋环境保护政策并构建海洋环境保护长效机制提供参考。

一、分析模型构建

政策由一系列政策工具搭配构成。政策工具是政策制定者用以实现特定目标的手段，包括强制性工具、自愿性工具以及混合性工具。因此，工具的选择、运用、组合的科学性可以作为政策制定合理与否的判断依据。本书以政策工具为切入点，构建海洋环境保护政策工具类型及控制阶段的二维分析模型。

（一）政策工具维度（X 维度）

学界尚未形成政策工具划分的统一标准，不同学者基于自身认知提出政策工具分类形式，构成其多样化分类。

国外主流政策工具划分方式有：（1）最传统的二分法（聂国卿，2001），将环境政策工具划分为命令控制型及经济激励型（市场化）两类，划分过于简单而不适用于其运用情况的深入分析；（2）罗斯韦尔和泽格维尔德（Rothwell & Zegveld，1981）以供给导向、环境导向和需求导向为理论框架，阐述了各类政策工具及作用，应用较为广泛；（3）经济合作与发展组织（1996）三分环境政策工具体系更具有代表性，分为命令控制型、经济激励（市场机制）及劝说式三类工具。

中国研究政策工具的起步较晚，部分学者结合环境政策实际，改造已有政策工具分类体系。其中，陈振明（2003）将政策工具划分为社会化手段、市场化工具、工商管理技术三类；肖建华和游高端（2011）聚焦于环境管理，认为生态环境政策工具经历了命令—控制型工具、基于市场的激励型工具、自愿性环境协议工具及基于公众参与的信息公开工具的演变。

考虑到文书分析的可操作性，借鉴许阳（2017）的环境政策工具分类体系（该体系类型详尽且区分度较高，将政策工具分为命令控制型、市场激励型、信息公开型和社会参与型，每类下列出了详细且可操作性的政策工具），结合浙江省海洋环境保护政策的实际情况对其进行细化调整，最终形成较为明确且适应区域特征的政策工具分类体系（见表3-5）。

表3-5　海洋环境保护政策工具及其分类

控制阶段	命令控制型	市场激励型	信息公开型	公众参与型
事前控制	登记、许可证和审批制度	海域有偿使用金制度	科学技术研发	对海洋环境保护的宣传教育
	海洋生态保护红线	环境资金投入、补助和赔偿	环境影响报告书	专家和公众参与环境影响评价
	三线一单	-	-	-
	河（湾、滩）长制	-	-	-
	海上污染事故应急预案	-	-	-
	污染物排放总量控制	-	-	-

续表

控制阶段	命令控制型	市场激励型	信息公开型	公众参与型
事中控制	海洋环境监测监管	海洋环境保险制度	海洋环境监测信息	公众检举和控告
	污染物排放总量控制	环境资金投入、补助和赔偿	环境影响报告书	专家和公众参与环境影响评价
事后控制	海洋执法	生态补偿制度	海洋环境监测信息	公众检举和控告
	–	环境资金投入、补助和赔偿	–	对有特殊贡献个人的表彰和奖励

（1）命令控制型政策工具，指各涉海的行政部门根据有关法律法规等对涉海主体的行为进行直接管制，具有强制性，应对突发危机情况最为有效，但同时对企业或个人的技术创新欠缺激励作用。

（2）市场激励型政策工具，指通过收费、补贴、补偿和保险等多样化方式，以显性经济激励为手段，推动企业在排污成本和收益之间进行自主选择（王红梅，2016）。这类工具可以较好调动涉海主体的积极性，促进污染防治和环境保护技术的创新，有助于形成成本低、效率高的海洋环境保护体系。

（3）信息公开型政策工具，主要采用信息公开这类不具有强制性的非行政命令以及非经济性方法，向公众提供海洋环境保护相关信息，改变涉海主体的海洋环境保护观念，引导保护海洋环境的自发性行为。这一类型的政策工具通过正面引导企业或个人来降低海洋环境保护成本。

（4）社会参与型政策工具，是通过舆论、道德压力等手段来鼓励和引导社会公众参与海洋环境保护工作，实现预设的政策目标。

（二）控制阶段维度（Y 维度）

政策工具类型划分不具有绝对性，某一单元可能同时涉及两个政策工具，单纯依靠类型分析不能完全检视浙江海洋环境保护政策文本倾向。因此，为厘清政策文本的动向特征，引入政策工具实施的控制阶段作为分析的 Y 维度，以污染事件的预防、急救以及善后分别对应事前控制、事中控制以及事后控制。理论上，三个阶段并不互相排斥而独立存在，只有合理搭配混合使用才能达到更优的环境保护成效。

事前控制指在海洋环境受到损害或发生之前，对有关行为进行控制以防止事件发生；强调预防作用，能够最大程度减轻海洋环境损伤；但相关行为主体表现出较强自我意识，完全杜绝人为损害海洋环境的事件并非易事。

事中控制指在海洋活动过程中对可能或者已经产生的海洋环境损害行为实施控制手段，以反馈信息为依据，及时进行调整和修改，从而达到管制的目的；具有很强的灵活性，能够根据环境反馈的信息，快速对有关行为进行控制和调整，但对政府的敏锐度和反应能力提出较高要求。

事后控制指在海洋环境受损后的控制，通过强化手段来增加行为主体的保护行为，或减少损害行为发生的可能，或修复已受损的海洋环境。事后控制能够提供海洋环境受损的确切信息，易于责任认定和追偿，但是具有强滞后性，强调损害发生后的补偿机制。

二、浙江海洋环境保护的政策文本

（一）政策文本的演进特征

以浙江省海洋环境保护关键政策颁布时间节点为依据划分四阶段，明确其演变动向。

1. 海洋环境保护政策起始阶段（2004～2005 年）

在习近平同志谋划的“八八战略”指导下，浙江开始向着海洋资源利用与海洋环境保护并举的目标前进，不断打开思想空间、认知空间和发展空间（张海柱，2016），是传统重陆轻海观念转变的重要契机。2004 年浙江省出台首个针对海洋环境的地方性法规《浙江省海洋环境保护条例》，标志着海洋环境法治化的一大进步，强调了海洋环境保护意识和实践的重要价值。在“绿水青山就是金山银山”理论提出后，浙江开始逐步探索海洋环境保护的创新举措。

2. 海洋环境保护政策探索阶段（2006～2010年）

2006年，浙江省出台《浙江省海域使用管理办法》，规范了海洋功能区划、海域使用权、海域使用金等；颁布《浙江省海洋特别保护区管理暂行办法》，为浙江践行海洋资源环境可持续发展提供支撑。此后，有关省级航道、港口、海洋污染防治等政策陆续出台，海洋环境保护的内容不断丰富。该阶段海洋环境保护持续提升，但政策关注点依旧聚焦海洋经济发展造成的环境污染问题，实为被动治理。

3. 海洋环境保护战略发展阶段（2011～2016年）

国家层面高度重视浙江可持续发展，于2011年批复《浙江海洋经济发展示范区规划》，充分挖掘浙江海洋生产力，以海洋环境为支撑激活海洋经济。2012年，党的十八大提出“海洋强国”，保护海洋生态环境、实现人海和谐成为海洋强国建设的内在要求。作为习近平海洋强国战略系列论述的重要发源地之一，浙江省坚持陆海统筹理念，以高度的战略视野推进海洋资源利用与海洋生态环境保护，实现海洋的可持续发展。

4. 海洋环境保护政策转型阶段（2017年至今）

2017年开始，浙江省出台一系列海洋环境保护政策，展开海洋环境综合治理，推动海洋强省建设。河长制作为一项先试先行的浙江经验被编制为规范性文件，革新海洋生态保护机制；海洋生态红线、渔业安全等管理政策完善推动海洋环境保护政策体系完善。2022年，浙江省发布《浙江省海岸带综合保护与利用规划（征求意见版）》，从规划层面对陆海统筹、人海和谐的理念作出政策回应。该阶段海洋环境政策已由被动的海洋污染防治转变为主动的海洋生态环境保护。

（二）政策文本选择

本文涉及的政策文本来源于浙江省人民政府门户网站，笔者对政府公报或政府信息公开栏进行关键词搜索，通读搜索到的政策全文，剔除内容不涉及海洋环境保护的政策文本。

由于涉及海洋环境的政策文本数量较多，为了提升其选择的准确性，本次选取遵循如下原则：（1）政策文本属于省级，发文机构为浙江省人民政府及相关部门，这主要规避各沿海市因其海洋生态环境情况迥异所致的政策文本过于地方化问题；（2）发文时间范围为2016年1月至2022年7月，目的是分析“十三五”规划以来浙江海洋环境保护政策工具运用的合理性；（3）政策文本内容与海洋环境直接相关；（4）政策文本包括法律法规、规划（含意见稿）、方案及通知等类型，政策解读、批复等不纳入研究范围。考虑到政策文本的可获取性，首选互联网公开数据中符合要求的政策文本。针对同一政策的不同版本，一律选择最新的版本。最终得到符合上述遴选条件的政策文本共20份（见表3－6）。

表3－6　　2016～2022年浙江省海洋环境保护相关政策

政策名称	发文时间
《浙江省海洋生态环境保护“十三五”规划（2016—2020）》	2016年9月
《浙江省人民政府办公厅关于印发浙江省海洋生态建设示范区创建实施方案的通知》	2017年3月
《浙江省人民政府办公厅关于印发浙江省排污许可证管理实施方案的通知》	2017年7月
《浙江省人民政府办公厅关于印发浙江省海洋生态红线划定方案的通知》	2017年9月
《浙江省海洋环境保护条例（2017年修正）》	2017年9月
《浙江省海岸线保护与利用规划（2016—2020年）》	2017年9月
《浙江省人民政府关于加快建设海洋强省国际强港的若干意见》	2017年11月
《浙江省人民政府关于发布浙江省生态保护红线的通知》	2018年7月

续表

政策名称	发文时间
《浙江省海洋与渔业局关于加强海岸线保护与利用管理的意见》	2018年7月
《浙江省海岛保护规划（2017—2022年）》	2018年9月
《浙江省生态环境厅等九部门关于印发〈杭州湾污染综合治理攻坚战实施方案〉的通知》	2019年4月
《浙江省自然资源厅 浙江省发展和改革委员会关于印发〈浙江省加强滨海湿地保护严格管控围填海实施方案〉的通知》	2019年4月》
《浙江省生态环境厅关于印发〈浙江省“三线一单”生态环境分区管控方案〉的通知》	2020年5月
《浙江省人民政府办公厅关于印发浙江省近岸海域水污染防治攻坚三年行动计划的通知》	2020年6月
《浙江省人民政府办公厅关于印发浙江省生态海岸带建设方案的通知》	2020年6月
《省发展改革委 省生态环境厅关于印发〈浙江省海洋生态环境保护“十四五”规划〉的通知》	2021年5月
《浙江省人民政府办公厅关于印发浙江省八大水系和近岸海域生态修复与生物多样性保护行动方案（2021—2025年）的通知》	2021年9月
《浙江省海岸带综合保护与利用规划（2021—2035年）（征求意见版）》	2022年4月
《浙江省人民政府关于印发浙江省美丽海湾保护与建设行动方案的通知》	2022年4月
《浙江省生态环境保护条例》	2022年5月

（三）政策文本分析单元编码

以句号为单位，对遴选出的20份政策文本进行分析单元的选取，原则如下：（1）文本必须涉及上文所述的具体政策工具类型且可辨别；（2）文本内容必须涉及海洋，包括海岸或者海岛；（3）若同一段落中的前后句涉及同一政策工具且大意相同，则视为同一分析单元；（4）当一句话涉及两种政策工具时，将其归为主要阐述的政策工具类型（若无法区分主次，则两类均可计次）。对识别出的分析单元按照“政策文件序号—分析单元序号”的形式进行编码，将其归类至二维分析模型框架中，最终形成海洋环境保护政策文本的内容分析单元编码表（见表3－7）。

表3－7　　　海洋环境保护政策文本的内容分析单元编码示例

编码	《浙江省海洋生态环境保护“十三五”规划（2016—2020）》内容分析单元
[1－1]	深入实施“河长制”工作……推进象山港入海污染物总量控制示范工程
[1－2]	根据水污染防治行动计划要求，研究建立我省重点海域和沿海各设区市的总氮排放总量控制制度
[1－3]	严格海洋工程建设项目环评和审批，加强动态执法监管……实现海洋倾废的海陆同步监督管理
[1－4]	完成全省海洋生态红线划定工作……实现海洋生态红线的常态化监管
[1－5]	建立海洋开发活动和海洋污染引起的海洋生态损害补偿制度……建立1个县（市、区）级海洋生态损害补偿试点
[1－6]	建立海洋资源环境预警数据库和信息技术平台……逐步建立多部门、跨区域协调联动的海洋资源环境监测预警体系
[1－7]	着力构建人防技防相结合的“五化体系”……全方位推进我省海洋环境执法能力现代化建设
[1－8]	健全入海污染源监督监测……加强对有毒有害污染物监测的能力建设
[1－9]	构建海洋环境监测大数据平台……依法建立统一的海洋环境监测信息发布机制
[1－10]	加强海洋生态环境风险监测与预警……提高环境风险防控和突发事件应急响应能力
[1－11]	在象山港海域实施入海污染物总量控制示范工程……动态监督总量控制成效
[1－12]	进一步扩大海洋生态红线制度试点成果……支撑我省沿海地区经济社会可持续发展

续表

编码	《浙江省海洋生态环境保护“十三五”规划（2016—2020）》内容分析单元
[1-13]	加强海洋环境监测网络建设……提升对海洋环境灾害和突发性海洋污损事件的应急响应能力
[1-14]	沿海各级政府要把海洋生态环境保护建设纳入财政预算……鼓励和引导企业和社会投入海洋生态环境保护
[1-15]	积极开展海洋污染防治控制项目……开展深度脱氮除磷等水体污染综合治理关键技术研究和示范
[1-16]	强化海洋生态环境普法教育和警示教育……以及涉海行业人员的海洋生态环保意识
[1-17]	规范环境信息发布……建立完善舆论监督和公众监督机制
[1-18]	积极组织开展海洋生态环境保护科技咨询活动……提高全民的海洋环境保护意识和参与意识

三、浙江海洋环境保护政策的类型与动向

（一）政策工具维度（X维度）分析

政策工具维度分析结果（见表3-8）显示：（1）命令控制型工具占比最高，以67.2%成为浙江省海洋环境保护过程中使用率最高的政策工具类型；（2）其他三类政策工具的使用情况无显著差异，市场激励型政策工具使用占比11.3%，信息公开型、公众参与型政策工具使用占比为10.8%。这表明浙江省更偏向于使用具有强制性的命令控制型工具，这与浙江海洋环境保护政策特征一致，符合现阶段浙江借助政府强制力推行海洋综合治理实现陆海统筹的实际情况。此外，命令控制型的政策工具最为丰富，囊括数量最多，反映了海洋环境保护对政府的依赖程度。在浙江省历届省委、省政府推动下，浙江省海洋环境治理聚焦点不断升级，但政策

落地时存在阻力，命令控制型政策工具的运用能够最快速度推进政策执行，加快人海和谐的海洋强省建设步伐。

表3-8　　基本政策工具分配比例

类型	名称	使用次数（次）	类型中占比（%）	总占比（%）
命令控制型	污染物排放总量控制	19	15.2	67.20
	登记、许可证和审批制度	15	12.0	
	海上污染事故应急预案	16	12.8	
	海洋环境监测监管	39	31.2	
	海洋生态保护红线	12	9.6	
	三线一单	3	2.4	
	海洋执法	16	12.8	
	河（湾、滩）长制	5	4.0	
市场激励型	环境资金投入、补助和赔偿	12	57.1	11.30
	海域有偿使用金制度	3	14.3	
	生态补偿制度	4	19.1	
	海洋环境保险制度	2	9.5	
信息公开型	海洋环境监测信息发布	9	45.0	10.75
	环境影响报告书	3	15.0	
	科学技术研发	8	40.0	
公众参与型	对海洋环境保护的宣传教育	12	60.0	10.75
	公众检举和控告	5	25.0	
	专家和公众参与环境影响评价	2	10.0	
	对有特殊贡献个人的表彰和奖励	1	5.0	
合计	-	186	-	100

政府对不同命令控制型工具的选择与使用表现出明显偏好。其中，海

洋环境监测监管工具使用了39次，占31.2%；污染物排放总量控制工具使用了19次，占15.2%；海上污染事故应急预案工具、海洋执法工具使用16次，占12.8%，其分别位居命令控制型工具使用频次的前三位，通常用于海洋环境污染治理工作。浙江海洋环境污染话题的被关注度较高，在治理需求推动下，浙江省环境监测技术不断升级，能够通过及时的监测信息反馈科学处理海洋环境问题，对于海洋环境污染等突发事件的应急能力增强。此外，河（湾、滩）长制、三线一单等新的政策工具也投入使用。

市场激励型工具中，直接的环境资金投入、补助和赔偿政策工具的出现频次最高，占57.1%；生态补偿制度、海域有偿使用金制度以及海洋环境保险制度三种政策工具的使用频次相近。这表明，浙江省通过直接的、灵活的经济激励形式达成政策目标，政策工具选择时更倾向于采用见效更快、针对性更强的资金投入调动公众参与海洋环境保护的积极性，推动形成政府、企业、个人等多元主体管理模式。相较而言，其他三种市场激励制度属于间接手段，受众范围小，但稳定性更强，是浙江稳步推进海洋环境保护、维持治理秩序的必要工具。浙江海洋强省的发展要求在大方向上宜坚持生态与经济并进，起激励作用的可调节型经济手段和权威的硬性制度底线两者不可或缺。

信息公开型工具中，海洋环境监测信息发布与科学技术研发出现频次较多，分别占比45%、40%，这两类政策工具的实施均以政府为主导。浙江省重视信息公开能力的提升，通过公开透明的信息传递，正向、潜移默化增强公众的海洋环境保护意识，引导公众形成自发的海洋环境保护行为，降低海洋环境保护成本。总体而言，信息公开型工具使用频次少且占比小，海洋信息的公开共享潜力巨大。

公众参与型工具中，对海洋环境保护的宣传教育工具的使用，以12次、60%的使用占比位居第一；而公众检举和控告、专家和公众参与环境影响评价、对有特殊贡献个人的表彰和奖励三种工具使用频次较少。这说明公众参与型工具中，浙江省依旧以政府主导，重视海洋环境保护的宣传与教育，形成海洋环境保护合力；当然，公众参与型工具整体使用不足反映出浙江省信息反馈渠道较为欠缺、群众参与尚有困难。

（二）控制阶段维度（Y 维度）分析

在基本政策工具分析维度的基础上，再按控制阶段进行划分（见表3－9）。结果显示，事前控制的使用次数占43.6%，事中控制占37.6%，事后控制占18.8%。这说明浙江省海洋环境保护过程偏向使用事前控制手段对海洋环境损害的行为和情况进行预防，并及时根据环境信息运用事中手段对有害行为进行调整。事前控制的使用频次优势在理论上可以减少甚至杜绝海洋环境受损情形出现，但实际上依旧需要依靠事中、事后控制手段对海洋环境进行调整和修复。由此可知，浙江省预防工作不到位，问题更可能在于政策工具间搭配不当或政策实施偏差导致的政策效用不佳。此外，浙江省事后控制阶段的政策工具数量少且使用频次少，这说明浙江拥有较为先进的环境监测技术，健全的监测机制能够有效防止海洋污染事件发生，但也暴露了浙江省事后控制阶段政策工具创新不足。

表3－9　　　海洋环境保护政策工具的控制阶段分布统计

控制阶段		命令控制型	市场激励型	信息公开型	公共参与型	总计（次）	总占比（%）
事前控制	使用次数（次）	70	14	11	14	109	43.6
	本阶段内占比（%）	64.22	12.84	10.10	12.84	－	
事中控制	使用次数（次）	58	17	12	7	94	37.6
	本阶段内占比（%）	61.70	18.09	12.77	7.45	－	

续表

控制阶段		命令控制型	市场激励型	信息公开型	公共参与型	总计（次）	总占比（%）
事后控制	使用次数（次）	16	16	9	6	47	18.8
	本阶段内占比（%）	34.04	34.04	19.15	12.77	-	

事前控制中，浙江对于命令控制型政策工具表现出明显偏好，占事前控制总使用次数的64.22%，其他三类政策工具使用情况差异不大；命令控制型工具使用中以污染物排放总量，登记、许可证和审批制度以及海上污染事故应急预案为主。海洋环境保护过程中，浙江依旧将海洋污染作为重点内容，海洋生态保护红线以及三线一单这类以生态保护为主的新型政策工具使用不足，侧面反映出现阶段海洋环境保护的政策正不断创新，努力向生态保育方向转变，跳出先污染后治理的怪圈，但现有的政策文本与践行新时代生态文明理念之间尚存偏差。

事中控制阶段政策工具使用与事前控制呈现出相同的特征，以命令控制型工具为主，辅以市场激励型、信息公开型以及公共参与型政策工具，其中公共参与型政策工具使用最少。（1）命令控制型政策工具类型少，但其使用频次却最高，尤以海洋环境监测监管为主。致使海洋环境受损的行为往往具有突发性和不可预测性，而命令控制型政策工具的特点是能够及时、有效地针对特定情况采取相应措施，能够根据反馈的环境信息监测当前出现的海洋环境损害行为或情况，并对其进行有效管控和治理。（2）该阶段公共参与型工具的运用偏少，环境影响评价以及公众的检举和控告可以在事中终止损害行为以减轻海洋环境受损程度，但其滞后性未受重视。

事后控制中，各类政策工具使用频次少且占比差距减小，各类型下具体政策工具也最少。命令控制型以及市场激励型两类工具以34.04%的使用占比位居第一，公众参与型工具使用占比为 12.77%。这说明浙江省通过海洋执法这类命令控制型工具对海洋环境损害的行为主体进行责任认定及追偿；以市场激励型工具的环境资金投入、补助和赔偿为主，生态补偿制度为辅，事后对海洋环境进行修复。事后控制阶段各类政策工具的使用虽然可以在一定程度上弥补海洋环境损失，但海洋环境的损伤却一直存在，属于对既定事实的补救措施。“八八战略”以来，浙江省逐渐提升海洋环境工作重要性，不断探索向海发展过程中海洋环境保护工作的新形式，形成浙江经验，生态保护取得了一定成效，故事后控制运用次数少具有合理性，但事后控制阶段的政策工具类型过少，追责海洋环境损害不足现状需要进一步改善。

四、结论和建议

（一）结论

海洋资源利用的多样化、频繁化导致海洋环境与社会经济发展之间的矛盾日益升级，海洋环境的保护及其绿色发展受到社会广泛关注。聚焦政策工具实施成效，构建海洋环境保护政策分析模型，并以 2016 年来浙江省出台的海洋环境保护政策文本为案例实证。研究发现：海洋环境保护政策工具的组合搭配符合社会发展规律，存在合理性，能推动浙江海洋环境向好发展；但政策工具的使用及协同组织方式尚存潜力，海洋环境治理成效依旧有提升空间。浙江践行“八八战略”过程中出台多项海洋环境保护政策，尝试在事前、事中及事后阶段组合应用多种政策工具以预防、治理海洋污染等环境问题。命令控制型政策工具规定海洋保护硬标准，市场激励型政策工具影响行为主体利益收支，信息公开型政策工具引导大众共同监督涉海行为，社会参与型政策工具助推正向价值观形成。不同政策工具在各控制阶段搭配组合，构建硬管理为主、软管理为辅的政策工具运用模式。

着眼长效机制构建审视过往政策工具，本书发现目前的浙江海洋环境保护政策存在以下问题：

（1）命令控制型政策工具使用过滥，强制性特征抑制海洋环境保护的积极主动性。在政策工具的类别运用频次中，命令控制型政策工具在各控制阶段的使用频率均居前列，存在使用频次过高问题。21 世纪初开始，浙江日益重视海洋环境保护，推进相关工作开展并取得一定成效；但在社会意识和价值观践行层面，还未形成自主、系统、可持续的海洋环境保护社会大环境，只能依赖于强制性政策工具达成政策目标。这可能诱发海洋环境保护政策的运行机制与当代可持续发展理念出现偏离，无法对被动遵守海洋环境保护的意识进行纠偏，亟待思想层面转向主动。

（2）控制阶段政策工具搭配不当，事后控制阶段政策工具使用不足。从政策工具应用的控制阶段维度分析政策工具组合搭配合理程度发现政策工具以事前控制为主，事中、事后控制阶段工具数量不足，事后阶段工具使用频次低，存在工具搭配不当。浙江省海洋环境保护重视在事前阶段预先对涉海主体的涉海行为进行红线框定，管理由先污染后治理转向预防。此外，末端控制的相关政策工具使用不足，对踩红线行为仅通过海洋执法或生态补偿制度进行追责，形式单一且力度难以把控，会导致事后阶段政策工具缺乏创新，力度难以把控。

（二）建议

（1）树立整体性和一体化的思维，探索陆海统筹治理新模式。海洋环境保护的第一要务就是厘清海洋环境的源与汇，准确识别海洋环境的陆源、海源、毗连国家及它们的降尺度系统结构。在海洋环境保护立法过程中需要树立整体性思维，以大环境理念作为指导统领相关政策工具的创新使用，进一步探索陆海统筹与毗连国一体化治理新模式。

（2）以政策效用为导向，合理应用各类政策工具以发挥基本优势。优化政策工具结构，增强各类政策工具运用的协调性。继续应用强管理提升政策实施效用的同时，强调软管理，结合地区实际调整命令型政策工具使用频次，加强市场激励型、信息公开型、社会参与型政策工具的多样化使用。

（3）强调协调各控制阶段政策工具的组合。聚焦全阶段政策工具的搭配，加强事中、事后阶段政策工具创新及事后阶段工具运用。发展高质量海洋经济是向纵深推进海洋战略的关键路径，对政府治理能力提出了更高要求。浙江要善于政策工具运用的全阶段创新，关注各阶段工具使用特点、成效并及时调整；提升海洋督察制度，全过程监督涉海行为；建立完善的事后问责机制，实现政策执行过程的有序衔接。

第四节　浙江推进美丽乡村空间优化及可持续发展成效

乡村振兴是中国解决“三农”问题、实现高水平城乡一体化的重要战略抓手。浙江美丽乡村建设系全国稳步推进乡村振兴战略的地方经典模式。美丽乡村建设是中国政府逐步推进乡村振兴战略的步骤之一，浙江作为美丽乡村建设的发源地和实践地具有典型性。在美丽乡村建设方面，实践走在了理论研究之前。针对美丽乡村的研究相对较少，主要有以下三个学派：一是基于产业经济学和管理学背景分析村庄主导产业发展状况，如乔海燕（2014）从丰富美丽乡村建设角度出发研究乡村旅游转型升级问题；二是基于空间生产理论、田园城市理论、景观生态学、景观美学等研究乡村规划布局和乡村景观的特征、评价体系及环境整治策略等，如武前波等（2022）从消费空间生产视角下研究杭州市美丽乡村发展特征；三是从“乡风文明”视角研究乡村文化建设以及美丽乡村的建设路径（杨文江等，2019）。但对于美丽乡村发展整体分布格局和特征以及影响因素等方面研究不足，亟待从空间视角探讨美丽乡村建设的区域特色和空间分布的影响因素，揭示其类型差异及地域分异规律，这对于因地制宜地选择和培育乡村振兴标杆、全面实施乡村振兴战略具有重要参考价值。

故本书以2016～2018年浙江省评定的900个示范性美丽乡村特色精品村（以下简称“示范村”）作为研究对象，运用洛伦兹曲线、平均最近邻指数和核密度等方法定量识别浙江美丽乡村空间布局特征，厘清美丽乡村创建的类型及其格局。同时，利用地理探测器探究美丽乡村空间布局的影响因素，并进一步思考如何将示范村创建的空间规律延展，结合浙江省美丽乡村实践成果，构建浙江推进乡村振兴可持续发展的模式，试图揭示具有强烈资源禀赋约束的浙江各类乡村如何在政策与资本双重驱动下从示范走向全域。本研究一方面有利于丰富中国乡村振兴的理论体系、明晰乡村可持续发展模式，为中国其他地区乡村振兴提供理论指导和实践借鉴。另一方面也可向国际输出中国乡村建设的成功经验。

一、研究区与研究方法

（一）研究区概况与数据来源

浙江省地处中国东南沿海，是长江三角洲经济圈重要组成部分。改革开放后，浙江私营经济、个体经济发展迅速，发达的乡镇工业带动浙江经济发展的同时也带来农村“脏乱差”等环境问题。2003年浙江省开始实施的“千村示范、万村整治”工程，经过多年探索，于2010年发布《浙江省美丽乡村建设行动计划（2011—2015年）》，率先提出美丽乡村内涵：科学规划布局美、村容整洁环境美、创业增收生活美、乡风文明身心美。在总结美丽乡村建设经验的基础上，浙江省出台《浙江省深化美丽乡村建设行动计划（2016—2020年）》，致力于创建一批美丽乡村示范县、示范乡镇和特色精品村。2018年浙江有22个县入围《中国县域经济百强榜》。至此，浙江省美丽乡村建设步入全国前列。

浙江自2016年起开始开展美丽乡村评定计划，至2018年底共有900个美丽乡村示范村（第一批300个，第二批300个，第三批300个），通过百度地图API获取示范村地理坐标，将每一个示范村抽象为空间上的点，同时以 ArcGIS10.3 为技术平台，构建空间属性数据库。示范村的社会经济数据、浙江省 A 级景区以及非物质文化遗产数据来源于浙江统计年鉴和浙江政务服务网，缺失部分通过多源信息搜索补齐，文物保护单位数据源于浙江省文物网。地形、水域和交通等数据来源于中国科学院资源环境科学数据中心。

（二）研究方法

1. 不平衡指数和平均最近邻指数

采用反映不平衡指数的洛伦兹曲线衡量示范村空间分布集中化程度（吴丹丹等，2018），计算公式为：$H = \sum_{i=1}^{n} S_i - 50(n+1)/100n - 50(n+1)$；式中，$n$ 为美丽乡村个数，S_i 为各市区美丽乡村数量在浙江省内所占比重从大到小排序后第 i 位的累积百分比。利用平均最邻近距离来衡量美丽乡村空间分布的类型。可用公式表示为：

$$R = \overline{r_1} / \overline{r_0} = 2\sqrt{A} \sum_{i=1}^{n} d_i \tag{3-1}$$

$$\overline{r_1} = \sum_{i=1}^{n} d_i / n \tag{3-2}$$

$$\overline{r_0} = 0.5 / \sqrt{n/A} \tag{3-3}$$

式中，$\overline{r_1}$ 为最邻近实际距离的平均值，$\overline{r_0}$ 为最邻近距离的期望值，d_i 为最邻近实际距离；n 为美丽乡村的数量。

2. 核密度分析

核密度分析法是对点状要素进行密度估计，能够反映点状要素空间分布的集聚程度，探求其空间分布特征。该分析算法满足公式：

$$f_n(x) = \frac{1}{nh} \sum_{i=1}^{n} k(x - x_i)/h \tag{3-4}$$

式中，n 为点数据，h 为搜索半径，$x - x_i$ 为估计点到样本点的距离。

3. 地理探测器

本章主要使用地理探测器（GeoDetector）分异及因子探测方法来探测各因子对因变量的驱动力。根据前人经验，利用美丽乡村核密度值作为因变量 Y，用 q 统计量的值来衡量各因素解释美丽乡村的空间分异格局的程度，公式和原理如式（3－5）：

$$q = 1 - \frac{1}{N\sigma^2}\sum_{n=1}^{L} Nh\sigma_h^2 = 1 - SSW/SST \qquad (3-5)$$

式中，L 为影响因子的分类数，Nh 和 N 分别为分类 h 和研究区的单元数，σ_h^2 和 σ^2 分别是分类 h 和研究区 Y 值的方差，SSW 和 SST 分别为类内方差之和与研究区总方差。q 值越大表示因子 X 对因变量 Y 的解释力越强，反之则越弱。

地理探测器针对类别数据的算法优于连续数据，先利用 ArcGIS 软件提供的 Jenks 自然断裂点法将所有连续自变量聚为 5 类（因变量可以为连续值），并将各变量绝对值转化为分类值，再用地理探测器软件进行因子探测。

（三）影响因素指标选择

美丽乡村示范村建设作为乡村振兴的重要手段，其空间分布受到多种因素的共同作用。有关乡村特色村分布影响因子的研究成果丰硕，如曹智等（2020）认为村域环境因素、历史经济基础、宏观环境以及能人带头作用是推动乡村专业村镇形成的重要因素；陈国磊等（2019）认为人口规模、经济发展水平、土地和产业发展与专业特色村的空间分布关系密切。借鉴前人研究经验以及浙江省美丽乡村创建的实际情况，基于科学性、数据可获得性等原则，本书从经济发展水平、人口规模、区位条件、文化旅游资源和自然条件等 5 个方面选取指标（见表 3－10），利用地理探测器来探测示范村空间布局差异的影响因素。

表 3 – 10　　美丽乡村空间分布的影响因素及指标

一级影响因素	二级影响因子	单位
经济发展水平	地区生产总值（*gdp*）	亿元
	第一产业产值（*farming*）	元
	城镇居民可支配收入（*cityincm*）	元
	农村居民可支配收入（*farincm*）	元
人口规模	地区常住人口（*popu*）	万
区位条件	距城镇中心距离（*citycent*）	米
	距主干道距离（*roadist*）	米
文化旅游资源	距 A 级景区距离（*Adist*）	米
	文保单位（*culture*）	个
自然条件	地形（*dem*）	米
	距水域距离（*water*）	米

二、浙江省美丽乡村示范村的空间分布特征、类型与格局

（一）美丽乡村示范村的空间分布特征

1. 美丽乡村示范村在各市县分布相对均衡，分布数量差距不大

图 3 – 1 显示，示范村在市级尺度洛伦兹曲线向上突起不明显，实际分布与均匀分布差别较小，表明示范村在各市分布的数量相差不大，市域尺度趋向均匀分布。进一步检验示范村在县级尺度分布情况，如图 3 – 2 所示，洛伦兹曲线同样表明示范村并不具有明显的集中分布现象，但县级尺度的洛伦兹曲线向上突起比市级明显，说明示范村空间分布的不均衡性在县级尺度比市级稍大。源于美丽乡村示范村的创建依赖地方政府的上报及省级部门的评选，作为政策实施的产物，浙江在评选示范村时除考虑乡村的发展条件之外，还将市级尺度的空间均衡性作为考量标准，避免由于政策力量过度施加于某一行政区而出现再分配过程中的区域发展失衡以及乡村区域发展差距扩大。

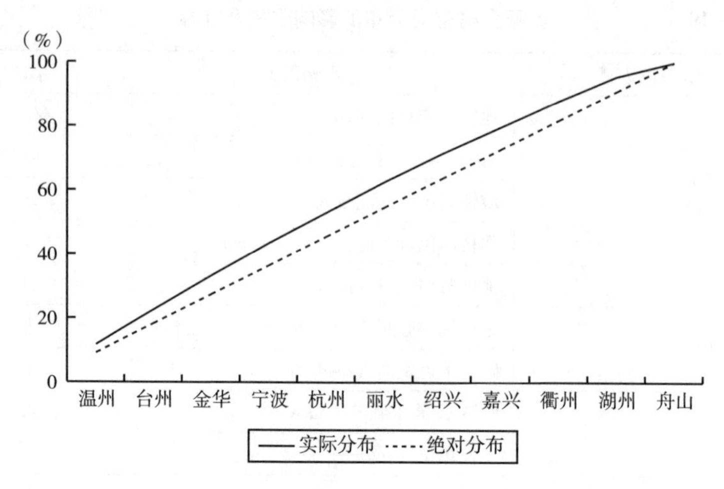

图3-1　浙江省市级尺度美丽乡村分布洛仑兹曲线

2. 美丽乡村示范村在空间上整体呈凝聚型分布，且集聚趋势明显

行政尺度分布差异更多体现的是政府权力在行政单元层面、从数量上控制示范村的空间均衡性。跳脱出强行割裂空间的行政区划，利用平均最近邻指数计算示范村在空间分布的一般特征，得出2016年最近邻指数R为0.7327，Z得分为-8.8561；2017年最近邻指数R=0.7318，Z得分为-12.5675；2018年最近邻指数R=0.6984，Z得分为-17.3102，且P值均小于0.01，说明示范村空间分布的区域差异依然存在，在空间上均呈微弱凝聚型分布，且空间集聚性逐渐增强。

3. 美丽乡村示范村密度高值区相似，后两批较第一批分布范围更广

核密度分析直观反映了示范村形成“杭嘉湖”和“金衢”两大集聚区，且示范村密度高值区分布在城区外围。从时间变化来看，分布特征稳中有变。第一批次美丽乡村示范村的分布格局形成衢州衢江—龙游、杭州临安—桐庐、湖州安吉—德清和嘉兴嘉善—平湖四大核心区，且浙北的密度明显高于浙东南片区。2017年强化了杭嘉湖和衢州的核密度，同时形成了以绍兴为中心的密度核心区。2018年强化了杭嘉湖绍的核密度，在浙江北部形成了环杭州城区的杭嘉湖绍密度集聚区；西南部的金衢集聚区密度增强且范围扩大；同时形成新昌—天台、瑞安—平阳、象山、舟山等

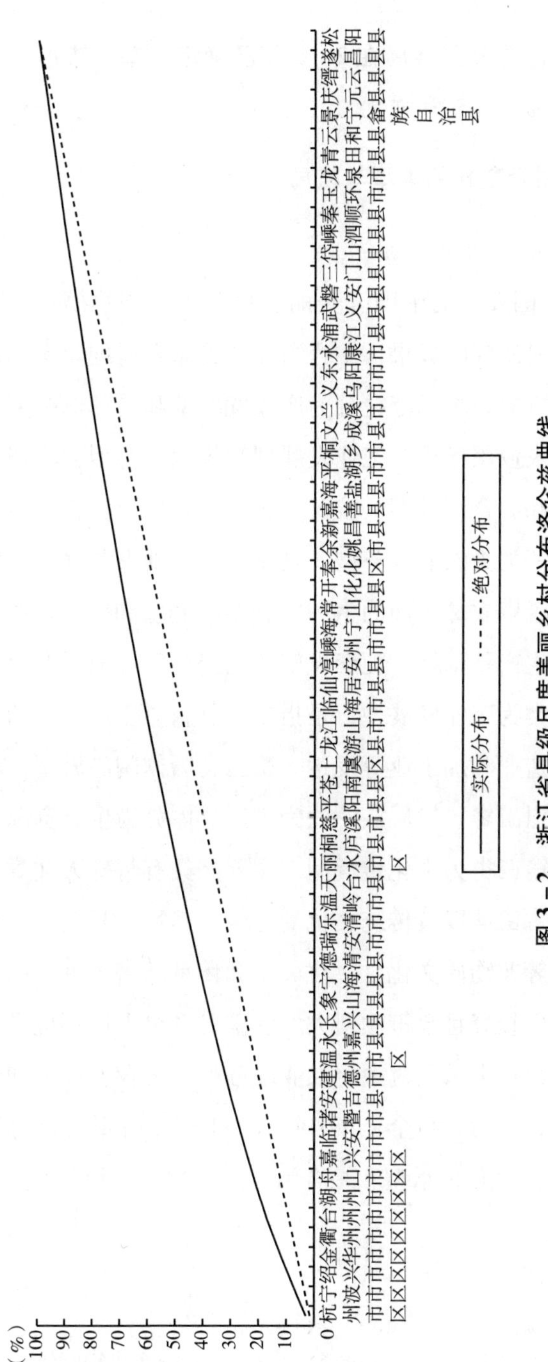

图 3-2 浙江省县级尺度美丽乡村分布洛仑兹曲线

次一级核心区。对比2016年、2017年和2018年的核密度图，可以发现浙江省美丽乡村示范村的分布格局在2016年已确定了基本雏形，后续批次是对第一批分布格局的补充和强化。

（二）美丽乡村示范村的类型与格局

1. 美丽乡村示范村的类型划分

参考2014年我国发布的中国“美丽乡村”十大创建模式，以及相关学者对浙江美丽乡村研究的成果，结合浙江省美丽乡村创建实际情况，按照美丽乡村发展的方向，将示范村分为产业发展型和治理保护型，同时产业发展型又可分为农业服务型、工业发展型和休闲旅游型，治理保护型又可分为文化传承型和综合治理型。按此方法，本书将浙江省美丽乡村示范村分为五大类。第一类为农业服务型，具体分为基础农业服务主导型和农旅结合主导型。前者以农林牧渔的生产（种植、养殖和捕捞）并面向市场销售为主，农产品生产基础好，配套设施较完善，后者依托农业资源发展休闲旅游业。第二类为工业发展型，是指以工业企业生产为主的村落，乡村工业占比大，制造业和加工业等发达。第三类为休闲旅游型，利用当地自然和人文特色吸引游客、发展旅游业为主。具体分为生态资源主导型和综合旅游主导型。第四类为文化传承型，主要是具有特殊人文景观，包括古村落、古建筑、古民居以及传统文化的地区，其特点是乡村文化资源丰富，具有优秀民俗等非物质文化，文化展示和传承的潜力大。第五类为综合治理型，村域收入较好且政策倾斜大，注重对乡村人居环境进行整体改造和提升。在当前900个示范村中，农业服务型、工业发展型和休闲旅游型的美丽乡村居多，各为340个、160个和254个，占到总数的37.78%、17.78%和28.22%；文化传承型和综合治理型乡村占比相对较少，分别为6.89%、9.33%①。

---

① 资料来源：根据浙江省城乡环境整治工作领导小组美丽宜居村镇示范办公室、省住房和城乡建设厅公布的2016年、2017年、2018年度省级美丽宜居示范村创建名单整理。

2. 不同类型美丽乡村示范村空间分异显著，且与已有要素禀赋和产业基础关联密切

浙江省美丽乡村示范村各类型在各地级市的分布情况如图 3－3 和表 3－11 所示。

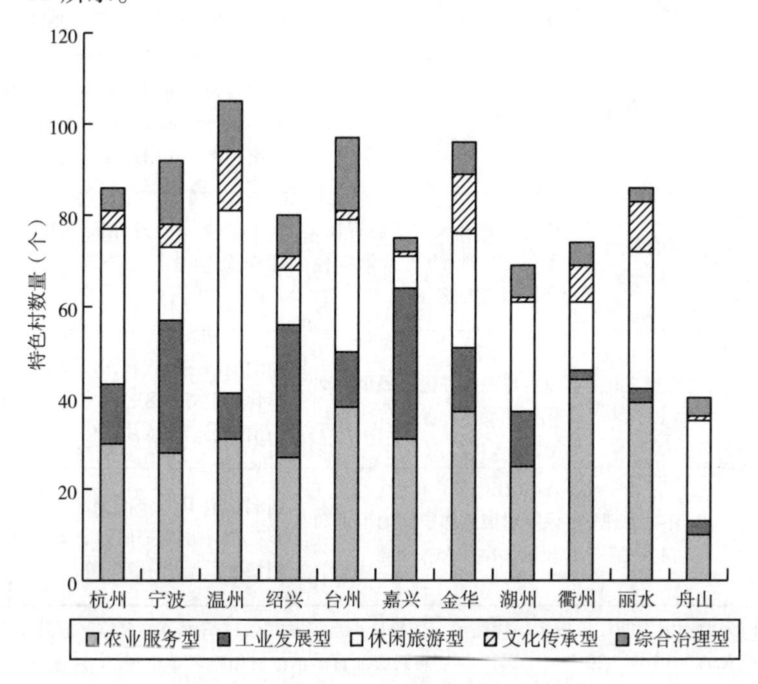

图 3－3　浙江省市域美丽乡村类型分布

资料来源：根据浙江省城乡环境整治工作领导小组美丽宜居村镇示范办公室、省住房和城乡建设厅公布的 2016 年、2017 年、2018 年度省级美丽宜居示范村创建名单整理。

表 3－11　　浙江省美丽乡村示范村类型及分布

主类	亚类	主导产业和发展方向	空间分布
农业服务型	基础农业主导型	以农林牧渔业生产和销售为主，农业基础好配套设施完善	浙中衢州、丽水和金华以及浙北平原的嘉兴和湖州地区
	农旅结合主导型	将农林牧渔业与旅游业结合，发展休闲农业	杭州临安—桐庐、宁波余姚—奉化、舟山片区

续表

主类	亚类	主导产业和发展方向	空间分布
工业发展型	工业制造主导型	以工业生产为主。乡村工业占比大，制造业和加工业等发达	杭州萧山—嘉兴—湖州、诸暨—慈溪—余姚、台州（永康）、金华（义乌）和浙南丽水部分地区
休闲旅游型	生态资源主导型	依托良好的山水生态资源发展休闲旅游业	浙北安吉—德清—临安、舟山片区、浙中天台—仙居、浙西江山—开化、浙南苍南—松阳片区
	综合旅游主导型	依托自然和人文旅游资源、便利的交通等区位发展综合型休闲旅游业	浙北嘉善—吴兴片区、宁绍片区、浙中金华片区、浙南云和—景宁片区
文化传承型	历史文化主导型	以古建民居和优秀民俗等文化资源展示和保护传承为主	浙北桐庐—浦江片区、建德—兰溪、奉化—宁海片区、浙中永嘉—乐清、浙南景宁—文成片区
综合治理型	环境治理主导型	注重村域整体空间的治理和改造，提升人居环境	浙北长兴县、宁波象山—奉化、台州三门—临海—仙居、衢州龙游—柯城区、温州乐清—鹿城区

资料来源：根据浙江省城乡环境整治工作领导小组美丽宜居村镇示范办公室、省住房和城乡建设厅公布的2016年、2017年、2018年度省级美丽宜居示范村创建名单整理。

（1）农业服务型美丽乡村示范村具有土地依赖性和河海水系依赖性，绝大部分集中分布在浙中盆地的衢州、丽水和金华以及浙北平原的嘉兴和湖州地区，另有少数零散布局于大城市周围。相对平坦地势适合发展农业种植业，前者主要生产果蔬等农产品面向市场，后者可借助邻近客源市场优势发展休闲农业。另外，依靠渔业发展的美丽乡村主要分布于舟山、台州和温州的沿海地势低平地区，丰富的渔业资源成为乡村发展的重要内生动力。

（2）改革开放以来，浙江乡村的工业化发展位于全国前列，形成了全国瞩目的乡村“块状经济”的现象。浙江乡村工业化以内生型为主，即依靠乡村本身兴办非农产业来推动农村工业化。工业发展型美丽乡村示范村依托于工业化发展靠前的村落，主要分布于浙北平原的杭州（萧山）、绍兴（诸暨）、宁波（慈溪、余姚）、湖州和嘉兴（海宁），浙中的台州（永康）、金华（义乌）和浙南丽水部分地区。区内地势平坦、交通便利，有利于原料和成品运输。宁波、绍兴和嘉兴布点最多，舟山、丽水和衢州布点最少，这与各地区的国民经济发展水平基本一致，反映了各地区农村工业化发展的水平（朱华友、蒋自然，2008）。美丽乡村政策的实施改变了这些工业型村落环境脏乱差的局面，将美丽人居环境与工业发展相结合，并进一步倡导乡村产业的转型升级。

（3）浙江美丽乡村、村庄景区化等政策的实施，促成休闲旅游型美丽乡村在浙江遍地开花的局面。美丽乡村的发展主要形成布局在旅游景区及其周边的景区发展型和依托城市发展的城郊休闲游两种模式。空间上，形成了以浙东北（杭州—临安—德清—安吉）为核心的一级热点区，以及湖州（南浔—长兴）、嘉兴（嘉善）、宁波（宁海—奉化）、舟山、金华（义乌—兰溪）、台州（天台—仙居）、丽水（松阳—平阳）、温州（泰顺永嘉）、衢州（遂昌—江山）等二级热点区。同时，浙江休闲旅游型美丽乡村主要有四种类型：以绿色景观和田园风光为旅游主题的观光型的美丽乡村；以农庄或农场旅游为主，包括休闲农庄，观光果园，茶园、花园，休闲渔场，农业教育园，农业科普示范园等，体现休闲、娱乐和增长见识为旅游主题的美丽乡村；以乡村民俗、乡村民族风情以及传统文化为主题的民俗文化、民族文化及乡土文化为旅游主题的美丽乡村；以康体疗养和健身娱乐为主题的康乐型旅游的美丽乡村。总之，休闲旅游型美丽乡村依托优美的自然山水风光、良好的生态环境、便利发达的交通设施，成为游客回归自然、休闲观光的好去处。

（4）文化传承型美丽乡村示范村大多为已入选中国传统村落的乡村，主要分布于地势相对较高的浙西南和浙东南的丘陵地区，如金华（兰溪诸葛八卦村）、宁波（奉化溪口）、丽水（景宁畲族自治县）等。这些乡村地区发展历史悠久，文化底蕴丰厚，农耕文化和乡村文化特色突出，且因为地势错落，传统文化和建筑较好地保存下来。

（5）综合治理型美丽乡村示范村主要分布在丘陵地区，该类乡村总体数量偏少，地域分布较零散，全村以外出务工和经商为主，乡村产业发展内生动力不足，但外出谋生的农民所具有的浓重的乡土情结驱动其投入资金进行乡村建设，注重对村落建筑、道路和环境等进行整体改造和美化，通过营造良好的美丽人居环境建设美丽乡村。

三、浙江省美丽乡村示范村空间分异因素探测

根据表3－10中选取的11个相关影响因子，基于地理探测器定量分析浙江省900个美丽乡村示范村空间分异的决定性因子（见表3－12）。将一级影响因素下的二级影响因子的地理探测器q值相加求均值，作为该类影响因素影响能力q值。

表3－12　　浙江美丽乡村空间分异驱动因子探测结果

一级影响因素	综合q值	二级影响因子	q值	p值
经济发展水平	0.1289	地区生产总值（*gdp*）	0.0442***	0.00
		第一产业产值（*farming*）	0.2444***	0.00
		城镇居民可支配收入（*cityincm*）	0.0451***	0.00
		农村居民可支配收入（*farincm*）	0.1819***	0.00
人口规模	0.0466	地区常住人口（*popu*）	0.0466***	0.00
区位条件	0.2839	距城镇中心距离（*citycent*）	0.3102***	0.00
		距主干道距离（*roadist*）	0.2576***	0.00
文化旅游资源	0.1848	距A级景区距离（*Adist*）	0.1660***	0.00
		文保单位（*culture*）	0.2037***	0.00
自然条件	0.1714	地形高程（*dem*）	0.2922***	0.00
		距水域距离（*water*）	0.0507***	0.00

注：***表示在1%的水平上显著。

地理探测结果显示二级影响因子均呈现显著性，但影响因子的解释力大小存在差异。总体来看，对美丽乡村示范村空间布局解释力较大的影响因子排序为：距城镇中心距离（0.310）>地形（0.2922）>距主干道距离（0.2576）>第一产业产值（0.2444）>文保单位（0.2037）>农村居民可支配收入（0.1819）>距A级景区距离（0.1660）。而地区生产总值（0.0442）、城镇居民可支配收入（0.0451）、地区常住人口（0.0466）、距水域距离（0.0507）等因子对示范村空间布局的解释力较小。从一级影响因素维度来看，影响因素q值排序为：区位条件（0.2839）>文化旅游资源（0.1848）>自然条件（0.1714）>经济发展水平（0.1289）>人口规模（0.0466）。具体分析如下：

（1）区位条件。区位条件是影响美丽乡村示范村空间布局最重要的因素，主导因子为距离城镇中心的距离（q=0.3102）和距离主干道的距离（q=0.2576）。距城镇中心距离近，能够较好地接收到城镇中心的经济、文化等资源的辐射效应，有利于促进示范村转型发展；同时，示范村能够接触广大市场，并利用自身条件创造有形和无形产品服务于市场需求，带动村域经济发展。交通在乡村发展过程中起到关键作用，对外联通便利与否甚至能够决定村落的兴衰存亡。对浙江省高速公路、国道、省道等主要陆路交通线进行缓冲区分析，可以发现，主要陆路交通线1千米范围内集聚了258个美丽乡村示范村，占比达到28.67%，5千米范围内则一共集聚了605个，占比高达67.22%，表明示范村的空间分布具有显著的“临路”分布特征，并以主要陆路交通线为中心呈现空间距离衰减规律，距离主要陆路交通线越近，示范村数量越多；反之，数量越少。

（2）文化旅游资源。文保单位和旅游资源是示范村空间分异的主导因素，影响力均显著。首先，文保单位对示范村空间分异的解释力值为0.2037。浙江省文物保护单位788处，非物质文化遗产1305项，具有深厚的文化底蕴。文化资源丰富的村域，其历史积累所成的价值观念、思维方式和习惯，乃至生产技艺等均为示范村的形成奠定了重要的文化和产业基础。中央城镇化工作会议文件提到“要传承文化，发展有历史记忆、地域特色、民族特点的美丽城镇”。浙江美丽乡村示范村建设遵循乡村实际特点，充分挖掘村庄特色，对地方人文风俗、古村落文化、生态文化等进行开发和保护，大力支持传统型村落的改革创新发展。其次，距A级景区距离对示范村空间分异的解释力值为0.1660。浙江省拥有A级景区714家，其中3A级景区达383家，旅游资源数量和级别位居全国前列。2017年提出“万村景区化”乡村振兴创新实践，依托旅游资源禀赋、以点扩面，发展旅游示范村成为浙江创建美丽乡村的重要途径。

（3）自然条件。自然条件的主导因子是地形高程（q=0.2922）。示范村地形格局具有“趋平”分布的特点。地形地势是影响人类生产和生活最基本的因素（马仁锋、周小靖、李倩，2019），地势高的村落其气候环境和交通便捷度不利于农作物生长和人类居住，且难以开展规模经营。浙江省美丽乡村示范村主要分布在海拔-1~1235米的区间内，海拔200米以内的美丽乡村有742个，占比高达82.44%，海拔200~1000米的有110个，而海拔在1000米以上的只有48个。因此，浙江省美丽乡村示范村主要分布在浙北平原、金丽衢平原和温台沿海平原等海拔较低的区域，而海拔越高，示范村分布越少。距水域距离（q=0.0507）对示范村空间布局的作用不明显。

（4）经济发展水平。第一产业产值（q=0.2444）和农村居民可支配收入（q=0.1819）是经济发展水平的主导因子，两者的因子解释力远大于地区生产总值（q=0.0442）和城镇居民可支配收入（q=0.0451）。第一产业发展为示范村提供经济发展基础条件，有利于改善村域生产条件，提高村域竞争力。另外，示范村大多是乡村地域，分布在经济较好的县或者经济相对落后的辖区，因此农村居民可支配收入影响因子作用明显。而地区生产总值和城镇居民可支配收入作用不显著。

（5）人口规模。人口规模在一级影响因素和二级影响因子中的解释力值均为最小（0.0466），说明人口因素对美丽乡村示范村空间分异的作用不明显，乡村的发展不再以传统的人口因子为关键的生产要素。

四、浙江省美丽乡村可持续发展模式的运作机理

对浙江省美丽乡村空间布局的影响因素进行分析，厘清浙江美丽乡村地域特色的空间性，可为乡村振兴战略空间结构优化提供科学依据。进一步思考将示范村创建的空间规律延展，结合浙江省美丽乡村实践成果，尝试构建浙江省美丽乡村可持续发展模式，可为助力乡村全面发展提供有力支撑。

（一）村域要素禀赋奠定美丽乡村发展基础

浙江美丽乡村示范村早期依托区位条件、自然条件、经济发展基础和资源禀赋，发展经济作物种植区和沿海水产品养殖带，但受限于人口资源密度大、人均耕地资源少所引致的人地矛盾，转而借助长三角经济区优势区位和农渔林业基础、向农业现代化和特色专业化转型。浙江民营经济和外来资本投资推动乡村工业化、城镇化发展。产业外向度提高、市场化进程加快，工业型示范村转型升级，进一步推动乡村区域提质增效。示范村发展动力由自然资源导向型逐渐过渡到更加依赖商业资本和市场，形成“资源禀赋+资本”引航发展的良好态势。在此背景下，休闲观光旅游型村落发展迅速，乡村生态旅游不仅成为迎合长三角客源市场的“宠儿”，亦将绿水青山变为金山银山、成为乡村精准扶贫和转型升级的重要着力点。对于交通闭塞、历史文化载体丰富但无力承受大刀阔斧开发建设的文化传承型村落，以及环境基础设施建设滞后、环境污染落后地区，政府财政倾斜就显得十分迫切。政府资本投入保护和改善乡村环境，弹性主导其成为文化传承型村落和综合治理型村落的示范标杆。

（二）政策弹性引领美丽乡村全面建设——从示范到全域的政策延展态势

用所获荣誉来衡量美丽乡村示范村整体的社会经济发展状况：不具备

任何称号属于发展水平低的示范村；获得市级荣誉（如小康等）属于发展水平中低的示范村；获得省级荣誉（如省级美丽宜居等）属于发展水平中高；获得国家级荣誉（如中国幸福乡村等）属于发展水平高。这四类示范村在浙江全省示范村总量中的占比分别为34.11%、20.11%、32.89%和12.89%。美丽乡村示范村社会经济水平发展较好和发展一般的数量比例大致持平。但在创建时序上存在显著差异。由图3-4（a）可以看出发展水平低、中低的美丽乡村示范村的数量是随时间逐渐增加的，而发展水平高、中高的随时间逐渐减少。由图3-4（b）可知美丽乡村类型的变化。

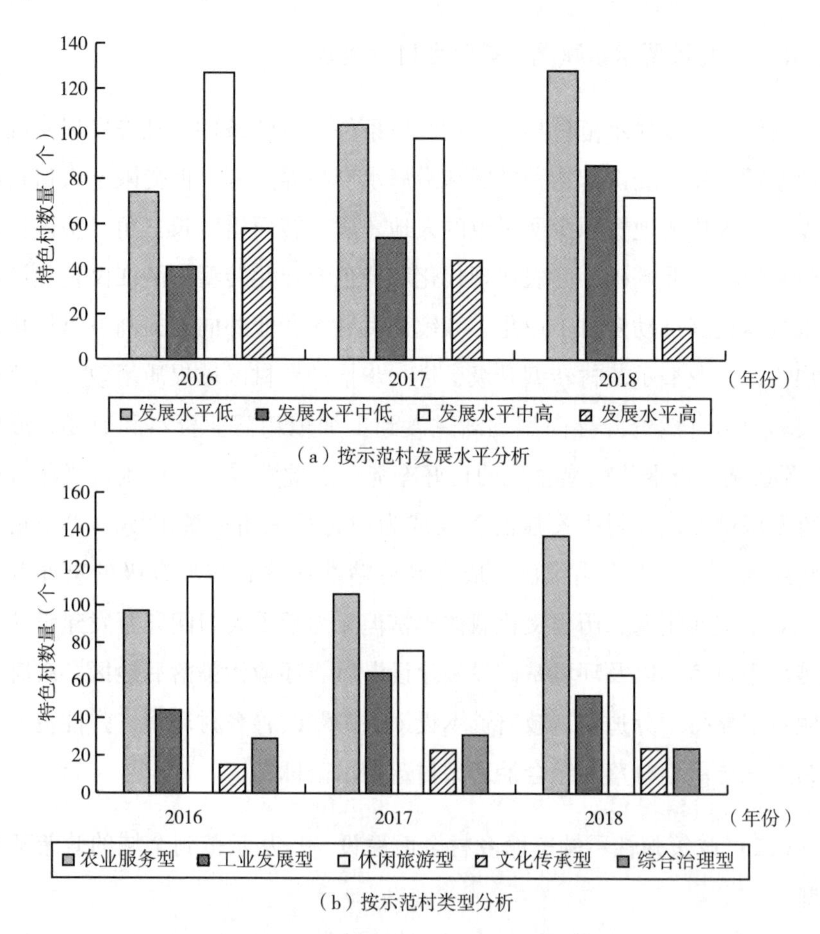

图3-4　美丽乡村创建的政策延展态势

作为第三产业的休闲旅游型在2016年是创建最多的，此后逐渐减少；而农业服务型却随时间增加而有增多的趋势，共同说明美丽乡村的创建首先落脚于资源禀赋好、发展水平高的乡村，通过政策红利促进其快速发展，示范带动邻近或相似乡村发展；然后，瞄准资源禀赋一般，发展水平次之的乡村，如此梯度转移，最终实现全域乡村振兴。

（三）资本驱动助力美丽乡村转型升级

马斯登（Marsden）等在《建构乡村》中指出，为应对资本积累的危机，资本所有者需要创造出新的投资机会。因此经济相对落后的乡村地区亦成为资本逐利竞争之地（周尚意、许伟麟，2018）。浙江地区所涌现的“资本下乡”是建立在政府乡村振兴政策持续供给的协调和管理的基础之上，顺应政策弹性，聚焦于地方特色优质资源的可持续利用，改变早期粗放型要素开发的路径依赖，将资源优势转变为经济发展优势并逐步形成规模经济效益。现代高效农业、科技赋能工业、可持续休闲旅游等多样化发展类型，成为资本驱动乡村、企业与农户共建共享的浙江地方特色发展模式的突出成果，且美丽乡村发展的成果又进一步促进生态与地方文化的传承保护发展以及综合治理。如依托生态环境与地方文化发展休闲旅游产业的德清莫干山村落，不同于政府主导的自上而下的单一发展模式，莫干山村落在政府专项资金的支持下首先实现乡村基础设施的完善和提升以及村容环境整治。此后，商业资本介入开创“民宿洋家乐”新业态，“绿水青山”的资源禀赋在资本与政策弹性的双重驱动下变为“金山银山”。村民在不离土不离乡的情况下，实现乡村旅游从原始经营向多元化服务转变，从农户投资向企业运作转变，并通过旅游消费拉动农业、工业和服务业的增长，最终促进乡村的整体经济增长和产业结构转型升级。

（四）美丽乡村建设“三元驱动”可持续发展模式

基于以上研究结果和分析，对浙江省美丽乡村建设的可持续发展模式进行建构，形成浙江省美丽乡村推动乡村振兴的可持续发展三元驱动模型（见图3－5）。

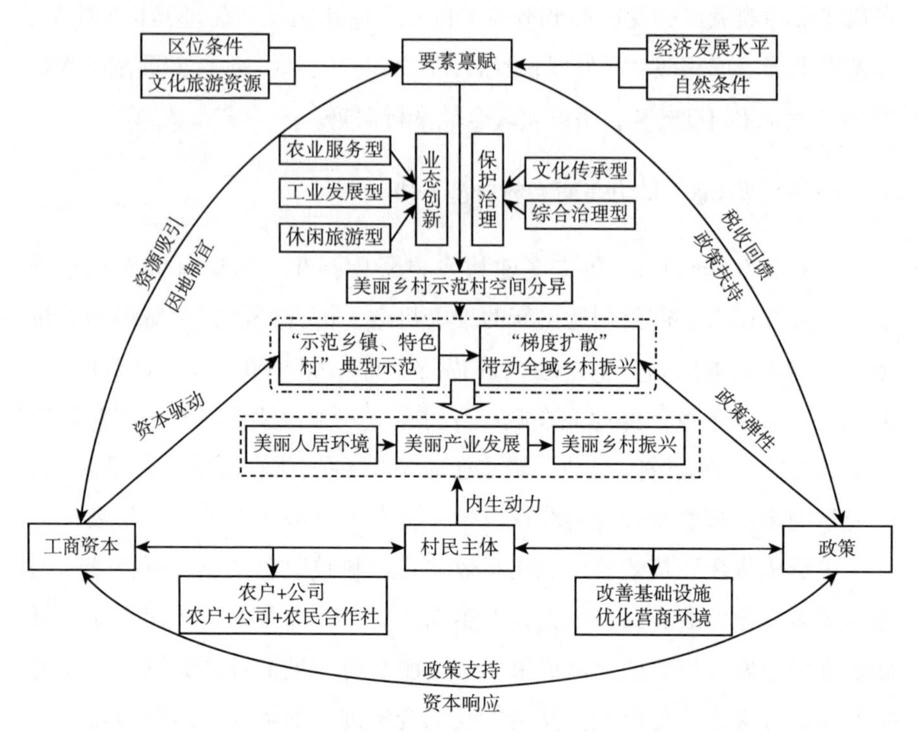

图3－5　浙江省美丽乡村建设可持续发展“三元驱动”模式

浙江省充分发挥乡村区位、自然条件和要素禀赋优势，因时制宜、突出特色，依托地域自然资源和特色文化旅游资源，在乡村原有经济发展基础之上，依靠多元主体共同谋求美丽乡村发展。

（1）美丽乡村的建设以政府为主导，通过政策颁布和财政补贴推进美丽乡村建设，成为重要制度驱动力。2014浙江省发布全国首个美丽乡村省级地方标准，2016年开始美丽乡村示范村的试点示范，从美丽乡村建设方向、标准、管理办法的研制和推广，过渡到试点示范、总结推广美丽乡村建设的典型模式及创新方向，促进乡村振兴再实践的科学化（马仁锋、金邑霞、一然，2018）。

（2）美丽乡村建设注重市场拉动。一方面美丽乡村产业的发展要紧扣市场需求，大力扶持并发展农业服务、工业创新和休闲娱乐等，让产业对接市场；另一方面，资本嗅到商机并开始大规模地向农村地区流动，为乡村产业发展提供更多资金的支持。

（3）美丽乡村建设以村民为主体，“三农”问题是美丽乡村建设的出发点和落脚点，从前期规划的制定、创建资金的募集、创建过程的参与以及实施效果的维护等方面应充分发挥村民的积极性。另外，“农户＋公司”“农户＋公司＋农村合作社”等成为资本驱动产业业态创新的重要发展模式。同时，村民和政策共同改善乡村基础设施、营造良好的营商环境，为良性资本下乡奠定基础。

（4）在资本和政策的双重驱动下、村民发挥自主能动性，因地制宜合理利用资源禀赋，推动浙江美丽乡村从“示范村”典型示范走向全域乡村振兴，成为实现美丽乡村地域系统的可持续发展的重要路径。

五、浙江推进美丽乡村全域发展经验

美丽乡村示范村创建是浙江省开展乡村振兴战略的重要着力点，既是对美丽乡村前期建设成果的肯定，又通过树立典型模式为美丽乡村的深化发展指明方向。浙江省美丽乡村建设已取得了令人瞩目的成果，相关经验值得推广和借鉴。

本节重点探讨了浙江省美丽乡村示范村创建的类型格局与空间分异的影响因素，并进一步思考如何将示范村创建的空间规律延展，总结浙江省美丽乡村可持续发展模式。值得关注的是，浙江省美丽乡村建设取得突出成就的同时，也面临着一些挑战。美丽乡村作为实现乡村振兴和全面建成小康社会的重要手段，浙江已投入诸多人力财力进行综合改革整治，大量建设行动间接带动相关行业的发展。同时建立以奖代补的激励机制，将地方官员的考核同乡村建设联系起来，前期建设在短期内取得显著成效，人居环境、基础设施与公共服务得到提升，但并没有改变乡村的生产方式和产业结构，农民主体作用未能充分发挥，对于激发乡村发展的内生动力作用微弱，后续的维护和管理也面临挑战。因此要考虑美丽乡村的建设过程中如何进一步发挥村民的能动性，让乡村原住民融入美丽乡村生产生活的网络结构中去，担负起美丽乡村可持续发展的责任，同时共享美丽乡村社会发展的利益，是实施乡村振兴战略的重要落脚点。

资本下乡为美丽乡村的建设带来了新的发展模式，从经济学角度看，追逐产品利润最大化是商业资本介入乡村建设的持续动力。资本与政策弹性的双重驱动将浙江地方资源禀赋优势转化为经济优势，促进资本在乡村的积累，但乡村发展的最大获益者可能会转变成资本的拥有者，原住民通过土地和房屋等出租以及就业获得一定报酬，但消费水平和赋税的攀升将增加其生存压力。浙江省美丽乡村建设强调以浙江千万农民的切身利益作为美丽乡村建设进程的主线，因此，应倡导利用乡村自有资金创新乡村生产方式和产业结构，减少商业资本剥夺村民利益的行为，审慎审核资本下乡所投资项目的可行性，以及从政策角度考虑将村民的要素所有权以入股的形式承包给资本持有方，真正实现将乡村振兴的发展成果与村民共享。同时，提升社会主体对乡村家园的认同感，保护乡土文化的活态传承与延续，推动美丽乡村成为一个具有自生发展能力的可持续生态群落。

另外，关于美丽乡村空间优化的研究仍有继续深化的可能。一是本节关注乡村建设的产业发展类型和市场主体，但受限于数据的可获得性，未对乡村居民的社会资本助推乡村振兴进行研究。乡村社会资本的培育有助于促进民众、企业、政府间的团结合作，提升本地企业的经济表现（Westlund & Nilsson，2005），未来可构建指标体系评测乡村社会资本及其对乡村产业增长和推进乡村振兴的作用。二是以古村之友、民间艺术家等非营利组织和个人参与美丽乡村建设实践行为，为美丽乡村建设增添厚重的人文情怀，也成为美丽乡村焕发生机与活力的重要驱动力，未来可对公益助力和新乡贤投入乡村振兴予以更多关注。

第四章

浙江统筹山海推进省域协调发展的理论阐释

浙江省作为沿海经济发达地区，统筹利用陆、海两类国土空间资源，推进省域协调发展的政策实践在各行政单元和各行政主管部门不断演进。这些实践既涵盖了陆海统筹、生态文明、城乡统筹发展等方面的浙江探索，又重点推动浙江沿海地区与内陆地区的协调发展，实现省域资源优化配置和经济社会的可持续发展。

第一节　山海协作工程政策从面向发展问题到面向发展需求

浙江统筹陆海资源推进省域内部协调政策实践，肇始于省内问题区域，到区域发展问题，到面向省域均衡发展需求。浙江沿海地区受益于开放红利，经济发展迅速，内陆山区县的发展速度略显滞后。为解决发展不平衡问题，浙江省政府注意到省内县际均衡发展的迫切性，政策实践着力推动各县经济协调发展。紧扣县际差距，浙江省政府出台相关政策，鼓励沿海地区向内陆山区投资，促进要素流动，提升山区县经济发展要素配置效率，推动山区县域经济社会发展。2010年后，国家主体功能区政策理念逐渐被贯彻，统筹陆海资源推进省域协调发展，不仅重视经济增长，而且重视社会基础设施的公平配置与公共服务的均衡供给。2020年以来，伴随浙江陆海县域协调发展的诉求升级，尤其是在“两山论”指引下山海协作工程实施更加注重结合双方经济社会的全面发展和科创飞地发展，全面提升浙江山区县的创新能力、异地聚财（税）与聚（人）才能力。相关转变既促进了浙江沿海与内陆县的协调发展，推动了省域经济社会的可持续发展，又面向未来全面提升浙江省统筹陆海资源，提升创新发展实力，推动更加协调、均衡、创新的省域可持续发展。

一、重视省域内部县际均衡发展

省域内部县际均衡发展强调在一个省内推进经济、社会、环境协调发展，实现区域均衡、可持续的增长，强调基于县际发展差异创建公平和可持续的发展模式。浙江省实施山海协作工程旨在促进省内区域合作与协作，实现省域内部县际均衡发展，实现互利共赢、协调发展。2011年以来的浙江省国民经济和社会发展五年规划纲要均重视省域内部县际均衡发展，聚焦省域内部县际均衡发展的不同维度，渐进式推动全省高质量发展（见表4－1）。历次五年规划都有其独特的重点和目标，随着时间推移明显地朝着浙江省可持续的发展迈进。“十二五”规划重点是基础设施建设和发展旅游业，“十三五”规划重点是城市化和现代化，“十四五”规划强调创新和科技。这15年的发展规划都强调促进稳定和可持续的经济增长，重点从基础设施和旅游转向城市化、现代化和创新。

表 4-1 浙江省五年规划导向

文件名	现状	定位	发展目标	布局	领域
《浙江省国民经济和社会发展第十二个五年规划纲要》(2011～2015年)	快速经济增长，但地域不平衡和环境问题存在	"创新协调绿色"发展战略	双倍GDP增长率，改善人均收入和社会保障	集中于沿海区域，特别是杭州和宁波	电子、纺织、机械、石油化工
《浙江省国民经济和社会发展第十三个五年规划纲要》(2016～2010年)	加强了"创新协调绿色"发展战略	进一步加强"创新协调绿色"发展战略	保持国内生产总值增长8%以上，改善经济结构，增加先进制造业和战略性新兴产业的贡献	扩大投资机会在内陆地区，包括金华和温州	先进制造业，高科技产业，战略性新兴产业
《浙江省国民经济和社会发展第十四个五年规划和二〇三五年远景目标纲要》(2021～2025年)	加快转型到高品质发展，注重创新和可持续发展	综合提高生活水平和社会公益	加快转型到高品质发展，注重创新和可持续发展	协调城乡发展	智能城市技术、数字产业、文化创意产业等

二、重视省域内部沿海发达县市区与内陆山地县市区发展差距缩小

浙江省"十二五""十三五""十四五"规划引导省内沿海/山区县市区发展差距的缩小，强调促进经济增长、改善基础设施和提高居民生活质量等方面（见表4-2），缩小省内沿海县与内陆山区县之间的发展差距，促进浙江省经济增长更加均衡。

表4－2　浙江省五年规划内容对沿海、山区县市区的引导

文件名	现状	定位	发展目标
《浙江省国民经济和社会发展第十二个五年规划纲要》（2011～2015年）	沿海县市区经济强度，受出口和旅游的支持；内陆山地县市区经济相对落后，工业基础较弱	沿海县市区注重高科技制造、服务业和创新产业的发展；而内陆山地县市区主要集中于农业和自然资源类产业的发展	“十二五”期间，沿海县争取国内生产总值增长率翻一番，改善收入和社会福利，内陆县争取在经济发展方面赶上沿海地区
《浙江省国民经济和社会发展第十三个五年规划纲要》（2016～2010年）	沿海县市经济发展强劲，制造业、服务业、旅游业先进，内陆乡村经济相对落后，工业基础有限，服务业不发达	沿海重点放在创新和高科技产业，如机器人、人工智能和生物技术。内陆重点放在传统产业，包括农业、林业	沿海县市力争成为中国沿海地区的领先地区，内陆以创新和创业为重点，在经济发展和工业化方面赶上沿海地区
《浙江省国民经济和社会发展第十四个五年规划和二〇三五年远景目标纲要》（2021～2025年）	沿海县市制造业、服务业、旅游业先进，内陆县市工业基础有限，服务业不发达	沿海重点放在创新和高科技产业。内陆县市重点放在农业、林业	加快转型到高品质发展，注重创新和可持续发展

三、重视省域内部沿海县市区内部陆海统筹发展

浙江省域可持续发展不仅强调省域内山区县与沿海县之间的协调发展，而且更加强调沿海县市区内部的城乡协调、县际协调发展。沿海城市内部可持续发展，重点关注利用海洋区位优势布局新兴高技术产业、提升基础设施能级、提升块状集聚区创新发展能力（见表4－3），同时也更加强调为子孙后代保持海岸海洋生态系统的健康。

表4－3　浙江省五年规划内容对沿海县市区内部均衡发展的引导

文件名	现状	定位	发展目标	布局	领域
《浙江省国民经济和社会发展第十二个五年规划纲要》（2011～2015年）	（1）杭州湾区：国际商务区建设完成，周边地区持续发展；（2）宁波—舟山港：扩大港口设施，建立国际航运中心，货物吞吐能力持续增长；（3）温州：新建机场，建成国际贸易中心，贸易投资活动增多	（1）杭州湾区：旨在成为领先的区域航空、物流和金融中心；（2）宁波—舟山港：以发展世界级港口和航运枢纽为重点，集装箱航运和大宗商品优势明显；（3）温州：力争成为浙江省南部重点城市，重点发展对外贸易和投资	（1）杭州湾区：加强基础设施建设，增强创新创业精神，营造良好的营商环境；（2）宁波—舟山港：扩大港口吞吐能力，提高效率，发展造船、海上物流等配套产业；（3）温州：升级基础设施，促进产业集群，推动城市可持续发展	（1）杭州湾区：由政府设计的总体规划，为不同的行业和功能划定专区；（2）宁波—舟山港：地方政府制定的以港口与工业发展相结合为重点的综合规划；（3）温州：规划建设中央商务区，商业、办公、住宅综合用途空间	（1）杭州湾区：航空、物流、金融、科技、医疗；（2）宁波—舟山港：航运、物流、制造业及相关配套产业；（3）温州：纺织、机械、电子、汽车零部件、软件、生物技术等新兴产业
《浙江省国民经济和社会发展第十三个五年规划纲要》（2016～2020年）	（1）杭州湾区：建设高速铁路网和数字经济枢纽，机场已完成扩建；（2）宁波—舟山港：实施港口扩建一期工程，继续开展智能港口系统和配套基础设施建设；（3）温州：完成新建高速铁路车站和道路网络升级改造，建成跨境电子商务运营平台	（1）杭州湾区：渴望成为创新、创业和数字化转型的顶级区域枢纽；（2）宁波—舟山港：利用先进的技术和智能港口措施，力求成为世界领先的航运和物流枢纽；（3）温州：旨在巩固其作为浙江省南部重要城市的地位，充分利用其毗邻长江三角洲和外贸优势	（1）杭州湾区：以创新、人才、智慧城市发展为重点，优化营商环境，鼓励合作；（2）宁波—舟山港：扩大港口吞吐能力，优化资源配置，培育可再生能源、先进材料等新兴产业；（3）温州：推进可持续城市化，培育创新文化，促进国际交流与合作	（1）杭州湾区：综合空间规划，融合绿地、公共设施和高效的交通系统；（2）宁波—舟山港：海陆同步发展，平衡工业增长与生态保护和社区需求；（3）温州：老工业基地的适应性再利用，将文物保护与现代城市设计和功能区划相结合	（1）杭州湾区：数字经济、人工智能、生物技术、清洁能源、先进制造业；（2）宁波—舟山港：航运、物流、港口码头、海洋工程及相关技术服务；（3）温州：纺织品、服装、皮革制品、机械设备、电子元器件，重视电子商务和数字解决方案

续表

文件名	现状	定位	发展目标	布局	领域
《浙江省国民经济和社会发展第十四个五年规划和二〇三五年远景目标纲要》（2021～2025年）	（1）杭州湾区：实施数字经济举措，新机场建设准备工作正在进行中；（2）宁波—舟山港第二阶段扩建工作接近完成，正在努力提高港口业务的智能化程度，简化海关手续；（3）温州：基础设施改造按计划进行，重点改善生活质量，吸引游客	（1）杭州湾区：力争成为具有全球影响力的创新创业中心，带头推进区域数字化转型；（2）宁波—舟山港：凭借尖端技术和战略地理位置，力争跻身世界三大航运物流枢纽之列；（3）温州：旨在巩固其作为独特的文化和旅游目的地的地位，展示其丰富的历史和自然美景，同时采用现代城市规划原则	（1）杭州湾区：加强研发，培养人才，促进产学政合作；（2）宁波—舟山港：加强航运物流竞争优势，促进相关产业发展，营造繁荣的营商环境；（3）温州：重视可持续发展，保护文化遗产，促进国际交流，彰显城市独特魅力和特色	重点发展高新技术产业、现代服务业和新兴产业；加强基础设施建设，提高货物装卸能力，促进多式联运；促进产业升级，加强城镇化，保护环境	技术，创新，研发，总部经济；物流，航运，贸易，基础设施；制造业，服务业，旅游业，环保

四、地方债用途政策从区域协调发展问题转向区域协调发展需求

地方政府职能之一就是为人民群众提供高质量公共产品和高效率的公共服务，地方政府债务的举债规模、债务资金的使用去向，清晰地表明浙江各地践行区域协调发展历程与态势。

（一）地方债务概念

地方债务可划分为显性债务、隐性债务两种类型。显性债务一般包括

外国政府与国际金融组织的贷款、国债转贷资金、农业综合开发借款、解决地方金融风险专项借款、拖欠工资、国有粮食企业亏损新老挂账、拖欠企业离退休人员基本养老金等，除了明确的负债外，常表现为未支付的应付支出。隐性债务包括地方政府担保债务、担保的外债、地方金融机构的呆坏账、社会保障资金缺口等，在出现金融机构清算等情况时地方政府将承担资产损失。这些债务缺少有效、统一的监测、管理制度，隐蔽性强，已成为中国地方债务风险的主要风险区（祝升婳，2022）。

由于我国各地区经济发展水平有很大差别，地方财政风险的程度和抗风险的能力也有所不同。经济发展相对滞后的省份，地方财政风险的问题就相对比较突出，风险形式呈多样化；经济发展水平比较高的省份，抵御财政风险的能力相对比较强，风险形式也相对比较集中。如果按照风险矩阵，地方政府债务实际上可分为四类：显性直接债务、隐性直接债务、显性或有债务和隐性或有债务。

（二）浙江省举债量及其用途分布

浙江省债务增量大、增速快，在全国占比较为稳定，浙江省债务举借坚持“权、责、利”和“借、用、还”相统一的原则，遵循全国人大关于地方政府债务限额管理的要求。2018～2020年在批准的限额内，浙江省依次发行了18期、19期、50期地方债（见表4－4）。

表4－4　2018～2020年全国和浙江省地方政府债务总量及增速比较

年份	浙江省地方政府债务规模（亿元）	浙江省地方政府债务增速（%）	全国地方政府债务规模（亿元）	全国地方政府债务增速（%）	浙江省地方政府债务占全国地方政府债务比重（%）
2018	8997.11	–	188041	–	4.78
2019	10387.81	15.59	213072	13.31	4.88
2020	12480.15	20.14	256615	20.44	4.86

资料来源：根据财政部和浙江省财政厅相关公告整理。

表4－4显示，2018～2020年浙江省地方政府债务和全国地方政府债务总体都呈上升趋势。债务总量看，浙江省债务从2018年的8997.11亿元增长到2020年的12480.15亿元，仅两年时间就增长了3483.04亿元。全国地方债务从2018年的188041亿元增加到2020年的256615亿元，两年增加了68574亿元。可见，无论是浙江省还是全国债务增量都是巨大的，从侧面表明应重视地方政府债务风险问题。债务增长速度看，2019年浙江省的债务增速比全国地方债务增速大了约2个百分点，说明浙江省债务增长处在全国各省债务增长平均水平之上，应该加强对债务的监管。浙江省债务在全国占比看，近三年浙江省地方政府债务占全国地方政府债务的比重均保持在4.8%左右，占比较为稳定。

《浙江省地方政府性债务管理实施暂行办法》对地方政府债务资金的使用有明确限定，政府借债所得资金必须首先满足当地的公益性项目。2020年浙江省新增地方政府债务资金投向占比由大到小依次是市政建设，交通运输，科学、教育、文化事业，医疗卫生等其他社会事业，棚户区改造等保障性住房建设，农林水利建设，生态建设和环境保护，中小银行风险化解；以市政建设的投入比例最大，其次为交通运输。可见，浙江省发债资金投向集中在市政建设和交通运输领域。

（三）浙江各地举债量与用途分布

本书选择2018年、2019年、2020年三年浙江省各市官方统计年鉴和相关财政报告数据作为分析样本，收集了浙江省各市地方债务额、债务增长速度、债务资金用途的数据。

表4－5显示，浙江省各地级市的政府债务额均呈上升趋势，其中舟山、衢州和丽水的债务额相对其他地级市较少，杭州市债务总量最多，且与其他地级市差异显著。究其原因有：一是杭州市作为省会城市，就业人口聚集，城市基础设施建设资金需求较大；二是自2015年杭州市成功申办2022年第19届亚运会以来，筹办亚运会场馆等设施建设投入较多。从

各地债务增速看，省本级增速最快，2020 年省本级债务额较 2018 年翻了一番。除省本级以外，增速超过 50% 的地区是衢州市和丽水市，衢州市债务额从 2018 年的 367.2 亿元上升至 2020 年的 606.4 亿元，增速达到 65.14%；丽水市债务额从 2018 年的 425 亿元上升至 2020 年的 673 亿元，增速达到 58.35%。

表 4-5　2018~2020 年浙江省各地债务分布及增速

地区	2018 年		2019 年		2020 年		2018~2020 年债务增速（%）
	债务额（亿元）	占本级地区生产总值的比（%）	债务额（亿元）	占本级地区生产总值的比（%）	债务额（亿元）	占本级地区生产总值的比（%）	
省本级	370.20	4.12	574.73	5.53	820.38	6.57	121.60
杭州市	2282.10	25.39	2540.86	24.46	2824.68	22.63	23.78
温州市	1109.10	12.34	1287.61	12.40	1599.75	12.82	44.24
嘉兴市	894.70	9.96	987.22	9.50	1169.84	9.37	30.75
湖州市	693.00	7.71	733.18	7.06	837.47	6.71	20.85
绍兴市	896.20	9.97	1038.88	10.00	1248.09	10.00	39.26
金华市	695.00	7.73	808.01	7.78	1002.17	8.03	44.20
衢州市	367.20	4.09	462.72	4.45	606.40	4.86	65.14
舟山市	404.70	4.50	442.30	4.26	500.81	4.01	23.75
台州市	849.90	9.46	986.52	9.50	1197.56	9.60	40.91
丽水市	425.00	4.73	525.75	5.06	673.00	5.39	58.35

资料来源：根据浙江省各市统计局和财政局官方公报整理，统计口径参照 Wind。

表 4-6 为浙江省 2020 年各地级市负债率及债务率统计。由表 4-6 可知，2020 年浙江省 11 个地级市的负债率均超过了 10% 的警戒线。其中，丽水市负债率最高，达到了 43.70%；其次是衢州市和舟山市，负债率分别为 37.00% 和 33.12%；杭州市负债率是 10 个地级市中最低的，但

也达到了 17.54%，超出警戒线近 8 个百分点。审计署规定我国各地区债务率的警戒线为 100%，表 4－6 显示 2020 年浙江省 11 个地级市中有 6 个地级市超过了 100% 的警戒线，债务率由高到低分别是丽水市、衢州市、金华市、舟山市、杭州市及台州市。其中，丽水市、衢州市情况十分严峻。丽水市与衢州市债务额相较于其他地级市较少，但其负债率却均高于警戒线 3 倍，其债务率均高于警戒线的 4 倍。可见，这两个地级市偿债能力较弱，需要重点防控债务风险，积极采取相应措施予以防范和应对。

表 4－6　　2020 年浙江省各地级市负债情况　　单位：%

城市	债务率	负债率
杭州市	134.93	17.54
温州市	81.87	23.28
嘉兴市	83.14	21.23
湖州市	96.31	26.16
绍兴市	90.44	20.80
金华市	236.78	21.30
衢州市	430.36	37.00
舟山市	188.82	33.12
台州市	121.02	22.76
丽水市	467.83	43.70
宁波市	60.39	17.42

注：因宁波市为计划单列市，所以本表中不包含。
资料来源：根据浙江省各市统计局和财政局官方公报整理，统计口径参照 Wind。

杭州、宁波和温州是浙江省负债总量最大的三个城市，占浙江全省负债总量的 57.30%；基础设施建设是所有城市负债使用的最大组成部分，其次是工业发展和城市发展，其他用途包括为脱贫攻坚、教育和社会福利项目提供资金（见表 4－7）。

表4－7　　　　浙江省各市负债用途趋向　　　　单位：亿元

城市	债务总额	基础建设	工业发展	城市发展	其他用途
杭州市	207.8	117.8	44.8	28.3	16.9
宁波市	178.4	88.4	34.4	22.8	22.8
温州市	123.2	67.2	28.8	14.4	12.8
台州市	77.6	41.6	16.8	8.8	1.0
舟山市	54.4	30.4	12.8	4.8	6.4
嘉兴市	41.2	22.8	8.4	4.8	5.2
湖州市	34.8	19.2	7.2	3.6	4.8
绍兴市	27.2	15.2	5.6	3.2	3.2
金华市	22.8	12.4	4.8	2.4	3.2
衢州市	17.6	9.6	3.2	1.6	3.2
丽水市	14.4	7.2	2.8	1.2	2.8

资料来源：根据浙江省各市统计局和财政局官方公报整理，统计口径参照 Wind。

五、浙江山海协作工程的区域发展政策实践演进态势

浙江省山海协作工程相关政策重心，从面向发展问题转向面向发展需求。早期聚焦省内县际发展不均衡问题的解决政策，注重从发展落差突破，鼓励沿海地区向内陆山地地区投资，推动各地区经济合作中实现发展。随后聚焦社会基础设施公平出台相关政策，鼓励教育、医疗资源的优化配置，推动经济社会的协调发展。近年，聚焦全面落实陆海统筹、生态文明、两山论等理念，政府积极推动浙江沿海县充分利用海洋资源与海洋区位优势加速产业升级，增强自身发展实力和创新能力，进而全面帮扶对口合作的省内山区县创新发展经济。与此同时，历次山海协作工程政策与各结对县市区的合作方案，都日益重视重点项目建设、产业转型升级、生态环境保护等方面，更加注重浙江山区县发展的整体需求，更

加重视沿海与内陆资源、产业、生态的统筹协调发展，在合作与交流过程中日益形成沿海与内陆互补发展的新格局。

第二节　山海协作导引下省域县际均衡发展侧重演进

浙江省作为中国东部经济发达的省份，整体经济表现强劲，却面临着县域间差异逐渐凸显的挑战。这种差异主要表现在经济发展水平、产业结构、基础设施建设等方面。为了实现更加均衡和协调的省域发展，浙江省聚焦于缩小陆域各县之间的差异，自2003年围绕“八八战略”形成“山海协作工程”以来，系统推进省域均衡发展。

一、“八八战略”以来浙江省缩小陆域县际发展差距的政策

（一）主要政策及其侧重点

2003年，时任浙江省委书记的习近平作出了“发挥八个方面的优势”“推进八个方面的举措”的决策部署，简称“八八战略”，是浙江省为了推动经济社会高质量发展所制定的主体战略，主要侧重于八个方面的任务和重点领域（见表4－8）。“八八战略”以这八个方面的任务为核心，通过推动各领域的发展，旨在实现浙江经济社会的全面进步，提升浙江的综合实力和竞争力，具体政策涉及经济体制改革、产业升级、区域合作、城乡发展、环境保护、科技创新、人才培养等多个方面，力求构建协调、可持续的发展模式，推动浙江的现代化建设。这些政策共同构成了“八八战略”的框架，为浙江省的发展提供了全面的指导思想和行动方向。

表4－8　“八八战略”框架

战略名	具体侧重
体制机制优势	大力推动以公有制为主体的多种所有制经济共同发展，不断完善社会主义市场经济体制
区位优势	主动接轨上海、积极参与长江三角洲地区合作与交流，不断提高对内对外开放水平
块状特色产业优势	加快先进制造业基地建设，走新型工业化道路
城乡协调发展优势	加快推进城乡一体化
生态优势	创建生态省，打造“绿色浙江”
山海资源优势	大力发展海洋经济，推动欠发达地区跨越式发展，努力使海洋经济和欠发达地区的发展成为浙江经济新的增长点
环境优势	积极推进以“五大百亿”工程为主要内容的重点建设，切实加强法治建设、信用建设和机关效能建设
人文优势	积极推进科教兴省、人才强省，加快建设文化大省

（二）主要政策的标靶县市区发展差距缩小实绩

2003年以来，浙江深入实施新型城镇化战略和乡村振兴战略，把城乡协调发展作为一个有机整体统一筹划，加快城乡一体化进程，城乡区域深度融合。

根据浙江省统计局公布的资料，浙江省城镇居民人均可支配收入从2002年的11716元增至2020年的62699元，连续20年居全国第3位、省区第1位；农村居民人均可支配收入从4940元增至31930元，连续36年居省区第1位，城乡居民人均收入倍差从2.37缩小至1.96，1993年以来首次降至2以内。11市人均可支配收入最高与最低市倍差由2013年的1.76降至1.64，是全国城乡、区域差距最小的省份之一。城镇、农村居民恩格尔系数分别从2002年的37.9%、40.8%降至2020年的27.4%

和 32. 3%。

自 2003 年实施“千村示范、万村整治”以来，至 2020 年底，浙江全省创建新时代美丽乡村示范县 45 个、示范乡镇 500 个、风景线 600 条、特色精品村 1500 个、新时代美丽乡村达标村 11290 个、美丽庭院 200 多万户，着力打造“一户一处景、一村一幅画、一镇一天地、一线一风光、一域一特色”的现代版“富春山居图”①。美丽乡村创建先进县（市、区）数量居全国第一。专项整治农村垃圾、污水、厕所“三大革命”大力推进，农村人居环境整治评测全国第一。100% 的建制村生活垃圾集中收集处理，农村生活垃圾分类处理建制村覆盖率提升至 85%，农村生活垃圾回收利用率 45%，资源化利用率 90%，无害化处理率 100%。2020 年，农村无害化卫生厕所普及率首次达到 100%，农村规范化公厕 6. 5 万座。

2017 年以来，大力推动大湾区、大花园、大通道、大都市区建设，浙江省的长三角中心城市、省域中心城市、县（市）域中心镇及重点镇和一般镇构成的五级城镇体系不断完善。《浙江统计年鉴 2021》显示，2020 年末，浙江省城市化率为 72. 2%，比 2002 年提高 24. 7 个百分点。以四大都市区为主体的城镇体系不断完善。杭州、宁波、温州、金华等 4 市的城市化水平达到 76. 4%，高出浙江省平均水平 4. 2 个百分点；4 市生产总值占浙江省的六成以上，主体地位不断增强。

（三）主要政策的目标导向

浙江省统筹山海资源协同省域均衡发展政策侧重点表现在以下四个方面。一是通过加强合作，推动发达地区、欠发达地区的结对协作推进经济发展，进而降低省内县市区之间的发展差距，避免贫富两极化。二是加速优化和升级各县产业结构，通过山海结对协同实现产业发展所需要的关键要素加速跨地区流动与合理配置，整合不同资源禀赋优势与新兴产业所需资源去发展山区县市的经济，提升省域产业链的整体竞争力。三是加强省

① 资料来源：《浙江省美丽村镇建设“十四五”规划》。

内教育资源统筹，培养高级别职业技术人才并鼓励人才流动，实现全省范围内的人才聚集和流通，形成山海县市区人才优势互补。四是着力提升省域基础设施建设联通度，全面铺垫省域均衡发展硬件条件，促进交通、能源、医疗和教育设施等方面的协同发展。具体内容见表4－9和表4－10。

表4－9　　　　浙江省山海协作工程政策

发展方向	具体内容
经济目标	实现地区生产总值、人均生产总值和居民人均可支配收入比2020年翻一番的目标
省域治理现代化	实现省域治理现代化，高水平建成整体智治体系和现代政府，以提高治理效率和效果。率先实现教育现代化和卫生健康现代化，提升文化软实力
党的全面领导	党的全面领导将落实到各领域各方面的高效执行体系，确保政策的有效执行和社会的稳定发展
生态环境目标	实现人与自然和谐共生的现代化，生态环境质量、资源能源集约利用、美丽经济发展将全面处于国内领先和国际先进水平
打造经济高质量发展高地	努力打造经济高质量发展高地，其数字经济的增加值将占地区生产总值的60%左右，这表明浙江省将在数字经济领域取得显著进步

表4－10　　　　浙江省山海协作工程的政策措施

措施	内容
构建协同发展机制	设立了专门的协同发展机构，负责统筹协同全省各地的发展计划，并加强各地区间的合作和交流。该机构将制定协同发展规划，指导各地区的发展工作，以确保各地区间的协同发展
加大基础设施建设投资	加大基础设施建设投资力度。重点推进交通、水利、能源等领域的建设，提高交通网络的覆盖率和连接性，提升水利系统的防灾能力和供水水平，加强能源领域的规划和建设，以满足浙江省各地的发展需求

续表

措施	内容
加强人才培养和引进	通过建设高水平的教育体系和科研平台，提升人才培养的质量和数量。同时，鼓励和支持各地引进高层次人才和优秀团队，提升浙江省人才资源的整体水平和配置效能。浙江省将加强政策协同和支持，为协同发展创造良好的政策环境
促进创新驱动发展	加强科技创新基地建设，培育和引进高新技术企业和研发机构，推动科技成果转化和产业化，并建立创新合作平台，促进各地区间的创新资源共享和合作
加强旅游文化协同发展	加强各地旅游景区和文化遗址的保护与开发，推动旅游和文化产业间的协同发展。通过打造精品旅游线路和文化品牌，提升浙江省旅游文化的知名度和影响力，持续推动旅游经济的快速发展
深化改革开放	推进政府职能转变，减少行政干预，优化营商环境，鼓励民间投资和创业创新，加快推动市场化和法治化进程，打造开放的经济体制和外向型经济结构

二、“八八战略”以来浙江省缩小陆域县际发展差距的政策实施

（一）聚焦科技创新能力，驱动县际资源禀赋的生态产品价值系统转化，优化产业结构

浙江省山海协作工程聚力建设高水平的创新型省份和科技强省，为了实现经济高质量发展的目标，注重山海协作工程的创新飞地建设，引领山区县市的创新人才和技术的培育、集聚和升级。相关创新驱动发展，集中在浙江山区县市资源禀赋优势的农业、农村现代化建设领域，山海协作工程重视结对县的农业技术推广、农业品牌的培育、乡村振兴等重点任务的系统提升，通过改革山区县农业农村发展的内生动力，提高浙江山区县农

业生产效益和农民收入。通过引进先进农业技术和管理经验，推动农业绿色发展和农业产业化，提高农产品的质量和品牌效应。此外，依托乡村振兴政策，打造宜居、宜业、宜游的山区历史文化名村/镇的旅游环境，鼓励农民进城务工或返乡创业，拓宽农村地区的可持续发展和农民收入增加的多样性路径。

具体措施方面，浙江省政府采取了多项措施鼓励和支持山区县发展高新技术产业、新型农业和以旅游、数字经济为主的现代服务业。政府加大了对高新技术企业的资金投入，为其提供贷款、股权投资等融资支持，以帮助企业加大研发投入、提高技术水平和产品创新能力。此外，政府还出台了一系列政策，如减免税费、提供研发成果转化奖励等，为企业提供更加优惠的营商环境和政策扶持，推动山区县绿色能源、生物医药、文化旅游等新兴产业的快速发展。

（二）聚焦区域社会基础设施可获与公平性，推进山区县民生供给侧提升

改善民生是促进区域均衡发展的首要任务，浙江省山海协作工程注重提高公共服务设施和社会保障水平向山区县倾斜，也通过组团式援助形成医疗、教育关键人才的流动性服务，破解山区县有硬件设施缺人才的困境。通过增加社会保障支出，加大公共服务设施的投资建设，致力于解决山区县教育和医疗服务设施的供给不足问题。教育方面，政府建新学校、扩大数字教育与互联网硬件配备，通过在岗轮训提升教师教学水平。医疗方面，推进医疗资源的下沉和集团化优化配置，增加医疗设备和床位，扩大远程医疗诊断提升医疗服务质量和效率。浙江省通过山海协作工程加强基础社会设施建设，全面提升了山区县的教育、医疗、养老等公共服务设施保障水平，形成了新型城乡社会发展格局，社会治理格局更加完善，浙江省逐渐实现了共建、共治、共享的社会治理。

（三）聚焦省域组网，提升基础设施与生态环境的保护建设

浙江省内铁路、高速公路尚未形成如山东、江苏的组网格局，在山海协作工程推进过程中，浙江省政府加大基础设施建设力度，推动交通、能源、水利等基础设施的规划和建设，提高丽水市、台州市、衢州市、绍兴市的相关山区县基础设施的覆盖范围，扩大交通等基础设施供给和组网进程，提升城乡交通、供排水、电力与通信设施的普及率，为山区县经济发展和人民生活提供了坚实的支撑。

实现人与自然和谐共生的现代化，是浙江省发展目标的核心。山海协作工程相关方案强化了生态环境保护和资源能源的集约利用，推动浙江山区生态文明建设。在经济合作发展中注重践行“两山论”，发展环境友好型产业，提高山区资源利用效率，推动经济向绿色模式转变。此外，浙江省致力于打造诗画大花园，通过美丽乡村建设和全域绿化提升，创造一个与自然和谐共生的生态环境。

三、持续缩小浙江省县际差距机遇与新挑战

浙江省在中国数字经济发展中表现出引领性的角色，这为省域均衡发展和山海协作工程的持续推进提供重要契机。数字经济已经成为浙江省经济的重要支柱，《浙江省数字经济发展白皮书》显示，2021 年，全省数字经济增加值达到 3.57 万亿元，居全国第四，较“十三五”初期实现翻番；占 GDP 比重达到 48.6%，居全国各省份第一。数字经济核心产业增加值达到 8348.3 亿元，居全国第四；五年年均增长 13.3%。截至 2021 年，全省有数字经济高新技术企业 1.1 万家、科技型中小企业 1.8 万家，均为 2017 年的 3.4 倍；规上数字经济核心产业研发强度达到 7.3%，是全社会研发投入强度的 2.5 倍；实施 215 项数字经济重大科技攻关项目，突破形成 138 项标志性成果。

“浙里办”在线政府服务平台的推出以及互联网的全面利用和强大的

政策、技术支持的实施，发挥了关键作用。从 2014 年起，浙江省在线政务服务提供方面走在全国前列，在 2020 年底，已在全省范围内建立了数字政务系统。然而，山海协作工程深入推进可能因各地区发展数字经济的基础差异和利益诉求不同，遇到利益冲突和政策推进困难，需要各级政府和相关部门需要密切合作与持久推进。着眼山海协作工程深入，系统引导资金、技术、人才等要素向山区县流动，推动其产业升级和基础设施建设，拉动不同县域的发展。优化产业政策，鼓励不同山区县根据自身优势发展特色产业和新兴高技术产业，也为缩小县际差距提供了有力支撑。未来，浙江省在实现共同富裕的道路上，既要通过山海协作的升级版支持山区县创新驱动的产业发展与人才集聚，又要探索生态资源产品价值的系统转化路径，为全国生态文明建设、区域协调发展贡献浙江经验。

第三节　山海协作工程促推国土空间治理更加重视陆海关系

国土空间治理是区域发展政策的主线。山海协作工程从合作发展经济开始，渐次转向社会基础设施、交通基础设施等维度的公平配置改革。此过程一直注重国土资源高效利用、生态环境严格保护和以土地资源为主体的空间供给统筹，实现省域资源的有效整合和优化利用，最大限度地发挥各县（市、区）的资源禀赋优势和沿海县市区的海洋区位优势、改革开放红利。同时，特别关注海洋资源的开发和利用，促进海洋产业的升级和创新，以及沿海地区与内陆地区经济的互动和融合，实现陆海关系的良性互动和发展。

一、山海协作工程从项目开始转向省域国土配置优化

山海协作工程自 2002 年开始，以结对县（市、区）的经济合作为起

点，重点通过沿海县（市、区）产业帮扶推进省内山区县市的优势资源开发利用，提高山区县市经济发展效率和质量。此过程非常重视山区县市的优势自然资源的可持续利用，发展生态农业、品牌农业以及林业经济。至2010年前后，结对县围绕浙江省主体功能区规划系统落实山海协作工程，尤其重视沿海县市区“异地占补平衡”和“飞地工业园”的探索，初步探索了省域内部国土空间资源的配置优化机制。既促进了山区县市区农业生产增加以及林业和采矿业的发展，增强了山区县市的地方生产总值增速韧性，又为沿海县市发展紧缺的土地指标、产业“腾笼换鸟”提供了可能空间及其财税分配机制。

二、山海协作工程以海援陆为起点转向陆海并重与统筹发展

浙江省位于中国东海岸中间地段，自20世纪80年代以来一直积极推动省域陆海关系的转型。这一转型旨在增强陆海空间之间的协调与互动，促进可持续发展，提高沿海居民的生活质量。

浙江省通过各种实践在转型其陆海关系方面积累了丰富的经验，其中最显著的实践是改革开放红利助推沿海城市和城镇的发展。第一，自20世纪80年代以来，浙江省沿海的宁波、舟山、温州等地充分利用其沿海位置发展了船舶制造、石化和外贸等产业，推动了经济增长，提高了经济发展中的海洋属性与海洋角色。第二，浙江陆海关系转型沿海城市快速城市化进程中围垦了相关规模的滩涂，保障了沿海城市陆域产业用地、耕地占补平衡的需求。当然，沿海城市也建立了众多渔业基地和水产养殖场，显著增加了海产品的产量，还开发了诸多海滩度假村、海洋景区等旅游景点，每年吸引了数百万游客，为当地经济作出了贡献。第三，充分整合宁波舟山的港口岸线资源，从宁波舟山港集团建设至浙江省海港集团建成，浙江抓住了浙江海洋资源的最大优势——天然深水岸线，转化为推动区域经济增长关键要素供给——物流枢纽体系建设；伴随港口不断扩建和现代化，引入先进设施和技术以提高效率和生产力。浙江海港集团各码头及仓

储已成为中国（浙江）自由贸易试验区的天然依托，集聚全球各地的大宗商品和原油交易。

尽管浙江省转型其陆海关系方面取得了相当大的成绩，仍然面临海岸海洋生态环境退化压力。基于浙江省陆海关系转型进程，未来应优先调控四个方面。一是严格落实生态文明理念，优先保护环境。通过实施更严格的排放标准、改善废物管理体系、推广清洁生产技术来实现。二是促进海洋产业的可持续发展。政府应鼓励发展可持续的海洋产业，如生态旅游、海洋可再生能源，通过向创业者提供财务和技术支持、投资研发、与非政府组织和社区团体建立合作关系来实现。三是加强公众参与和合作。沿海城市政府、居民、企业和其他利益相关者应被吸纳到相关发展决策过程，确保他们的关切和想法得到倾听和解决，通过进行公众咨询、建立参与式监测计划和设立社区组织来实现。四是促进综合海岸带管理机制建立。通过建立联合工作机制、分享最佳实践和集中资源来实现，进而定期监测和评估进展。

三、山海协作工程实施方案高度重视省域生态环境保护与绿色转型一盘棋

浙江省参与山海协作工程的各结对县及其制订的山海协作行动方案，都强调保护生态环境和实施绿色转型发展，严格落实《浙江省生态环境保护规划》相关目标，重点落实水、土壤环境以及生物多样性和生态系统保护的具体目标和任务。政策方面，浙江实施一系列旨在促进绿色发展和减少环境影响的山海协作工程项目举措。如浙江推出了“绿色浙江”计划，旨在增加森林覆盖率，减少碳排放，并促进可再生能源的使用；也实施了促进可持续农业发展的政策，包括有机农业和减少化肥和农药使用。此外，浙江继续加强山区县市生态环境保护措施和资金投入，加速山区县向更可持续和绿色的经济转型；积极探索浙江宝贵生态资源的生态产品价值

系统实现路径与机制，鼓励发展绿色低碳产业、数字经济、文旅融合赋能乡村振兴等领域产业，通过协同财政支持、人才引进、飞地工业园设立、协同创新等方面政策，实现保护生态环境省域一盘棋。

四、山海协作工程实施方案强调在更大范围形成省域陆海联动与区域合作发展理念

浙江实施山海协作工程肇始，一直特别重视沿海城市对外贸易渠道及山区县市农副产品的运输与销售，山海协作工程进一步理顺了浙江沿海港口导向的腹地交通设施网络建设，促进了浙江沿海铁路、公路、海运和航空等各种运输方式在省内与金华（义乌）、衢州、丽水的整合和快速结网，优化了浙江省山区货物和人员的双向流动，并建成义乌国际贸易陆港枢纽。与此同时，浙江省推进山海协作工程引智聚才方面，高度重视 G60 科创走廊、科创飞地建设，加强了与毗连省份/城市科技创新合作伙伴关系，借长三角创新资源推进省域山区县市发展，其中重点参与了“长三角区域一体化”“海上丝绸之路”以及中东欧国际贸易博览会等区域性或国家性战略，改善省域可持续发展的外部环境。

五、面向中国式现代化提升山海协作工程实施方案新能级

转变浙江省陆海关系，探索新型国土空间治理理念，践行中国式现代化的浙江样板，需要增强合作与交流，发展陆海立体联运交通，优化生态资源配置，集聚创新人才促进产业共生。一是积极改善交通基础设施，促进信息共享和促进产业集聚，以增强浙江省内陆地区与沿海地区之间的合作与交流。加强内陆地区与沿海地区之间的合作与交流对于促进陆海协调、实现浙江省可持续发展至关重要。二是推动陆海立体联运交通发展，包括内河（江）海/公路多式立体联运交通枢纽、集装箱列车、陆港通关

服务，提高物流效率，降低物流成本，从而促进浙江省国际贸易增长。三是进一步优化生态资源配置，实施生态资源的生态产品价值系统实现模式探索，以优化浙江陆海生态经济发展效率，为浙江省可持续发展作出贡献。

结 语

迈向共同富裕的浙江陆海区域协调新路径

第一节 锚定空间均衡的政策网络

一、浙江政策网络和空间差异性

政策网络理论不仅打破了传统研究中的精英主义模式和理性主义模式，而且深化了多元主义模式，能够充分反映和解释多元决策现象，政策网络可以说明政策决策过程中参与者之间正式或者非正式的关系，提高政策的决策和执行效率（王自亮、许艺萍、陈伟晶，2017）。政策网络是由一群具有自主性且彼此之间有共同利益的行动者所组成的关系，而政策制定很大程度上依赖于参与者之间非等级或非科层式的互动关系。

"八八战略"是统管浙江发展全局的总体性思想。历届浙江省委省政府既善于运用总体性的系统思维统筹谋划推进共同富裕、打造"重要窗口"、实现现代化先行区，又擅长诊断浙江陆海复杂系统面临的发展问题与发展机会，通过数字化改革全面推进各领域、各方面具体工作实现山海协作工程牵引下的浙江陆海统筹发展系统性重塑。

浙江省耕地资源保有量和利用效益水平空间分异是浙江省区域发展政策空间差异成因的关键。嘉兴、湖州、杭州等地靠近太湖或钱塘江河口，水热条件相对较好，耕地资源状况相对良好；杭州和宁波经济发展水平处浙江省前列，但单位耕地面积从业人员却不是最高。舟山由于地理区位和自然环境的影响，产业发展方向为渔业、港口和旅游，农业发展相对薄弱，这在一定程度上也影响了耕地利用效益的增加；温州市属于民营经济相对发达的城市，产业主导为工业和金融业，主要产粮区位于沿海平原。城市功能的定位和产业发展方向决定了土地利用方向，因此虽然温州市经济发展水平相对较高，但是耕地利用效益却相对较低。如此形成的浙江省土地利用强度，呈现东高西低、用地结构日趋稳定的格局。浙江省建设用地主要集中在杭嘉湖平原、宁绍平原、金衢盆地和温黄平原等地区，基本形成了“平原大都市区 + 山区点状”的开发特点。适宜建设地区基本开发完毕，建设用地增速逐步降低，基本趋于稳定。经济发展水平呈现北高南低，杭甬领跑全省城市发展。浙中部以北地区集聚了浙江省人均生产总值 10 万元以上的市县，以及入围全国百强县的大部分市县，经济总量明显高于浙南地区。杭州和宁波两市占有浙江省 43.2% 的经济总量和 31.4% 的常住人口，总体规模在省内显著领先，是新型城市化发展的“领头羊”。都市区发展呈现核心外围模式，中心城市开发效率最高。浙江省 66.6% 的常住人口和 73.2% 的经济总量集聚在四大都市区的核心区，人口分布密度和用地开发效率呈现以中心向外围渐次递减模式，且这一趋势还在加强。

显然，不论是山海协作工程政策，抑或是省域区域发展政策，都必须针对浙江经济空间组织的本底问题。例如，浙西南与浙东北的发展差距不断扩大，不平衡不充分问题比较突出；四大都市区发展参差不齐，温州、金义大都市区建设滞后，对区域辐射带动作用较小；湾区优势发挥还不充分，岸线开发停留在大港口 + 临港制造这一阶段，创新型、休闲型、保护型发展引领不足；各类开发平台普遍存在“一主多辅、一区多片”的状况，工业用地投资强度和产出强度较低；生态空间、农业空间碎片化，还缺乏整体系统性保护（周世锋、王琳，2019）。

总体看，浙江空间政策在历经城市化和工业化快速发展期后已日趋清晰稳定，解决省域重大开发和保护空间分布基本明确；提高空间开发的集聚集约是大势所趋；尊重全域空间联系推进形成更加紧密的山海、城乡、县际联动关系是大势所趋；探索空间利用绿色模式和空间管控的精细策略，形成政策网络的空间刚性与精准落地更加突出。

二、地级市内部城乡均衡或者县域均衡发展

浙江省作为全国经济发展水平较高地区，在探索解决发展不平衡不充分问题方面成效显著，尤其在推动26个山区县高质量发展方面，其经验与启示值得推广。26个山区县面积占浙江省面积的44.5%，但2020年地区生产总值总量不到浙江省的10%。不同区域之间收入分配差距过大，会使得社会各类资源要素错配，长此以往将导致资本要素固化，经济增长乏力，不利于实现共同富裕。因此，推进26个山区县跨越式高质量发展，将是浙江建设共同富裕示范区、协调地区发展的重点和难点。

从地区经济发展角度看，建设区域创新体系是区域竞争力的核心。新时代，浙江区域发展战略转型急需培育区域创新能力，应紧扣自然环境因素、人力资源因素、市场环境因素等聚集和孕育创新能力的关键因素，从政策层面将浙江的经济核心区与技术核心区的创新体系对接起来，采用特殊经济区产业集群战略促进经济增长方式转变。浙江正处于转型升级的关键时期，需要走出一条有特色的创新之路，形成核心竞争力的体制机制，促进浙江均衡发展，关键在于充分利用海洋优势建成为浙江沿海都市圈经济核心区，并通过核心区的建设带动全省的经济社会发展。与此同时，要为那些处于边缘地位而又有潜在价值的山区县创造

发展机遇，实现山区县生态资源的价值转换经济增长模式，形成浙江省具有比较优势的产业或技术领域。

三、贯彻“绿水青山就是金山银山”形成发展新动能

浙江省是典型的江南水乡，自北向南有苕溪、运河、钱塘江、甬江、椒江、瓯江、飞云江和鳌江等八大水系，《浙江省自然资源公报》显示，浙江全省河流总长 13.78 万千米，其中流域面积 3000 平方千米以上的河流有 14 条，干流总长 3319 千米，其余均为面广量大的中小河流和农村水系。

考虑流域经济体系，通过各种措施促进流域上下游经济协同发展，转化流域拥有的丰富生态资源和社会资本等优势，促进县区域经济的生态发展。一是大力发展高效生态农业。加大生态循环农业发展支持力度，加快农业“两区”（指粮食生产功能区和现代农业园区）、特色农业基地和设施装备建设，推广农牧结合、林下经济等农作模式，延伸农业产业链，推进农业标准化生产、品牌化营销等。二是着力发展生态工业和现代服务业。充分利用特色农业、青山绿水、农耕文化和美丽乡村建设成果，进一步发挥生态资源在乡村一二三产业融合发展中的重要作用，为乡村生态产品价值实现提供更广阔的市场空间。三是大力推进科技创新。加大对生态经济科技创新的支撑力度，加快建设生态经济科技创新平台，发挥科技特派员作用，不断为绿色发展进行科技赋能。四是不断深化山海协作，进一步办好省级山海协作产业园，扩大生态旅游、文化创意、养生养老等更有针对性的区域协作。

第二节 协同市场与政府的效用

改革开放之初，浙江经济与民生在全国都不处于先进行列。2004 年 7

月，习近平同志在落实中央宏观调控政策座谈会上明确提出要“加快实施教育强省战略”“继续发展高等教育”①。7 月 29 日，习近平同志更明确地提出，“浙江作为沿海发达省份，有责任、有条件在落实科学发展观方面走在全国前列。我们要实现的发展，不但要在速度上快于全国，而且要在质量上和水平上高于全国，在统筹协调上领先于全国”②。

一、协同政府效用与避免市场公平

浙江各级政府在进行数字化转型，主动适应数字化时代背景，对行政管理模式等进行革命性变革和整体性重塑，不断提升治理体系和治理能力现代化。浙江省各级政府在“整体智治”理念指导下，利用数字化转型推动了治理结构的重塑和政府职能的优化（李双双，2021）。一是提升制度竞争力，先行着手出台《浙江省数字经济促进条例》《浙江省公共数据条例》等一批地方性法规，实施《数字化改革术语定义》《数字化改革公共数据目录编制规范》等一批地方标准。二是树立政府主管数据透明的权威，浙江省政府数据开放主管部门是浙江省大数据发展管理局，为省政府办公厅管理的省政府机构，有利于数据开放工作的开展，落实了民众对于各级各部门信息系统互联互通、打破信息孤岛、实现数据共享的时代需求。三是浙江开创性提出“整体智治”理念，旨在借助现代数字技术，整合碎片化政府机构，提升政府公共服务能力，实现精准高效的公共治理。

二、调控市场和政府的作用界限

自发形成的市场存在市场失灵的问题，市场的有效运行离不开政府

①② 孔昕瑜，石然．习近平在地方工作期间关于高等教育的探索与实践研究［J］．昆明理工大学学报（社会科学版），2023，23（1）：119－127.

的动员和规制。显然“双重”基础设施必然存在以下特征：一是物质性的基础设施，包括交通、能源、通信等基础设施；二是组织性的基础设施，即需要一个能有效组织市场的政府，从而建构所有市场主体和经济行为所依赖的大环境，达到有效组织和协调市场的目的。政府第一职能是动员和培育市场，发挥培育市场、调度市场的作用；政府第二职能是有效组织和协调市场。当代市场经济的场景是一个跨时空、大规模、复杂的交换网，其中就需要大量的调配工作，以协同市场“分工”的部分失灵。

在浙江市场经济快速发展进程中，浙江各级政府及时承担起了对市场经济的监管责任，降低了市场主体的竞争成本，提高了经济活动的组织效率，引导市场主体的利益追求有序竞争。在产品质量、环境污染等问题引发的冲突面前，政府积极探索对市场主体监管模式，为市场经济的健康发展创造良好的社会环境和外部条件。

浙江实践证明，政府与市场的相互依存关系只是形成两者合作互补的前提，对政府与市场关系形成实质影响的，必然是政府对自身职能的定位和政府职能的及时转变（郑普建，2021）。政府与市场都对经济发展产生着直接的影响，但两者性质不同，要使政府与市场在经济发展中实现合作互补，主要的途径不是让市场来适应政府，而是要让政府去适应市场。这里的关键，是政府能清醒认识自己在市场经济发展中的职能定位，及时按照市场经济的要求转变政府职能。凡是市场能做到的，政府就不去干预，凡是市场自身存在功能缺陷的，政府就努力去弥补。

三、面向未来厘清市场和政府角色

市场失灵和政府失灵最终都与地方政府的治理有关，都涉及政治与经济的关系。首先要完善市场，改革政府机制，做好规划以克服市场主体短期不理性，从而优化投资环境；同时也要加强专利等知识产权的保护，使创新收益内部化，从而鼓励创新，提高产业水平。政府在资源配置中首先应维护法律环境，其次对基础研究、公益性强的资源配置给予更多的支持，最后为市场主体提供相应的公共服务。

第三节　畅通生产、生活与生态的空间价值耦合

随着经济转型和社会发展，地方对国土的利用与需求之间的矛盾日益凸显，必须不断加强陆地与海洋之间的空间耦合，才能有效地实现沿海省份可持续发展。党中央高度重视海洋工作，强调海洋是高质量发展的战略要地。党的十九大明确提出，“坚持陆海统筹，加快建设海洋强国”的重大战略决策，准确识别海洋经济与陆域经济的耦合联动关系，探明海陆系统的协调发展模式是有效推进我国海陆发展的重要一环（鞠绍玥，2020）。陆海统筹是党中央推动建设海洋强国的重要指导思想。党的二十大也同样强调“发展海洋经济，保护海洋生态环境，加快建设海洋强国”。

一、畅通海陆生产空间耦合

海洋与陆域作为两个独立的系统，两者之间存在着相互作用和影响。一方面，海洋发展对陆域发展具有促进作用，提高了我国的对外开放程度，海洋产业快速发展带动了陆域相关产业的发展；另一方面，陆域发展对海洋发展具有促进作用，陆域经济快速发展是海洋发展的依托，陆域经济发展为海洋新兴产业项目建设提供充足的资金支持，稳定投资能够促进陆域与海域经济持续互动与增长。长期以来，在根深蒂固的“重陆轻海”观念和长期的“陆海分治”模式影响下，现有陆海空间治理相关实践和研究大多只注重单要素或部分要素的功能优化，忽视了陆海空间地理单元间相互联系、相互作用、相互冲突又相互补充的复杂关系，导致陆海空间开发与保护活动未能协调一致（李彦平、刘大海、罗添，2021；马仁锋等，

2020；张衔春等，2021）。因此，随着全域全要素互动互联的“陆海统筹”理念提出，在可持续发展的过程当中必须兼顾陆、海的生产发展、生活宜居、生态保护需求，不断畅通海域与陆域之间生产、生活与生态的空间耦合。

浙江省是一个“海洋大省”，作为海洋经济发展的重点区域，浙江需要独立探索自身海洋经济发展路径，逐步形成具有鲜明特色的区域性海洋经济发展模式。2003 年 8 月，浙江召开全省海洋经济工作会议，正式吹响了“向海洋进军”的集结号。此后，《关于建设海洋经济强省的若干意见》《浙江海洋经济强省建设规划纲要》等先后出台。在“八八战略”的指引下，浙江不断转变资源观念，调整战略布局，坚持向海发展。浙江省统计局的资料显示，2022 年，浙江实现了海洋生产总值 10499 亿元，约是 2003 年 702 亿元的 14.96 倍，海洋生产总值占浙江省生产总值的比重保持在 13.5% 以上，高于全国平均水平 4 ~5 个百分点。

然而，浙江海陆统筹面临的主要问题与挑战包括：海陆空间边界不明晰、海陆经济系统不协调、海陆资源开发与生境保护不统一和海陆空间规划体系不兼容等（候勃等，2022a）。浙江在海洋经济的推进力度、资源储备、科技支撑等方面还存在一定差距。第一，海洋产业结构有待优化提升。浙江省海洋产业三次结构看似趋近合理，其实还包含虚高化的因素，无疑会对浙江省后续的产业升级制造相当大的瓶颈。第二，海洋高新技术产业未形成规模。即使科学技术的突破进一步打开了浙江海洋经济产业链接全球资源的开放通道，但是浙江省海洋产业发展的过程中海洋高新技术产业在海洋产业中的比例仍然不高，海洋科技成果产业化程度偏低。第三，现代海洋产业管理体制不完善。浙江省海洋产业管理权限仍存在权限不明确、职责不清的问题。因此，浙江在今后海洋产业的发展过程需要不断建立较为完备的海洋经济发展产业体系，确定较为科学的海洋经济发展主导产业，充分发挥地区优势挖掘新兴海洋产业，深入实施科技兴海战略，提升科研成果产业转化水平，不断促进海洋产业与陆域产业的空间耦合。

二、畅通海陆生活空间耦合

海洋与人类的生活密切相关，世界一半以上的人口居住在离海岸100千米以内的沿海地区。构建海洋命运共同体，是人类命运共同体在海洋领域的具体实践。海陆界面城市生活段作为人与自然“直接碰撞”的地区，既可以成为生态保护与城市建设矛盾突出的地区，又可以成为人文景观与生态景观和谐共处的地区（刘利刚、王昆，2020）。

浙江省是全国岛屿最多的省份，拥有全国最长的海岸线。2020年，浙江印发了《浙江省生态海岸带建设方案》，正式启动生态海岸带建设，为浙江人民打造一个可徒步、骑行、驾车、露营、探险的濒海全新休闲空间。2023年，浙江省自然资源厅提出在严守海洋生态安全底线的前提下，需要努力保障国家重大项目和民生项目海用岛，不断打造“海陆兼修”海岛乡村样板，加强近海区域旅游业的发展。例如，宁波象山因地制宜，打造时尚东海岸、潮隐西海岸、风情石浦港、斑斓西沪港4条标志性海岸线，创新打造了“户外+”“文化+”“运动+”“美食+”“影视+”五大场景，不断吸引更多的游客。如何有效整合陆海资源服务于居民福祉提升是日新月异的实践难题。浙江海岛旅游开发现状存在开发层次较低，局限于观光浏览；基础设施不配套；发展资金不足；自然生态脆弱等问题。因此，浙江省必须充分利用自身的海洋资源，不断发展海洋旅游业去推动陆域与海域的空间耦合，形成具有不同内涵的海岛风情，充分体现“碧海银滩”也是“金山银山”的发展理念。首先要突出产品特色，其次要加强基础设施建设，再其次要以科学发展观为指导，最后要不断完善管理体制和政策体系。

三、畅通海陆生态空间耦合

海洋生态系统是全球最重要的生态系统，影响着全球生态系统的稳定与安全，人类生存及其经济、政治、文化和社会发展均与海洋息息相关。从“提高海洋资源开发能力，发展海洋经济，保护海洋生态环境，坚决维护国家海洋权益，建设海洋强国”被写入党的十八大报告，到党的十九大报告提出“坚持陆海统筹，加快建设海洋强国”，再到党的二十大报告提出“发展海洋经济，保护海洋生态环境，加快建设海洋强国”，无不都在强调保护海洋生态的重要性和意义。

2022年，浙江全面推进《浙江省美丽海湾保护与建设行动方案》，以美丽海湾建设为主线和引领，实施“一湾一策”分类治理修复，推动海洋污染防治向生态保护修复和亲海品质提升升级。2023年，浙江省扎实推进“蓝色海湾”整治行动、海岸带保护修复工程、红树林保护修复专项行动等，整治修复海岸线、滨海湿地。2022年浙江省生态环境状况公报显示，浙江省业已开展了170个近岸海域国控监测站位、27个杭州湾、乐清湾典型海洋生态系统健康状况监测站位、114个近岸海域环境功能区水质监测站位、40个海洋生物多样性监测站位、10个海洋贝类生物监测站位等的生态环境质量监测。然而，浙江省海洋生态治理仍然存在海洋立法滞后、联动治理不力难到位、治理基础薄弱难奏效等困难（卢昌彩，2021）。因此，浙江在海洋生态治理方面需要不断借鉴国内外海洋治理的成功经验，健全海洋生态保护修复体系，创新海洋生态治理体制机制，不断提高公民的海洋意识。

我们必须要认识到海洋资源对于人类生产生活的重要性。海陆经济的协同发展，大大缓解了陆域经济发展面临的资源、环境等要素压力，助力陆域经济突破资源瓶颈，实现区域经济的可持续发展。浙江省是我国东部沿海地区活动最为密集的空间单元，沿海城市一方面作为带动区域发展的增长极，另一方面由于自身陆、海双重性也面临着极其复杂的空间治理问题，因此必须不断畅通海陆生产、生活和生态的空间耦合，加强海陆间的联系（侯勃等，2022b）。从海洋生态文明建设的主题可以看出，人海关系依然是海洋经济发展的关键问题，海洋生态文明建设最终要落脚到沿海经济带海陆关系的处理上。我们必须要以建设现代海洋城市为目标，落实

“沿海更要向海”要求，以高质量建设海洋经济发展示范区为抓手，培育壮大特色化海洋产业集群，强化海洋技术创新、科技平台建设和服务支撑能力提升，完善以海洋为依托、港口为支撑、产业为根本、城市为核心的一体化发展框架，坚持生态优先、绿色发展，走海洋生态保护与海洋开发并重的发展道路，打造碧海蓝天、黄金岸线，加快创建国家海洋生态文明示范区（张家炯，2023），不断畅通陆海生产、生活和生态的空间耦合。因此，打通陆地和海洋，发挥海洋经济的带动作用，释放海洋经济的发展潜力，以陆促海、以海带陆、陆海联动发展仍然是浙江发展的重要话题。

参考文献

[1] 白小虎，王松，陈海盛．一种“飞地经济”新模式——来自衢州到杭州跨地建设海创园的经验 [J]．开发研究，2018 (5)：87 - 91.

[2] 蔡建旺．共同富裕的山海协作路径 [N]．温州日报，2021 - 09 - 06 (006).

[3] 蔡银潇．广东推进共同富裕的基础条件、面临的问题与关键路径 [J]．新经济，2023 (3)：72 - 76.

[4] 曹贤忠，曾刚．长三角一体化背景下创新飞地合作特征与发展路径 [J]．上海城市管理，2022，31 (5)：19 - 26.

[5] 曹贤忠，曾刚．基于长三角高质量一体化发展的创新飞地建设模式，科技与金融 [J]．2021 (4)：36 - 41.

[6] 曹智，刘彦随，李裕瑞，等．中国专业村镇空间格局及其影响因素 [J]．地理学报，2020，75 (8)：1647 - 1666.

[7] 常敏，翁佩君，韩芳．山海共建科创飞地　产业协作互促共富 [J]．杭州，2022 (11)：32 - 35.

[8] 常雪梅，任燕飞．致力于区域职业教育的合作——以衢州为例的实证简析 [J]．管理观察，2008 (17)：104 - 105.

[9] 车俊．聚力打造山海协作工程升级版　实现更高质量的区域协调发展 [J]．政策瞭望，2018 (6)：4 - 6.

[10] 陈慧霖，史小丽，李加林．陆海社会经济关系及其演进研究综述 [J]．海洋开发与管理，2020 (11)：84 - 92.

[11] 陈晶，车鹏艺．医疗人才“组团”援藏援疆这七年 [N]．人民

政协报，2022-08-31（005）.

[12] 陈磊．土地资源利用效率研究评述及改进路径理论逻辑——基于主体功能区治理的思考［J］．水土保持研究，2022，29（1）：386-393.

[13] 陈明星，陆大道，张华．中国城市化水平的综合测度及其动力因子分析［J］．地理学报，2009，64（4）：387-398.

[14] 陈小平．职业教育高质量发展助力共同富裕示范区建设的逻辑意蕴与实践路径［J］．教育与职业，2022（24）：12-18.

[15] 陈振明．政策科学：公共政策分析导论［M］．北京：中国人民大学出版社，2003.

[16] 陈国磊，罗静，曾菊新，等．中国“一村一品”镇的空间分异格局［J］．经济地理，2019，39（6）：163-171.

[17] 仇荣山，殷伟，韩立民．中国区域海洋经济高质量发展水平评价与类型区划分［J］．统计与决策，2023，39（1）：103-108.

[18] 崔晓菁，白蕾，杨潇．海岸线“占补平衡”实践工作的思考［J］．自然资源情报，2022（6）：8-12.

[19] 丁陈颖，唐根年，纪烨楠，等．美丽乡村“三生空间”融合发展的路径研究——以浙江省为例［J］．乡村科技，2021，12（24）：99-103.

[20] 丁伟伟．逆向飞地经济现象研究［D］．杭州：杭州师范大学，2019.

[21] 董雪兵，孟顺杰，辛越优．“山海协作”促进共同富裕的实践、创新与价值［J］．浙江工商大学学报，2022（5）：111-122.

[22] 钭晓东．区域海洋环境的法律治理问题研究［J］．太平洋学报，2011，19（1）：43-53.

[23] 樊杰．我国主体功能区划的科学基础［J］．地理学报，2007（4）：339-350.

[24] 樊一江，谢雨蓉，汪鸣．我国多式联运系统建设的思路与任务

[J]. 宏观经济研究，2017，224（7）：158－165，191.

[25] 方世南. 新时代共同富裕：内涵、价值和路径 [J]. 学术探索，2021（11）：1－7.

[26] 冯瑄，詹强. 共富路上的“双向奔赴” [N]. 宁波日报，2023－03－27（001）.

[27] 葛育祥，吴明昊，王海清. 科技飞地建设运行机制研究 [J]. 宁波经济（财经视点），2023，583（1）：37－38.

[28] 龚虹波. 海洋环境治理研究综述 [J]. 浙江社会科学，2018（1）：102－111.

[29]《关于进一步完善医疗卫生服务体系的意见》[R]. 2023.

[30]《关于实施医疗卫生“山海”提升工程助推山区26县跨越式高质量发展意见的通知》[R]. 2021.

[31] 郭占恒. 从“建设海洋经济强省”看“建设海洋强国” [J]. 浙江经济，2023a（4）：9－12.

[32] 郭占恒. 从“山海协作工程”看“东西部扶贫协作和对口支援 [J]. 浙江经济，2023b（5）：6－10.

[33] 国家统计局浙江调查总队课题组，谢伟平，苏文明，王梵，等. 共同富裕大场景下农业转移人口基本公共服务需求研究 [J]. 统计科学与实践，2023（4）：13－17.

[34] 海洋局副局长解读《海岸线保护与利用管理办法》[EB/OL].（2017－04－06）[2023－08－18]. https：//www.gov.cn/zhengce/2017－04/06/content_5183771.htm.

[35] 韩康. 共同富裕的中国模式 [J]. 行政管理改革，2022（4）：4－8.

[36] 杭州市发展和改革委员会课题组. 杭州建设“科创飞地”的战略思考与模式分析 [J]. 特区经济，2022（11）：42－45.

[37] 郝身永. 创新与隐忧：科创飞地观察 [J]. 决策，2023（4）：72－74.

［38］何鹤鸣，张京祥．后金融危机时代传统工业城市转型与规划应对——基于绍兴的实证［J］．经济地理，2018，38（10）：54－62.

［39］侯西勇，张华，李东，等．渤海围填海发展趋势、环境与生态影响及政策建议［J］．生态学报，2018，38（9）：3311－3319

［40］侯勃，岳文泽，马仁锋等．国土空间规划视角下海陆统筹的挑战与路径［J］．自然资源学报，2022a，37（4）：880－894.

［41］侯勃，岳文泽，韦静娴等．陆海统筹视角下国土空间开发适宜性集成评价研究——以浙江嘉兴市为例［J］．海洋通报，2022b，41（4）：461－472.

［42］胡海良，黄宇，傅歆．"八八战略"：引领浙江继续走在前列、打造"两个先行"的总纲［J］．浙江学刊，2023（4）：26－35.

［43］胡俊青，成鸿静，刘莹．"飞地经济"视角下民营企业的角色定位和参与机制研究——基于衢州海创园59家企业的调研［J］．江苏省社会主义学院学报，2022，23（3）：50－55.

［44］胡小颖，关于围填海造地引发环境问题的研究及其管理对策的探讨［J］．海洋开发与管理，2009，26（10）：80－86.

［45］华子岩．飞地府际合作治理模式的确立与逻辑展开［J］．中国土地科学，2020，34（12）：51－58.

［46］黄平，徐朝晖．浙江金华发力义甬舟开放大通道建设——陆海联动构建新业态［N］．经济日报，2021－07－07（012）.

［47］黄征学，贾若祥，陈江龙，等．宣传阐释党的二十大精神之深入实施主体功能区战略［J］．区域经济评论，2023（1）：11－20.

［48］加快山区26县跨越式高质量发展若干问题研究——以开化县为例［EB/OL］．（2021－11－17）［2023－06－20］．http：//www.brand.zju.edu.cn/2021/1117/c57338a2442768/page.htm.

［49］江宜航，徐谷明，张海生．浙江：人口老龄化负面效应凸显［N］．中国经济时报，2013－03－22（10）.

［50］金梁．山区百姓有"医"靠［N］．浙江日报，2022－09－02

(005).

[51] 靳利飞，刘天科，南锡康，等．面向区域协调发展的主体功能区战略实施 [J]．宏观经济管理，2023 (1)：47 -53.

[52] 经济合作与发展组织．环境管理中的经济手段 [M]．北京：中国环境科学出版社，1996.

[53] 鞠绍玥．我国陆海经济耦合协调性的时空格局研究 [J]．浙江海洋大学学报（人文科学版），2020，37 (5)：29 -40.

[54] 李超，黄晓雅．产业升级对共同富裕的非线性影响：以长三角为例 [J]．统计与决策，2023，39 (1)：60 -65.

[55] 李光亮，谭春兰，郑沃林．基于空间计量模型的共同富裕演化特征及驱动因素研究：以长三角区域一体化为例 [J]．调研世界，2022 (4)：39 -48.

[56] 李实．共同富裕的目标和实现路径选择 [J]．经济研究，2021，56 (11)：4 -13.

[57] 李世超．青年村医，这次能留下来吗 [N]．浙江日报．2023 -3 -23 (6).

[58] 李双双．农村电商产业集群发展中的政策网络研究 [D]．上海：华东政法大学，2021.

[59] 李修颉，林坚，楚建群，等．国土空间规划的陆海统筹方法探析 [J]．中国土地科学，2020，34 (5)：60 -68.

[60] 李彦平，刘大海，罗添．国土空间规划中陆海统筹的内在逻辑和深化方向——基于复合系统论视角 [J]．地理研究，2021，40 (7)：1902 -1916.

[61] 李易珊．严控新增围填海项目报批加快海洋生态保护修复 [J]．海洋与渔业，2019 (5)：20 -21.

[62] 李莹洁．中国式现代化共同富裕的理论内涵、目标要求和实现路径 [J]．学术探索，2022 (9)：33 -39.

[63] 李中文，窦瀚洋，刘书文．浙江：山海协作升级 [N]．人民日

报，2021-08-02（001）.

[64] 廉军伟，曾刚．科创飞地嵌入区域协同创新网络的运行机理——以浙江新昌县为例［J］．科技管理研究，2021，41（16）：1-8.

[65] 林初肖，龚虹波．海洋环境治理的整体协作机制研究［J］．行政科学论坛，2021，8（9）：46-50.

[66] 林坤伟，姜肖瑜．龙泉高山村奏响共富幸福歌［N］．丽水日报，2022-11-28（001）.

[67] 刘道学，周咏琪，卢瑶．共同富裕的“浙江模式”：历史演进及其新时代特征［J］．浙江工业大学学报（社会科学版），2022，21（1）：19-28.

[68] 刘缉川．从“山海协作”工程到“一带一路”［J］．浙江社会科学，2016（1）：15-17.

[69] 刘军军，王高玲．新加坡集团式医疗联合体的经验及对我国的启示［J］．卫生软科学，2019，33（7）：94-97.

[70] 刘堃．海洋经济与海洋文化关系探讨——兼论我国海洋文化产业发展［J］．中国海洋大学学报（社会科学版），2011（6）：32-35.

[71] 刘利刚，王昆．海陆界面城市生活段的绿色景观与生态营造［J］．规划师，2020，36（1）：59-65.

[72] 刘培林，钱滔，黄先海，董雪兵．共同富裕的内涵、实现路径与测度方法［J］．管理世界，2021，37（8）：117-129.

[73] 刘升，刘广菲．共同富裕的浙江经验：基于城乡产业联动的分析视角［J］．贵州大学学报（社会科学版），2023（2）：78-89.

[74] 刘颂辉．补齐共同富裕示范区“短板”浙江多措并举支持山区26县发展［N］．中国经营报，2022-03-21（B19）.

[75] 刘伟，刘百桥．我国围填海现状、问题及调控对策［J］．广州环境科学，2008（2）：26-30.

[76] 刘阳，王庆金．海陆产业协同发展的意义与路径［N］．光明日报，2017-12-26.

[77] 柳建文．共同富裕视角下国内“新型区域合作”问题探析[J]．山西大学学报（哲学社会科学版），2023，46（3）：123－134.

[78] 龙丹婷．新时代十年共同富裕理论研究述评［J］．湖北经济学院学报（人文社会科学版），2023（3）：19－23.

[79] 卢昌彩．浙江海洋生态环境治理问题研究［J］．决策咨询，2021（6）：87－92.

[80] 鲁霞光．切实打造山海协作升级版［N］．浙江日报，2018－11－20（006）.

[81] 罗蓉，何黄琪，陈爽．原连片特困地区共同富裕能力评价及其演变跃迁［J］．经济地理，2022，42（8）：154－164.

[82] 马骏．共同富裕视域下城乡高质量融合发展论析［J］．求索，2023（2）：119－129.

[83] 马仁锋，候勃，金邑霞，等．浙江省土地利用非农化与城市化的空间关系计量［J］．长江流域资源与环境，2019，28（9）：2059－2069.

[84] 马仁锋，金邑霞，赵一然．乡村振兴规律的浙江探索［J］．华东经济管理，2018，32（12）：15－21.

[85] 马仁锋，李加林，杨晓平．浙江沿海市域海洋资源环境评价及对海洋产业优化启示［J］．浙江海洋学院学报（自然科学版），2012，31（6）：536－541.

[86] 马仁锋，李伟芳，李加林，等．浙江省海洋产业结构差异与优化研究——与沿海10省份及省内市域双尺度分析视角［J］．资源开发与市场，2013，29（2）：187－191.

[87] 马仁锋．滩涂围垦土地利用方式演进的文化阐释及其对海洋型城市设计启示——以浙江省为例［J］．创新，2012，6（6）：99－102，117，128.

[88] 马仁锋，辛欣，姜文达，等．陆海统筹管理：核心概念、基本理论与国际实践［J］．上海国土资源，2020，41（3）：25－31.

[89] 马仁锋，许继琴，庄佩君．浙江海洋科技能力省际比较及提升

路径［J］. 宁波大学学报（理工版），2014，27（3）：108－112.

［90］马仁锋，周小靖，李倩. 长江三角洲地区特色小镇地域类型及其适应性营造路径［J］. 地理科学，2019，39（6）：912－919.

［91］毛晓红，李懿芸，胡豹. 共同富裕背景下浙江山区26县村级集体经济发展现状、困境及对策［J］. 浙江农业科学，2022，63（10）：2189－2193，2199.

［92］宓科娜，庄汝龙，马仁锋，叶持跃. 浙江县域经济发展影响因素空间分异研究［J］. 宁波大学学报（理工版），2015，28（1）：92－97.

［93］念好“山海经”奏响“协作曲”宁波市积极打造山海协作工程升级版［J］. 宁波通讯，2021（13）：59－61.

［94］聂国卿. 我国转型时期环境治理的经济分析［J］. 生态经济，2001（11）：27－29.

［95］钮富荣. 编好乡村健康服务的兜底网［N］. 浙江日报. 2023－3－23（6）.

［96］农业农村部渔业渔政管理局，全国水产技术推广总站，中国水产学会. 中国渔业统计年鉴2013－20221［M］. 北京：中国农业出版社，2013－2022.

［97］潘家栋，包海波. 创新飞地的发展动向与前景展望［J］. 浙江学刊，2021（3）：125－131.

［98］钱爱民，吴春天. 产业扶贫改善了扶贫企业的资产结构质量吗？——基于企业金融化视角的分析［J］. 宏观质量研究，2023，11（2）：24－41.

［99］秦诗立. 聚力新型城市化与山海协作 建设协调发展“重要窗口”［J］. 浙江经济，2020（6）：26－27.

［100］乔海燕. 美丽乡村建设背景下浙江省乡村旅游转型升级研究［J］. 中南林业科技大学学报，2014，8（1）：27－30.

［101］全国20强！丽水经开区又一次突破［EB/OL］.（2023－06－24）［2023－08－30］. https：//www.thepaper.cn/newsDetail_forward_

23603476.

[102] 任保平．全面理解新发展阶段的共同富裕［J］．社会科学辑刊，2021（6）：142－149.

[103] 邵斌，林强，张悦，等．金融支持中国（浙江）自由贸易示范区油气全产业链打造双循环格局的对策研究——基于新加坡、韩国、中国的政策比较分析［J］．浙江金融，2023（4）：3－14.

[104] 沈冰鹤．“山海协作”走向共同富裕［N］．中国社会科学报，2022－06－08（006）.

[105] 盛科荣，樊杰，杨昊昌．现代地域功能理论及应用研究进展与展望［J］．经济地理，2016，36（12）：1－7.

[106] 施含嫣．浙江省海洋渔业资源可持续开发利用研究［D］．南昌：南昌大学，2020

[107] 施力维，周琳子．解码上海温州“双向飞地”［J］．决策，2021（5）：44－46.

[108] 宋群．我国共同富裕的内涵、特征及评价指标初探［J］．全球化，2014（1）：35－47.

[109] 孙姗姗，朱传耿．论主体功能区对我国区域发展理论的创新［J］．现代经济探讨，2006（9）：73－76.

[110] 陶长琪．计量经济学教程［M］．上海：复旦大学出版社，2012.

[111] 万海远，陈基平．共同富裕的理论内涵与量化方法［J］．财贸经济，2021，42（12）：18－33.

[112] 汪语晨，李金遥，李青昊等．对长三角一体化示范区智慧医疗协作一体化和智慧化的探索与推广研究［C］//全国学校共青团研究中心．大学生社会实践项目研讨会会议报告集．2021：294－308.

[113] 王兵，张慧．“双一流”建设背景下高校与地方政府合作的思考——以西南交通大学为例［J］．教育与教学研究，2022，36（12）：79－88.

［114］王红梅．中国环境规制政策工具的比较与选择［J］．中国人口·资源与环境，2016，26（9）：132－138.

［115］王建明，赵婧．“两山”转化机制的企业逻辑和整合框架——基于浙江企业绿色管理的多案例研究［J］．财经论丛，2021（2）：78－91.

［116］王晶，李涛，蒋兆强，等．基层医疗机构从业人员尘肺病远程会诊的使用意愿［J］．环境与职业医学，2020，37（5）：492－496.

［117］王磊，李金磊．区域协调发展的产业结构升级效应研究——基于京津冀协同发展政策的准自然实验［J］．首都经济贸易大学学报，2021，23（4）：39－50.

［118］王美华．“输血供氧”变为“造血制氧”［N］．人民日报海外版，2022－09－06（009）.

［119］王琪．浙江省海洋渔业资源可持续利用研究［D］．舟山：浙江海洋大学，2019.

［120］王双正，要雯．构建与主体功能区建设相协调的财政转移支付制度研究［J］．中央财经大学学报，2007（8）：15－20.

［121］王亚．粮食产能视角下耕地保护政策效应与响应［D］．杭州：浙江大学，2018.

［122］王赠，王静，郑逸，等．“山海”提升工程背景下县域医共体超声实践调查及PBL超声培训模式的探索［J］．中华全科医学，2022，20（9）：1590－1592，1607.

［123］王自亮，许艺萍，陈伟晶．政策网络、公民参与和地方治理［J］．浙江学刊，2017（5）：176－182..

［124］魏超．浙江“山海协作”工程的窗口价值［J/OL］．（2020－12－23）［2023－06－20］．http：//sscp. cssn. cn/xkpd/pl_20172/202012/t20201223_5235757. html.

［125］吴丹丹，马仁锋，张悦，等．杭州文化创意产业集聚特征与时空格局演变［J］．经济地理，2018，38（10）：127－135.

［126］吴桐，张跃平．西部地区共同富裕水平测度分析［J］．中南民

族大学学报（自然科学版），2023，42（2）：274－282.

［127］武前波，叶佳钰，陈玉娟．乡村振兴背景下东部沿海发达地区乡村性空间格局——以浙江省为例［J］．地理科学，2022，42（3）：466－475.

［128］习近平．干在实处　走在前列［M］．北京：中共中央党校出版社，2013.

［129］习近平．扎实推动共同富裕［J］．求是，2021（20）：1－5.

［130］夏丹，杨群，梅玲玲等．山海“链”，“链”山海［N］．浙江日报，2022－03－15（007）.

［131］肖建华，游高端．生态环境政策工具的发展与选择策略［J］．理论导刊，2011（7）：37－39.

［132］谢地，王圣媛．我国主体功能区建设的演进脉络、内在逻辑与实践要求［J］．学习与探索，2023（6）：91－98.

［133］谢宜泽，胡鞍钢．基于诊断法的共同富裕之路——以示范区浙江为例［J］．西南民族大学学报（人文社会科学版），2022，43（11）：100－108.

［134］新华社．中共中央 国务院关于支持浙江高质量发展建设共同富裕示范区的意见［EB/OL］．（2021－06－10）［2023－06－20］．https：//www.gov.cn/zhengce/2021－06/10/content_5616833.htm.

［135］熊华林．对福建省“山海协作”的若干思考［J］．科技和产业，2009，9（6）：50－53，98.

［136］徐皓，李加林，马仁锋，等．浙江海洋资源利用与环境保护的实践与探索［M］．杭州：浙江大学出版社，2022.

［137］徐加明．构筑陆海产业统筹发展新格局的路径和对策研究［J］．理论学刊，2012（3）：66－68.

［138］许阳．中国海洋环境治理的政策工具选择与应用［J］．太平洋学报，2017，25（10）：49－59.

［139］薛燕，李伟芳，赵宇，等．北仑港岸线集约化利用途径探究

[J]. 上海国土资源, 2023, 44 (2): 22-27.

[140] 杨春梅, 徐小峰, 张豪, 等. 基于三生空间功能的上海市农村居民点特征演变及优化研究 [J]. 长江流域资源与环境, 2021, 30 (10): 2392-2404.

[141] 杨胜利, 王金科, 黄良伟. 县域新型城镇化对共同富裕的影响及作用机制研究 [J]. 云南财经大学学报, 2023 (5): 27-32.

[142] 杨亚琴, 张鹏飞. 双向飞地模式: 科技创新和产业联动跨区域合作的探索 [J]. 发展研究, 2022, 39 (5): 46-52.

[143] 杨益波, 张娜, 任建华. 浙江: 山海协作加快缩小区域差距 [N]. 中国经济时报, 2022-08-24 (001).

[144] 杨文江, 何廷, 左安嵩, 等. 乡风文明与美丽乡村建设同向发力——宾川县乡风文明、美丽乡村建设的实践探索 [J]. 社会主义论坛, 2019 (12): 37-39.

[145] 叶志鹏, 郑晶玮, 李朔严. 制度适应性与区域经济发展模式的演变——对温州模式转型的再思考 [J]. 贵州财经大学学报, 2022 (4): 101-110.

[146] 殷文伟, 陈佳佳. 浙江建设全球海洋中心城市 [J]. 浙江海洋大学学报 (人文科学版), 2021, 38 (1): 17-22.

[147] 银江孵化器股份有限公司, 银江创业研究院. 杭州城西科创大走廊的"增长极"辐射带动机制探索——以衢州海创园为例 [J]. 杭州科技, 2017 (3): 50-53.

[148] 应少栩. 浙江省"山海协作"推动共同富裕的逻辑脉络与经验启示 [J]. 理论观察, 2022 (3): 13-17.

[149] 于佳欣, 胡璐, 魏董华. 在山海协作中寻找缩小差距的密码 [N]. 中国劳动保障报, 2021-09-04 (003).

[150] 于永海, 王鹏, 王权明, 等. 我国围填海的生态环境问题及监管建议 [J]. 环境保护, 2019, 47 (7): 17-19.

[151] 余丽生, 楼蕾. 共同富裕目标下协调区域均衡发展的财政政策

研究——以浙江为例 [J]. 地方财政研究，2022 (8)：49 - 54.

[152] 余璇，沈满洪，谢慧明，等. 中国沿海城市化推进对海洋污染的影响及作用机制 [J]. 中国环境管理，2020，12 (6)：95 - 102.

[153] 张贵. 飞地经济的发展逻辑及效能提升 [J]. 人民论坛，2021 (26)：68 - 72.

[154] 张海柱. 政府工作报告中的海洋政策演变 [J]. 上海行政学院学报，2016，17 (3)：105 - 111.

[155] 张家炯. 让海洋经济成为沿海发展的"蓝色引擎" [J]. 唯实，2023 (3)：35 - 37.

[156] 张萌，关顾阳. 嘉兴经开区"山海协作"结硕果 [N]. 嘉兴日报，2022 - 11 - 23 (006).

[157] 张琦，李顺强. 共同富裕目标下的新型城镇化战略 [J]. 西安交通大学学报（社会科学版），2023，43 (4)：1 - 10.

[158] 张琦，李顺强. 共同富裕目标下中国乡村振兴评价指标体系构建 [J]. 甘肃社会科学，2022 (5)：25 - 34.

[159] 张衔春，陈宇超，栾晓帆. "以地谋发展"模式的空间重构——以浙江省山海协作工程为例 [J]. 自然资源学报，2023，38 (7)：1730 - 1742.

[160] 张衔春，胡国华，单卓然，等. 中国城市区域治理的尺度重构与尺度政治 [J]. 地理科学，2021，41 (1)：100 - 108.

[161] 张永安，郄海拓. 国务院创新政策量化评价——基于 PMC 指数模型 [J]. 科技进步与对策，2017，34 (17)：127 - 136.

[162] 张原. 中国职业教育与劳动力需求的匹配性研究 [J]. 教育与经济，2015 (3)：9 - 14.

[163] 赵欢，邵宇平. 关注区域协调发展　走进山海协作工程——浙江省"山海协作工程"考察报告 [J]. 中共宁波市委党校学报，2006 (5)：91 - 94.

[164] 赵星月，谢文博. 援藏援疆：心往一处想，劲往一处使 [N].

健康报，2022－08－29（001）.

［165］浙江丽水经开区集聚资源要素“科创飞地”破题产业发展［EB/OL］.（2022－09－20）［2023－08－30］. http：//www. zj. chinanews. com. cn/jzkzj/2022－09－20/detail-ihcehvxm4795425. shtml.

［166］浙江平湖市社．深化“山海共富”模式　打造对口工作金名片［N］．中华合作时报，2023－02－28（A06）.

［167］浙江省发展改革委，浙江省环境厅．关于印发《浙江省海洋生态环境保护“十四五”规划》的通知［EB/OL］.（2021－5－31）［2023－5－20］. https：//fzggw. zj. gov. cn/art/2021/6/24/art_1229539890_4670811. html.

［168］浙江省发展改革委，浙江省能源局．关于印发《浙江省没谈石油天然气发展“十四五”规划》的通知［EB/OL］.（2021－6－1）［2023－6－1］. https：//www. zj. gov. cn/art/2021/7/7/art_1229203592_2310446. html.

［169］浙江省发展和改革委员会　浙江省老龄工作委员会办公室　浙江省卫生健康委员会．浙江省老龄事业发展“十四五”规划［R/OL］.（2021－06－24）［2023－08－20］. https：//www. zj. gov. cn/art/2021/6/24/art_1229540815_4671194. html.

［170］浙江省国土资源厅．浙江省国土资源厅关于改进和落实耕地占补平衡的通知［EB/OL］.（2018－09－05）［2023－06－27］. https：//zrzyt. zj. gov. cn/art/2018/9/5/art_1289955_20933167. html.

［171］浙江省教育厅．浙江省加快推进职业教育高质量发展［EB/OL］.（2022－11－22）［2023－08－20］. http：//jyt. zj. gov. cn/art/2022/11/22/art_1543974_58938801. html.

［172］浙江省人大教育科技文化卫生委员会关于我省职业教育发展情况的调研报告［J］．浙江人大（公报版），2021（05）：59－61.

［173］浙江省人民政府办公厅关于加快处理围填海历史遗留问题的若干意见［J］．浙江省人民政府公报，2021（29）：20－24.

［174］浙江省人民政府．浙江省海洋与渔业局关于印发《浙江省海洋功能区划（2011－2020年）》（2018年9月修订）的通知［EB/OL］.（2018－

10－15）［2023 － 08 － 18］. https：//www. zj. gov. cn/art/2018/10/15/art_1229196453_2344886. html.

［175］浙江省人民政府．浙江省人民政府办公厅关于印发工业和信息化部浙江省人民政府共同推进“中国制造2025”浙江行动战略合作协议实施方案的通知［EB/OL］.（2018－02－02）［2023－08－20］. https：//www. zj. gov. cn/art/2018/2/2/art_1229019365_61671. html.

［176］浙江省人民政府．浙江省土地整治条例［EB/OL］.（2022－10－13）［2023－08－17］. https：//www. zj. gov. cn/art/2022/10/13/art_1229610718_2436501. html.

［177］《浙江省省级医疗资源配置“十四五”规划》［R］. 2021.

［178］浙江省统计局．浙江省第七次人口普查系列分析之五：受教育状况［R］. 2022.

［179］浙江省自然资源厅，浙江海洋大学围填海历史遗留问题处置联合调研组．围填海历史遗留问题处置的浙江实践［J］. 浙江国土资源，2023（3）：18－21.

［180］浙江省自然资源厅．浙江省海岸带综合保护与利用规划（2021－2035年）（征求意见版）［EB/OL］.［2022－04－07］. https：//www. zj. gov. cn/art/2022/10/31/art_1229700645_66. html.

［181］郑百龙，林戎斌．我国东西部农业协作扶贫的模式与对策［J］. 台湾农业探索，2019（6）：28－33.

［182］郑普建．“去内卷化”：有为政府与有效市场的互动逻辑［J］. 浙江树人大学学报（人文社会科学），2021，21（1）：60－66.

［183］郑桥桥，万亮，王善勇等．环境规制能够诱发居民形成绿色生活方式吗？来自中国的证据［J］. 系统工程理论与实践，2023，43（4）：941－957.

［184］郑文．打造卫生健康领域“国之重器”［N］. 浙江日报. 2023－3－5（4）.

［185］郑文，张冯江，方序，朱安全．转诊省城医院，流程更简单了

[N]. 浙江日报，2022-07-07（003）.

[186] 郑元丹，郑英军. "两栖网格"，编织起渔区服务大网 [N]. 舟山日报，2011-05-03.

[187] 中国宏观经济研究院课题组，杨宜勇，王明姬，纪竞垚. 新时代共同富裕评价指标体系设计构想 [J]. 国家治理，2023（5）：27-32.

[188] 中华人民共和国国土资源部.《耕地占补平衡考核办法》出台 [J]. 浙江国土资源，2006（7）：33-34.

[189] 中华人民共和国国土资源部. 关于进一步加强土地整理复垦开发工作的通知 [EB/OL].（2008-09-09）[2019-06-27]. http://www.mnr.gov.cn/dt/zb/2008/20080909gtzybgyjybjqtdzlfkkfgzdtzxwfbh/beijingziliao/201806/t20180628_1941037.html.

[190] 中华人民共和国国土资源部. 关于强化管控落实最严格耕地保护制度的通知 [EB/OL].（2014-02-20）[2023-06-27]. http://www.mnr.gov.cn/gk/tzgg/201402/t20140220_1991219.html.

[191] 中华人民共和国国土资源部. 国土资源部关于补足耕地数量与提升耕地质量相结合落实占补平衡的指导意见 [EB/OL].（2016-08-04）[2023-06-27]. http://f.mnr.gov.cn/201803/t20180306_1762892.html.

[192] 中华人民共和国国土资源部. 国土资源部关于切实做好耕地占补平衡工作的通知 [J]. 中外房地产导报，1999（6）：52.

[193] 中华人民共和国国土资源部. 国土资源部关于全面实行耕地先补后占有关问题的通知 [EB/OL].（2009-03-23）[2023-06-27]. http://www.mnr.gov.cn/fw/zwdt/gsgg/200903/t20090323_2084943.html.

[194] 中华人民共和国国土资源部. 国土资源部关于提升耕地保护水平全面加强耕地质量建设与管理的通知 [EB/OL].（2012-0802）[2023-06-27]. http://www.mnr.gov.cn/gk/tzgg/201208/t20120802_1990865.html.

[195] 中华人民共和国国务院办公厅. 国务院办公厅关于印发跨省域补充耕地国家统筹管理办法和城乡建设用地增减挂钩节余指标跨省域调剂管理办法的通知 [EB/OL].（2018-03-26）[2023-06-27]. http://

www. gov. cn/zhengce/content/2018 －03/26/content_5277477. htm.

［196］ 中华人民共和国国务院办公厅．国务院办公厅关于印发《省级政府耕地保护责任目标考核办法》的通知［EB/OL］．（2005 －1028）［2019 －06 －27］．http：//www. gov. cn/xxgk/pub/govpublic/mrlm/200803/t20080328_32466. html.

［197］ 中华人民共和国国务院．国务院关于深化改革严格土地管理的决定［EB/OL］．（2004 －10 －21）［2019 －06 －27］．http：//www. gov. cn/gongbao/content 2004/content_63043. htm.

［198］ 中华人民共和国中央人民政府．国务院关于加强滨海湿地保护严格管控围填海的通知［EB/OL］．（2018 －07 －14）［2023 －08 －18］．https：//www. gov. cn/gongbao/content/2018/content_5313946. htm.

［199］ 中华人民共和国中央人民政府．中共中央　国务院关于加强耕地保护和改进占补平衡的意见［EB/OL］．（2017 －01 －23）［2023 －08 －17］．https：//www. gov. cn/zhengce/2017 －01/23/content_5162649. htm.

［200］ 中华人民共和国自然资源部．自然资源部办公厅关于改进耕地占补平衡动态监管系统的通知［EB/OL］．（2022 －11 －15）［2023 －08 －15］．http：//gi. mnr. gov. cn/202211/t20221118_2766419. html.

［201］ 周建华，付洪良．深化山海协作助推浙江山区县高质量发展研究："三链"融合的视角［J］．商业观察，2021（35）：53 －56.

［202］ 周晶，张一帆，曲林静，王友绍．海岸线占补平衡制度初探［J］．海洋环境科学，2020，39（2）：230 －235.

［203］ 周玲．医疗服务跨区域合作优化路径研究［D］．西安：长安大学，2022.

［204］ 周尚意，许伟麟．时空压缩下的中国乡村空间生产：以广州市域乡村投资为例［J］．地理科学进展，2018，37（5）：647 －654.

［205］ 周世锋，王琳．新时代优化浙江空间布局的若干建议［J］．浙江经济，2019（23）：27 －29.

［206］ 周鑫，陈培雄，黄杰，等．国土空间规划的海洋分区研究

[J]. 海洋通报, 2020, 39 (4): 408-415.

[207] 朱高儒, 许学工. 填海造陆的环境效应研究进展 [J]. 生态环境学报, 2011, 20 (4): 761-766.

[208] 朱华友, 蒋自然. 浙江省工业型村落: 发展模式及其形成动力研究 [J]. 地理科学, 2008 (3): 331-336.

[209] 朱培梁, 黄佳卉. "小绍兴" 如何变成网络大城市. 决策, 2022, 382 (4): 44-46.

[210] 朱振华. 老龄化社会背景下浙江省丽水市区老年人体育锻炼情况的研究 [D]. 北京: 北京体育大学, 2016.

[211] 祝升婳. 地方政府债务绩效评价指标体系构建研究 [D]. 杭州师范大学, 2022.

[212] Estrada M. Policy modeling: definition, classification and evaluation [J]. Journal of Policy Modeling, 2011 (33): 523-536.

[213] Rey S J, and Janikas M V. STARS: Space-time analysis of regional systems [M]. Germany: University of Munich, 2004.

[214] Rothwell R, Zegveld W. Industrial innovation and public policy: Preparing for the 1980s and the 1990s [M]. London: Frances Pinter, 1981.

[215] Song M, Xie Q. How does green talent influence China's economic growth? [J]. International Journal of Manpower, 2019: 41.

[216] Stewart T J. A Critical Survey on the Status of Multiple Criteria Decision Making Theory and Practice [J]. Omega, 1992 (20): 569-586.

[217] Westlund H, Nilsson E. Measuring enterprises' investments in social capital: A pilot study [J]. Regional Studies, 2005, 39 (8): 1079-1094.

[218] Ye X, and Rey S. A Framework for Exploratory Space-time Analysis of Economic Data [J]. The Annals of Regional Science, 2013, 50 (1): 315-339.

图书在版编目（CIP）数据

推进完善陆海区域协调体制机制研究／马仁锋，马静武，殷为华著．--北京：经济科学出版社，2023.10
（浙江省海洋发展系列丛书）
ISBN 978-7-5218-5319-3

Ⅰ.①推…　Ⅱ.①马…②马…③殷…　Ⅲ.①海洋经济-区域经济发展-研究-浙江　Ⅳ.①P74

中国国家版本馆 CIP 数据核字（2023）第 202454 号

责任编辑：周胜婷
责任校对：徐　昕
责任印制：张佳裕

推进完善陆海区域协调体制机制研究
TUIJIN WANSHAN LUHAI QUYU XIETIAO TIZHI JIZHI YANJIU

马仁锋　马静武　殷为华　著
经济科学出版社出版、发行　新华书店经销
社址：北京市海淀区阜成路甲 28 号　邮编：100142
总编部电话：010-88191217　发行部电话：010-88191522
网址：www.esp.com.cn
电子邮箱：esp@esp.com.cn
天猫网店：经济科学出版社旗舰店
网址：http://jjkxcbs.tmall.com
固安华明印业有限公司印装
710×1000　16 开　17.75 印张　270000 字
2023 年 10 月第 1 版　2023 年 10 月第 1 次印刷
ISBN 978-7-5218-5319-3　定价：96.00 元
（图书出现印装问题，本社负责调换。电话：010-88191545）